普通高等教育"十三五"应用型人才培养规划教材

Web应用开发
实用技术

Web YINGYONG KAIFA
SHIYONG JISHU

主　编／张　捷　封俊红
副主编／朱晓姝　李治强
编　委／张远夏　蒙峭缘　牛喜栓

西南交通大学出版社
·成都·

图书在版编目（CIP）数据

Web 应用开发实用技术 / 朱晓姝总主编；张捷，封俊红分册主编. —成都：西南交通大学出版社，2017.1
普通高等教育"十三五"应用型人才培养规划教材
ISBN 978-7-5643-5273-8

Ⅰ. ①W… Ⅱ. ①朱… ②张… ③封… Ⅲ. ①网页制作工具 – 程序设计 – 高等学校 – 教材 Ⅳ. ①TP393.092.2

中国版本图书馆 CIP 数据核字（2017）第 020634 号

普通高等教育"十三五"应用型人才培养规划教材
Web 应用开发实用技术
主编　张　捷　封俊红

责 任 编 辑	李芳芳
封 面 设 计	墨创文化
出 版 发 行	西南交通大学出版社 （四川省成都市二环路北一段 111 号 西南交通大学创新大厦 21 楼）
发行部电话	028-87600564　028-87600533
邮 政 编 码	610031
网　　　址	http://www.xnjdcbs.com
印　　　刷	成都中铁二局永经堂印务有限责任公司
成 品 尺 寸	185 mm×260 mm
印　　　张	17.5
字　　　数	417 千
版　　　次	2017 年 1 月第 1 版
印　　　次	2017 年 1 月第 1 次
书　　　号	ISBN 978-7-5643-5273-8
定　　　价	35.00 元

课件咨询电话：028-87600533
图书如有印装质量问题　本社负责退换
版权所有　盗版必究　举报电话：028-87600562

前 言

当今时代的发展速度越来越快，网站设计日新月异，特别是近几年来，出现了许多动态网页制作的新技术、新方法。C、C#、JAVA 等编程语言不再局限于软件开发，也广泛运用于网站的设计。Web 应用开发技术旨在让读者学习动态网页制作技术，全书以 ASP.NET 为背景，选择 C#为基础，讲述 Web 动态网页制作的相关技术。

本书与同类书籍相比，有以下优点：

（1）内容选择方面。考虑到完整性，本书精选了 C# 程序设计最基础、最常用的知识和技术。

（2）案例设计方面。相关联的知识点尽量使用关联的案例，或者是同一案例的不同版本。

（3）注重工程能力的培养。讲解各个相关技术时不但告诉读者怎么做，同时尽量向读者介绍这样做的优点。

（4）讲练结合。各个章节均结合实际的案例展开，让读者在掌握理论知识的同时动手实践，配套的例题及扩展让读者更容易掌握 Web 网页制作的技巧。

全书共分为 9 章，各章内容如下：

第 1 章介绍 ASP.NET Web 开发环境——Visual Studio 的构成、安装、启动，IIS 的安装和配置。用一个实例简单介绍了利用 ASP.NET 提供的控件制作一个 Web 动态网页，使读者了解到应用 ASP.NET 的控件可以使 Web 应用程序变得既简单又高效。

第 2 章介绍 ASP.NET 的界面设计控件，详细介绍了此类控件的属性和事件，通过实例讲解了常用控件的使用方法。

第 3 章介绍 ASP.NET 的各种内置对象，通过实例讲述了这些对象的使用，让用户更容易获取通过浏览器请求发送的信息、响应浏览器以及存储用户信息，实现特定的状态管理和页面信息的传递。

第 4 章重点讲述 ADO.NET 数据库编程技术。先简单讲述 SQL Server 中的数据库建立和导入，然后讲述使用 ADO.NET 连接数据库、读取和操作数据库技术。

第 5 章介绍 ASP.NET 提供的服务器控件，这些控件使得在 Web 页面中显示数据库中的表数据变得更加容易，搭配使用 DataSource 控件可以很轻松地完成数据的查询、添加、修改、删除和显示任务，而且几乎不用写代码，从而使编程更加快捷和方便。

第 6 章介绍 ASP.NET 的用户控件 User Controls 的特点、创建和使用，其基本的应用就是把网页中经常用到的且使用频率较高的功能封装到一个模块中，以便在其他页面中使用。

第 7 章介绍 ASP.NET 母版页基础，包括母版页的工作原理、使用的优点、运行机制，建立母版页、内容页、嵌套母版页，如何访问母版页的控件、属性和方法等。

第 8 章介绍 ASP.NET 内置的导航控件，主要讲述向导控件 Wizard、站点地图及

SiteMapPath、Menu 和 TreeView 控件的运用，实现网站导航的功能，重点讲述了 TreeView 控件。

第 9 章介绍 ASP.NET AJAX 技术的概念，与 Ajax 的异同、特性、优点，及其服务器端控件的属性、方法和使用技巧。

本书由长期从事 Web 应用技术开发课程教学的一线教师编写，编写组成员对课程教学内容深有体会，具有较深的教学经验和较高的理论实践水平，这为本书的编写提供了有力的支撑和保障。本书由张捷和封俊红任主编，朱晓姝、李治强任副主编，张远夏、蒙峭缘、牛喜栓任编委。全书由封俊红和张捷两位老师校对。

本书编写过程中，得到很多老师和同学的大力协助，也得到了许多部门和领导的大力支持和无私帮助，在此表示由衷的感谢！

由于编者水平有限，书中难免存在疏漏和不足之处，敬请各位同仁与读者多提宝贵意见和建议。（E-mail: jgxyzjzj@126.com）

本书编写组
2016 年 12 月

目 录

第1章 ASP.NET Web 开发环境 ·· 1
1.1 开发环境简介 ·· 1
1.1.1 Visual Studio ·· 1
1.1.2 Microsoft .NET Framework ·· 2
1.1.3 ASP.NET ·· 3
1.2 Visual Studio 2012 的安装与启动 ·· 3
1.2.1 VS2012 的安装 ·· 3
1.2.2 VS2012 的启动 ·· 5
1.3 开发第一个 ASP.NET 应用程序 ·· 6
1.4 安装和配置 IIS ·· 9
1.4.1 IIS 安装 ·· 9
1.4.2 IIS 配置 ·· 10
1.4.3 通过局域网 IP 直接访问网站 ·· 13
1.5 Visual Studio 最常用的快捷键 ·· 16

第2章 ASP.NET 界面设计控件 ·· 19
2.1 提交类控件 ·· 19
2.1.1 Label 控件 ·· 19
2.1.2 Button 控件 ·· 23
2.1.3 ImageButton 控件 ·· 25
2.2 连接类控件 ·· 29
2.2.1 HyperLink 控件 ·· 29
2.2.2 LinkButton 控件 ·· 30
2.3 选择输入类控件 ·· 31
2.3.1 TextBox 控件 ·· 31
2.3.2 CheckBox 控件 ·· 33
2.3.3 RadioButton 控件 ·· 35
2.3.4 ListBox 控件 ·· 36
2.3.5 DropDownList 控件 ·· 40
2.3.6 选择控件绑定到数据库 ·· 41
2.4 图片显示类控件 ·· 44
2.4.1 Image 控件 ·· 44
2.4.2 ImageMap 控件 ·· 47

2.5 复杂控件 ········ 50
2.5.1 Calendar 控件 ········ 50
2.5.2 AdRotator 控件 ········ 52
2.6 文件上传与下载 ········ 54
2.6.1 文件上传控件 FileUpload ········ 54
2.6.2 文件下载 ········ 59
2.7 验证控件 ········ 62
2.7.1 RequiredFieldValidator ········ 62
2.7.2 CompareValidator 控件 ········ 64
2.7.3 RangeValidator 控件 ········ 65
2.7.4 RegularExpressionValidator 控件 ········ 66
2.7.5 CustomValidator 控件 ········ 68
2.7.6 ValidationSummary 控件 ········ 70
2.7.7 屏蔽数据验证 ········ 71

第 3 章 ASP.NET 内置对象 ········ 72
3.1 Server 对象 ········ 72
3.2 Response 对象 ········ 75
3.2.1 Response 对象的常用属性和方法 ········ 75
3.2.2 文件读写 ········ 79
3.3 Request 对象 ········ 81
3.3.1 Request 对象概述 ········ 81
3.3.2 Form 属性 ········ 82
3.3.3 QueryString 属性 ········ 83
3.4.4 Browser 属性 ········ 84
3.3.5 ServerVariables 属性 ········ 84
3.4 综合应用 1——用户登录实现 ········ 86
3.5 Cookie 对象 ········ 89
3.5.1 Cookie 对象的常用属性和方法 ········ 89
3.5.2 Cookie 对象的应用 ········ 90
3.6 Application 对象 ········ 99
3.7 Session 对象 ········ 103
3.8 综合应用 2——ASP 内置对象制作文件提交 ········ 104

第 4 章 ADO.NET 数据库编程 ········ 111
4.1 SQL Server 相关知识 ········ 111
4.1.1 新建数据库 ········ 111
4.1.2 把 MDF 文件导入 SQLServer 数据库 ········ 111
4.1.3 把 Excel 数据表导入 SQL Server 数据库中 ········ 113

4.2 ADO.NET 概述 ······ 117
4.3 使用 Connection 对象连接数据库 ······ 117
4.4 使用数据源控件连接数据库 ······ 122
4.5 使用 Command 对象修改数据库 ······ 127
 4.5.1 Command 对象的常用属性和方法 ······ 127
 4.5.2 使用 Command 对象在数据库创建和删除表 ······ 128
 4.5.3 使用 Command 对象操作数据 ······ 130
 4.5.4 参数化 Command 命令 ······ 137
4.6 使用 DataReader 对象 ······ 140
4.7 使用 DataAdapter 对象和 DataSet 对象 ······ 146
4.8 综合应用 1——数据库实现登录验证 ······ 151
4.9 综合应用 2——数据库实现点名和提问系统 ······ 153

第 5 章 ASP.NET 数据控件 ······ 160
5.1 GridView 控件 ······ 160
 5.1.1 常用属性和事件 ······ 160
 5.1.2 数据绑定 ······ 162
 5.1.3 编辑和删除数据 ······ 168
 5.1.4 SqlDataSource 控件中使用 where 语句 ······ 170
 5.1.5 将 GridView 中数据导出到 Excel 并设置其格式 ······ 177
5.2 DetailsView 控件 ······ 179
5.3 FormView 控件 ······ 182
5.4 ListView 控件 ······ 187

第 6 章 用户控件 ······ 192
6.1 用户控件的特点 ······ 192
6.2 用户控件的创建和使用 ······ 192
6.3 添加用户控件的属性访问内部控件 ······ 195
6.4 将 Web 网页转化为用户控件 ······ 196
6.5 综合应用 ······ 197

第 7 章 母版页技术 ······ 212
7.1 母版页基础 ······ 212
 7.1.1 母版页的工作原理 ······ 212
 7.1.2 母版页的优点 ······ 213
 7.1.3 母版页运行机制 ······ 213
7.2 建立母版页和内容页 ······ 213
 7.2.1 建立母版页 ······ 213
 7.2.2 建立内容页 ······ 216

7.3 嵌套母版页 219
7.4 访问母版页的控件、属性和方法 222
　　7.4.1 使用 Master.FindControl 方法访问母版页上的控件 222
　　7.4.2 引用@MasterType 指令访问母版页上的属性和方法 224
7.5 综合应用 226

第 8 章 网站导航技术 229
8.1 向导控件 229
8.2 TreeView 控件 233
　　8.2.1 TreeView 控件常用的属性和事件 233
　　8.2.2 TreeView 控件节点的手动添加和代码添加 235
　　8.2.3 TreeView 控件绑定数据库中的数据字段 239
　　8.2.4 按需动态地填充 TreeView 控件的节点 244
　　8.2.5 为 TreeView 控件节点添加复选框 247
　　8.2.6 TreeView 控件绑定站点地图文件 251
　　8.2.7 TreeView 控件绑定 XML 文件 253
8.3 Menu 控件 255
8.4 SiteMapPath 控件 257

第 9 章 ASP.NET AJAX 259
9.1 ASP.NET AJAX 259
　　9.1.1 Ajax 259
　　9.1.2 ASP.NET AJAX 与 Ajax 260
　　9.1.3 ASP.NET AJAX 特性 260
　　9.1.4 ASP.NET AJAX 优点 261
9.2 ASP.NET AJAX 服务器端控件 261
　　9.2.1 ScriptManager 控件 262
　　9.2.2 UpdatePanel 控件 262
　　9.2.3 UpdateProgress 控件 267
　　9.2.4 Timer 控件 269

参考文献 272

第 1 章　ASP.NET Web 开发环境

Visual Studio 是微软公司推出，是目前最流行的 Windows 平台应用程序开发环境。Visual Studio 系列产品被认为是当前最好的开发环境之一。2012 年 9 月 12 日微软在西雅图发布 Visual Studio 2012，创建 ASP.NET 4.5 应用程序的关键工具是 Visual Studio 2012。Visual Studio 2012 集成开发环境为 ASP.NET 4.5 应用程序提供了一个操作简单且界面友好的可视化开发环境。开发者可在该环境下使用 ASP.NET 控件高效地进行应用程序开发，它简化 Web 开发的工作流程，极大地提高了开发者的工作效率。

1.1　开发环境简介

1.1.1　Visual Studio

Microsoft Visual Studio（简称 VS）是美国微软公司的开发工具包系列产品。VS 是一个基本完整的开发工具集，它包括了整个软件生命周期中所需要的大部分工具，如 UML 工具、代码管控工具、集成开发环境（IDE）等。所写的目标代码适用于微软支持的所有平台，包括 Microsoft Windows、Windows Mobile、Windows CE、.NET Framework、.NET Compact Framework 和 Microsoft Silverlight 及 Windows Phone。

对于 Web 开发，Visual Studio 2012 也提供了新的模板、更优秀的发布工具和对新标准（如 HTML5 和 CSS3）的全面支持，以及 ASP.NET 中的最新优势。此外，您还可以利用 Page Inspector 在 IDE 中与正在编码的页面进行交互，从而更轻松地进行调试。有了 ASP.NET，便可以使用优化的控件针对手机以及其他小屏幕来创建应用程序。

VS2012 提供了新的工具来让您将应用程序发布到 Windows Azure（包括新模板和发布选项），并且支持分布式缓存，维护时间更少。支持最新 C++标准，增强 IDE，切实提高程序员开发效率；搭配 Windows 8、Silverlight5 与 Office，发挥多核并行运算威力。

Visual Studio 支持用户通过多种不同的程序语言进行开发，Visual Studio 2012 除了支持 Visual Basic、Visual C#、Visual C++语言外，还支持一种新语言 Visual F#。Visual Basic 2012，提供支持 Dynamic Language Runtime（DLR）。Visual C++ 2012 于 2012 年发布，使用 SQL Server Compact 格式的数据库来存储源码的相关信息，加入了现代化的 C++并行运算库 Parallel Patterns Library。Visual C# 2012 是微软开发的一种面向对象的编程语言，是微软.NET 开发环境的重要组成部分。它是为生成在.NET Framework 上运行的多种应用程序而设计的。C#简单、功能强大、类型安全，而且是面向对象的。C#凭借它的许多创新，在保留 C 语言的表现形式的同时，实现了应用程序的快速开发。Visual F# 2012 是由微软发展的为微软.NET 语言提供运行环境的程序设计语言，是函数编程语言（Functional Programming，FP），函数编程语言最重要的基础是 Lambda Calculus，它是基于 OCaml 的，而 OCaml 是基于 ML 函数程式语言的。

Visual Studio 产品系列共用一个集成开发环境（IDE），此环境由下面的若干元素组成：菜单栏、标准工具栏以及自动隐藏或停靠在左侧、右侧、底部和编辑器空间中的各种工具窗口，可用的工具窗口、菜单和工具栏取决于所处理的项目或文件类型。

1.1.2 Microsoft .NET Framework

.NET Framework 通常称为 .NET 框架，它代表了一个集合、一个环境、一个可以作为平台支持下一代 Internet 的可编程结构。通俗地说，.NET Framework 的作用是为应用程序开发提供一个更简单、快速、高效和安全的平台，它提供了应用程序模型及关键技术，让开发人员容易以原有的技术来产生、部署，并可以继续开发具有高安全性、高稳定性，并具高延展性的应用程序。

.NET Framework 4.5 版本在旧版本的基础上提供了新的改进，包括一致的 HTML 标签、会话状态的压缩、选择性的视图状态、Web 表单的路由和映射、简洁的 web.config 文件、Chart 控件等新特性。微软 Windows 8 及更高版本的操作系统也全面集成了 .NET Framework 框架，它已经作为微软新操作系统不可或缺的一部分，并已经形成成熟的 .NET 平台，在该平台上用户可以开发各种各样的应用，尤其是对网络应用程序的开发，这也是微软推出 .NET 平台最主要的目的之一。

.NET Framework 由应用程序开发技术、Microsoft .NET Framework 类库、基类库和公共语言运行库（CLR）4 个部分组成。这 4 个部分如图 1-1 所示，每个较高的层都使用一个或多个较低的层。

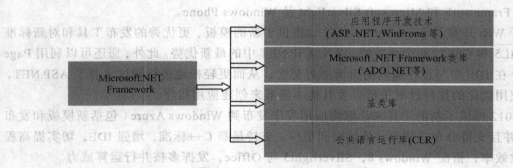

图 1-1 .NET Framework 组成

每层都是在操作系统层上面，基类库在 CLR 上面，其上是 ADO.NET、XML 等，再之上是 ASP.NET、Window forms，最上层就是我们经常用到的各种 .Net 开发工具了。

应用程序开发技术位于框架的最上方，是应用程序开发人员开发的主要对象。它包括 ASP .NET 技术和 WinFroms 技术等高级编程技术。

Microsoft .NET Framework 类库是一个与公共语言运行库紧密集成的可重用的类型集合，用于应用程序开发的一些支持性的通用功能。该类库是面向对象的，并提供开发者的托管代码可从中导出功能的类型。这不但使 .NET Framework 类型易于使用，而且还减少了学习 .NET Framework 的新功能所需要的时间。开发人员可以使用它开发多种模式的应用程序，可以是命令行形式，也可以图形界面形式的应用。Microsoft .NET Framework 中主要包括以下类库：

数据库访问（ADO .NET 等）、XML 支持、目录服务（LDAP 等）、正则表达式和消息支持。

基类库提供了支持底层操作的一系列通用功能。Microsoft .NET 框架主要覆盖了集合操作、线程支持、代码生成、输入/输出（IO）、映射和安全等领域的内容。

公共语言运行库（Common Language RunTime，CLR）是 Microsoft .NET Framework 的基础，也是 Microsoft .NET 程序的运行环境，用于执行和管理任何一种针对 Microsoft .NET 平台的代码。在 Microsoft .NET Framework 下，所有的语言都是等价的，CLR 负责编译和执行应用程序。CLR 可以为应用程序提供很多核心服务，如内存管理、线程管理和远程处理等，并且还强制实施代码的安全性和可靠性管理。CLR 还通过实现称为通用类型系统（CTS）的严格类型验证和代码验证基础结构来加强代码可靠性。CTS 确保所有托管代码都是可以自我描述的。Microsoft 各种语言和第三方语言编译器生成符合 CTS 的托管代码。这意味着托管代码可在严格实施类型保真和类型安全的同时使用其他托管类型和实例。

1.1.3 ASP.NET

ASP.NET 是.NET Framework 的一部分，是实现.NET Web 应用程序开发的主流技术，它以尽可能少的代码提供生成企业级 Web 应用程序所必需的各种服务。开发人员在编写 ASP.NET 应用程序的代码时，可以直接访问.NET Framework 类库，并可以使用与 CLR 兼容的任何语言来编写应用程序代码，这些语言包括 VB.NET、C#、JScript .NET 和 J#等，使用这些语言可以开发基于 CLR、类型安全、继承等方面的.NET Web 应用程序。

ASP.NET 提供了一个 Web 应用程序模型。这模型提供了一些窗体、控件及基础架构，让程序设计师简单建立 Web 应用程序。ASP.NET 提供了一些对应 HTML 元素（例如按钮、清单盒等）的 HTML 控件（HTMLControls），以及功能更强的 Web 控件（WebControls）。这些控件在服务器端执行，然后在客户端的浏览器以 HTML 元素的方式显示。ASP.NET 通过使用各种控件提供的强大的可视化开发功能，使得开发 Web 应用程序变得非常简单、高效。

ASP.NET 最常用的开发语言还是 VB.NET 和 C#。C#相对比较常用，因为它是.NET 独有的语言，VB.NET 适合以前的 VB 程序员。如果读者是新接触.NET，没有其他开发语言经验，建议直接学习 C#。对于初学者来说，C#比较容易入门，而且功能强大。本书所有的应用开发都是基于 C#进行编程的。

ASP.NET 使用代码分离机制将 Web 应用程序逻辑从表示层（通常是 HTML 格式）中分离出来。通过逻辑层和表示层的分离，ASP.NET 允许多个页面使用相同的代码，从而使维护更容易。开发者不需要为了修改一个编程逻辑问题而去浏览 HTML 代码，Web 设计者也不必为了修正一个页面错误而通读所有代码。

1.2 Visual Studio 2012 的安装与启动

1.2.1 VS2012 的安装

Visual Studio 是微软公司推出的开发环境，是目前最流行的 Windows 平台应用程序开发环境。Visual Studio 2012 简称 VS2012，其集成开发环境（IDE）的界面被重新设计和组织，变得更加简单明了。VS2012 目前有五个版本：专业版(Professional)、高级版(Premium)、旗舰版(Ultimate)、学习版（Express）和测试版(Test Professional)。

专业版(Professional) 面向个人开发人员，提供集成开发环境、开发平台支持、测试工具等。高级版(Premium)可以创建可扩展、高质量程序的完整工具包，相比专业版增加了数据库开发、Team Foundation Server（TFS）、调试与诊断、MSDN 订阅、程序生命周期管理（ALM）。旗舰版（Ultimate）是面向开发团队的综合性 ALM 工具，相比高级版增加了架构与建模、实验室管理等功能。测试版（Test Professional）是简化测试规划与人工测试执行的特殊版本，包含 TFS、ALM、MSDN 订阅、实验室管理、测试工具。学习版（Express）是一个免费工具，是轻量级版本，提供免费下载，供初级软件开发者学习。

本书选择 VS2012 旗舰版（Ultimate）作为开发环境讨论 Web 应用程序的开发，其安装过程如下。

（1）用虚拟光驱加载 Visual Studio 2012 镜像。进入虚拟的光盘，双击运行 vs_ultimate.exe 安装包程序，稍等片刻，显示图 1-2 所示安装界面。

图 1-2 安装界面 1

（2）稍等片刻，显示图 1-3 所示安装界面，选择安装的磁盘位置，并同意条款和条约，然后单击"下一步"安装继续。

（3）显示如图 1-4 所示界面，选择安装功能与组件，单击"全选"复选框，再单击"安装"按钮，开始安装。

图 1-3 安装界面 2

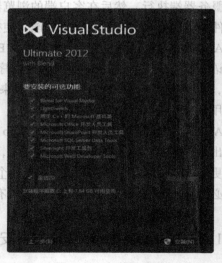

图 1-4 安装界面 3

（4）显示如图 1-5 所示界面，这个安装过程大概需要 1 小时。

（5）安装结束后，显示如图 1-6 所示的"安装成功"界面，单击"立即重新启动"，重启计算机。

图 1-5 安装界面 4　　　　　　　　　图 1-6 安装成功界面

1.2.2 VS2012 的启动

在操作系统中选择"开始"→"所有程序"→"MicrosoftVisualStudio2012"|"VisualStudio2012"命令，启动 VS2012 集成开发环境。如果是安装后第一次启动，系统会显示"选择默认环境设置"的对话框，如图 1-7 所示。选择"Visual C#开发设置"，单击"启动 Visual Studio（S）"按钮，会显示等待对话框。提示"MicrosoftVisualStudio 正在加载用户设置。这可能需要几分钟的时间。"等待一会儿后，显示如图 1-8 所示的 Visual Studio 集成开发环境。

图 1-7 选择默认环境设置

单击起始页中的"新建项目"链接，打开如图 1-9 所示界面，左边默认使用"Visual C#"语言，如要使用其他语言，单击下面的"其他语言"，可以选择"Visual Basic"、"Visual C++"和"Visual F#"几种语言。中间显示要建立的项目类型，上面显示默认使用".NET Framework 4.5"框架，可以选择其他不同的框架结构。

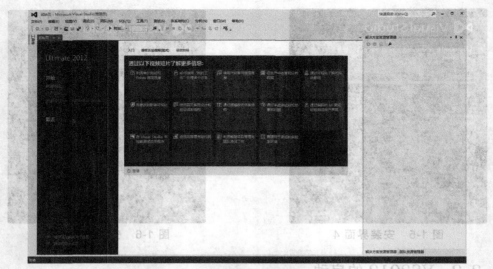

图 1-8 VisualStudio 集成开发环境

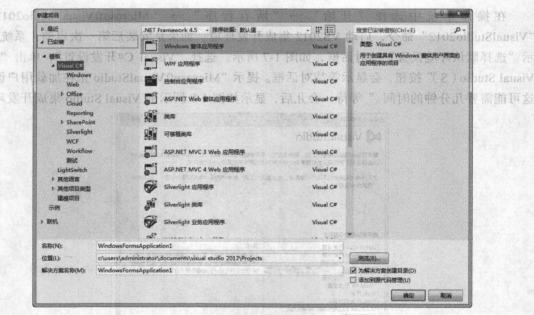

图 1-9 新建项目界面

1.3 开发第一个 ASP.NET 应用程序

【例 1-1】创建第一个网站并编程。

（1）启动 VS2012 集成开发环境，在系统主菜单中选择"文件"→"新建"→"网站"命令。弹出如图 1-10 所示的对话框，在对话框左侧选择"Visual C#"，右侧选择"ASP.NET 空网站"模板，直接输入或单击"浏览"按钮选择保存网站的文件路径，如"D:\web\FirstWeb"，单击"确定"按钮。

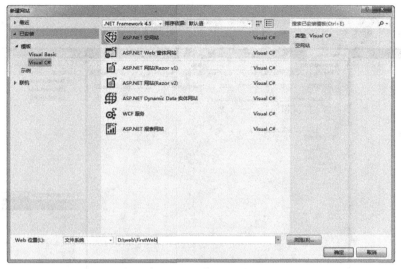

图 1-10 新建网站对话框

(2)在右侧"解决方案资源管理器"中找到网站"FirstWeb",并在其上右键快捷菜单中选择"添加"→"添加新项"命令,弹出如图 1-11 所示"添加新项"对话框。

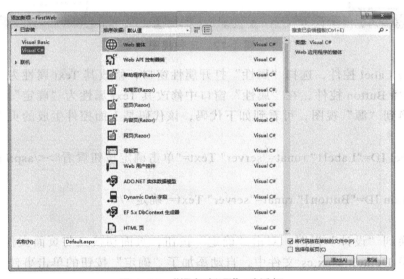

图 1-11 "添加新项"对话框

(3)左侧选择"Visual C#",右侧选择"Web 窗体",下方名称中使用默认值"Default.aspx",表示要创建的网页的文件名为"Default.aspx",单击"添加"按钮。系统会自动创建"Default.aspx"文件并打开,如图 1-12 所示。

(4)在图 1-12 所示中间部分,可以切换"设计"视图、"拆分"视图和"源"三种视图,分别会显示 UI 界面、UI 和代码、代码三种显示效果。

(5)切换到"设计"视图,拖动左侧"工具箱"窗口中的 Label 控件到 UI 界面中,再拖动一个 Button 控件到 Label 控件的下面。

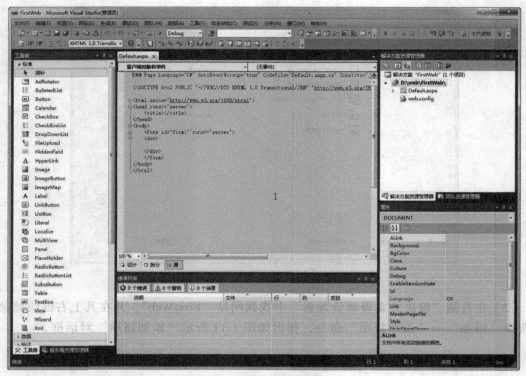

图 1-12 三种视图

（6）右击 Label 控件，选择"属性"打开属性窗口，修改其 Text 属性为"单击确定按钮看看"，选择 Button 控件，在"属性"窗口中修改其 Text 属性为"确定"。

（7）切换到"源"视图，可看到如下代码，该代码是上面控件生成的页面代码。

\<div\>

\<asp:Label ID="Label1" runat="server" Text="单击确定按钮看看"\>\</asp:Label\>

\<br /\>

\<asp:Button ID="Button1" runat="server" Text="确定" /\>

\</div\>

（8）切换到"设计"视图，双击"确定"按钮，页面切换到与页面文件 Default.aspx 对应的源程序 Default.aspx.cs 文件中，自动添加了"确定"按钮的单击事件。在该事件中添加如下代码。

```
protected void Button1_Click(object sender, EventArgs e)
{
        Label1.Text = "你单击了确定按钮";
}
```

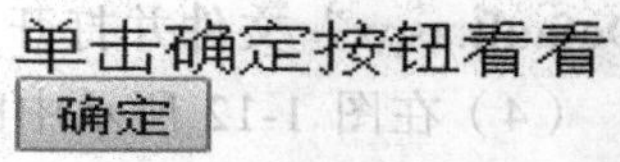

（9）在 Default.aspx 中单击鼠标右键，弹出的快捷菜单中选择"在浏览器中查看"，查看该页面，结果如图 1-13 所示，单击"确定"按钮，"单击确定按钮看看"会变成"你单击了确定按钮"。

图 1-13 单击"确定"按钮

1.4 安装和配置 IIS

开发好的网站，需要在局域网或广域网中访问，就涉及 IIS 的问题，需要在服务器上安装 IIS，通过一定的设置，然后在本机或其他机器中通过 IP 地址、网址等方式进行访问，这一节通过 IIS 的安装、配置和局域网 IP 访问设置，讲述如何对开发好的网站进行局域网 IP 地址访问。

1.4.1 IIS 安装

（1）单击"开始"→"控制面板"→"程序"，弹出"程序"窗口。

（2）单击"打开或关闭 Windows 功能"，弹出"Windows 功能"对话框，如图 1-14 所示。

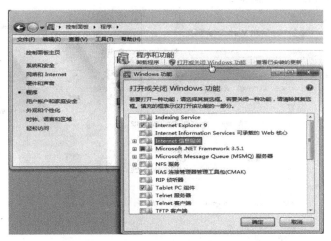

图 1-14 "Windows 功能"对话框

（3）选择"Internet Information Services 可承载的 Web 核心"，单击"Internet 信息服务"左边的加号，展开其所有节点，再逐层展开子节点"FTP 服务器"、"Web 管理工具"和"万维网服务"，将里面的所有项全部选中，全部选中后前面标记"√"，否则为一个蓝色的矩形框，如图 1-15 所示。

（4）单击"确定"按钮，弹出如图 1-16 所示的等待对话框，等待几分钟后，显示要求重启的对话框，单击"立即重新启动"按钮。

图 1-15 选择 IIS 相关选项

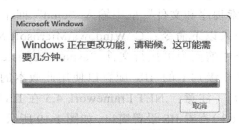

图 1-16 等待对话框

1.4.2 IIS 配置

安装好 IIS 后，系统会自动建立一个默认的 Web 站点，需要配置 IIS 才能访问开发好的网站。

（1）选择"开始"→"控制面板"命令，单击"系统和安全"链接，再单击"管理工具"，然后双击"Internet 信息服务（IIS）管理器"选项，进入 IIS 设置窗口。也可以快捷访问：在计算机桌面上右键点击"计算机"→"管理"→"服务和应用程序"→双击"Internet 信息服务（IIS）管理器"，也会进入 IIS 设置窗口，如图 1-17 所示。

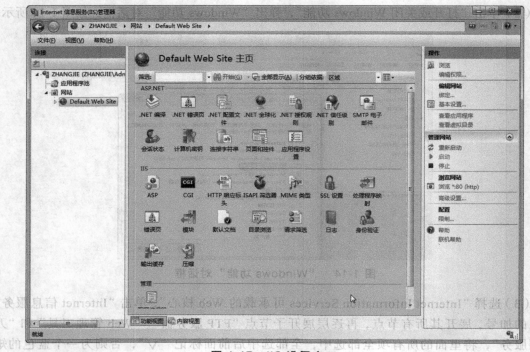

图 1-17　IIS 设置窗口

（2）由于 VS2012 默认采用的是 Microsoft .NET Framework4.5 框架（如果系统还没有安装，需要先下载安装该框架），它是一个针对 .NET Framework 4 的高度兼容的更新。Framework4.5 框架是独立的 CLR，和 .NET 2.0 的不同，如果想运行 .NET 4.5 框架的网站，需要用 aspnet_regiis 注册 .NET 4.5 框架。

执行"开始"→"所有程序"→"附件"→"命令提示符"命令；或者在"开始"→"搜索程序和文件"框中输入"cmd"回车，会弹出"管理员：命令提示符"窗口。在窗口中输入以下命令：C:\Windows\Microsoft.NET\Framework\v4.0.30319\aspnet_regiis.exe –i，命令中前面为可执行文件"aspnet_regiis.exe"的路径，-i 表示安装此版本的 ASP.NET，并更新根级别上的 IIS 配置以使用此版本的 ASP.NET。回车后，会进行注册安装，如图 1-18 所示。（注意：.NET Framework 4.5 在 IIS 中就显示为 4.0。）

（3）查看 IIS 设置窗口，如图 1-19 所示，单击左侧应用程序池，可以看到增加了"ASP.NET v4.0"和"ASP.NET v4.0 Classic"两项。

图 1-18　用 aspnet_regiis 注册 .NET 4.5 框架

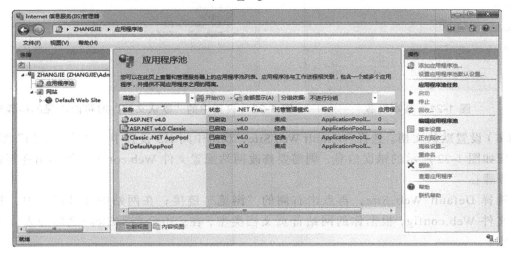

图 1-19　应用程序池中增加了"ASP.NET v4.0"和"ASP.NET v4.0 Classic"两项

（4）选择 Default Web Site，并双击 ASP 的选项，将"启用父路径"修改为"True"（WIN7 下 IIS 中 ASP 父路径默认是没有启用的），如图 1-20 所示。

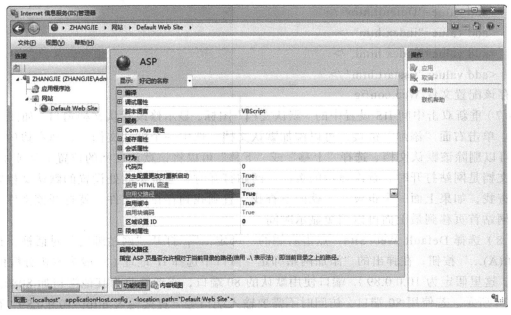

图 1-20　启用父路径

11

（5）选择 Default Web Site，单击右侧操作窗口"基本设置…"，打开"编辑网站"窗口，如图 1-21 所示，单击"选择…"，修改应用程序池为"ASP.NET v4.0"或者"ASP.NET v4.0 Classic"，单击"物理路径"下方的编辑框，输入网站文件所在的路径，或通过右侧的"…"按钮选择路径。

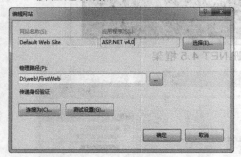 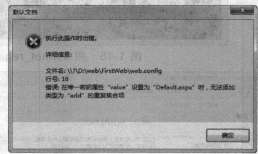

图 1-21　基本设置　　　　　　　图 1-22　设置中的"默认文档"时可能出现的错误信息

（6）设置默认文档。选择 Default Web Site，双击中间 IIS 设置中的"默认文档"图标，若出现如图 1-22 所示的错误信息，则需要修改网站配置文件 Web.config。如不出现则跳过下列步骤：

选择 Default Web Site，再点击右侧的"浏览"链接；在网站的文件目录中，打开配置文件 Web.config，根据你的网站首页文档类型，在<files>与</files>之间加入以下类似代码：

```
<clear />
<add value="Default.aspx" />
<add value="index.php" />
<add value="Default.htm" />
<add value="index.htm" />
<add value="index.html" />
<add value="iisstart.htm" />
```

保存该配置文件 Web.config。

（7）重新双击中间 IIS 设置中的"默认文档"图标，显示修改默认文档窗口，如图 1-23 所示。单击右面"添加"链接，可以添加默认文档。选中一个默认文档，选择右边的"删除"可以删除该默认文档、选择"上移"或"下移"可以将该默认文档的位置上移或下移。默认文档是网站打开时，首次显示的页面。网站打开时，会根据此处设置的默认文档顺序依次查找，如果上面一个也没有，就向下查找，直到找到存在的文件，就打开该文件，因此将网站首页移到最上面可以缩短显示时间。

（8）选择 Default Web Site，点击右侧的"绑定…"，打开"网站绑定"对话框，选择"添加(A)…"按钮，在弹出的"添加网站绑定"窗口中选择 IP 地址（一般为本机分配的 IP 地址，这里假定为 10.0.0.89），端口使用默认的 80 端口，或者修改为其他端口如 8080。如图 1-24 所示。若使用 80 端口，访问时不需要输入端口号，直接输入 http://10.0.0.89，否则需要输入端口号，需要输入 http://10.0.0.89:8080/。

图 1-23 修改默认文档

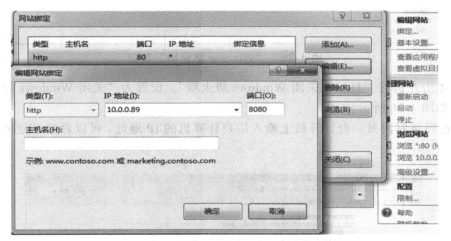

图 1-24 "网站绑定"对话框中绑定 IP 地址

（9）打开浏览器，若是 80 端口，则输入 http://localhost/，或者 http://10.0.0.89；若是 8080 端口，则输入 http://localhost:8080/或 http://10.0.0.89:8080/（其中 localhost 代表本机的默认网址）。回车，测试 IIS 是否配置好，如果正常显示网站首页，则说明配置成功。

1.4.3 通过局域网 IP 直接访问网站

问题：在局域网中，安装并配置好 IIS 后，在本机上可以访问该网站。想让局域网内其他计算机通过该机的局域网 IP 直接访问该网站，如 http://10.0.0.89。但是，有时候会经常出现这种情况，本机能够正常访问，而在局域网内其他计算机上输入这个 IP 地址则不能访问。下面通过两种方法来解决该问题。

方法 1：关闭 Windows 防火墙。

（1）单击"开始"→"控制面板"→"系统和安全"，单击"Window 防火墙"链接，打开"Window 防火墙"窗口，如图 1-25 所示。

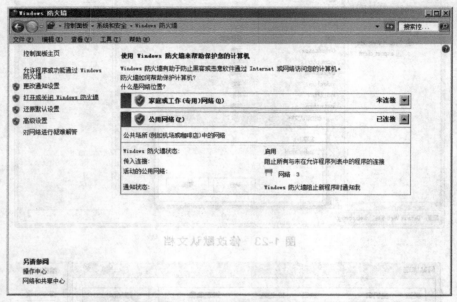

图 1-25　"Window 防火墙"窗口

（2）单击左边的"打开或关闭 Windows 防火墙"，设置为"关闭 Windows 防火墙（不推荐）"，如图 1-26 所示。

（3）在局域网内另一台计算机上输入用户计算机的 IP 地址，可以看到已经可以访问网页了。

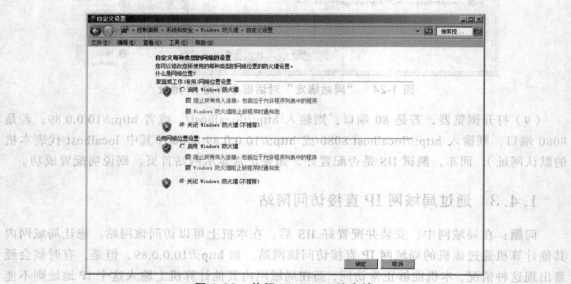

图 1-26　关闭 Windows 防火墙

方法 2：开启 Windows 防火墙，设置允许 Http。

（1）打开"Window 防火墙"窗口，如图 1-25 所示。

（2）点击左边的"打开或关闭 Windows 防火墙"，设置为"启用 Windows 防火墙"，如图 1-27 所示。点击"确定"按钮，返回图 1-25。

图 1-27　启用 Windows 防火墙

（3）在图 1-25 界面中，点击左边的"允许程序或功能通过 Windows 防火墙"，显示如图 1-28 所示界面，选中"安全万维网服务（HTTPS）"和"万维网服务（HTTP）"，点击"确定"按钮，返回到图 1-25。

图 1-28　允许 HTTP 和 HTTPS

（4）在局域网内另一台计算机上输入用户计算机的 IP 地址，可以看到已经可以访问网页了。

1.5 Visual Studio 最常用的快捷键

Visual Studio 中有很多快捷方式，这里介绍在编写代码时最常用的快捷方式。

1. 自动添加提示

使用组合键"Ctrl+J"或者"Alt+→"可以在不完全输入关键词时系统自动添加提示。

在代码文件中输入 sys，然后按组合键"Ctrl+J"或者"Alt+→"，后面会列出和 sys 相关的提示，如图 1-29 所示。系统会根据相关度来用不同颜色标示，可根据提示用鼠标或者上下键选择即可，如果最相关属性正好是需要的，则直接回车即可。

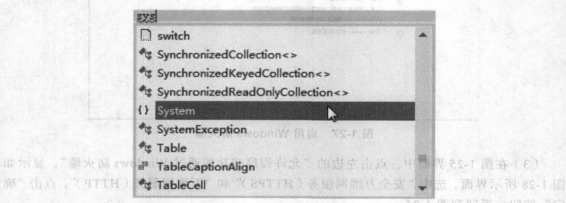

图 1-29 组合键"Ctrl+J"或者"Alt+→"自动添加提示

2. 自动导入 using 命名空间

使用组合键"Shift+Alt+F10"或者"Ctrl+."可以导入需要的 using 命名空间。

在页面中加入一个 Label 控件 Label1，代码文件中输入 Label1.ForeColor = Color.Red; 修改前景色为红色，输入后 Color 会出现一个红色的波浪线，鼠标移动到 Color 上，会提示"当前上下文中不存在名称 Color"，这是因为没有导入 Color 的命名空间。按组合键 "Shift+Alt+F10"或者"Ctrl+."，会出现如图 1-30 所示提示框，使用第一项"using System.Drawing"就可以导入 System.Drawing 命名空间，这样 Color 类就可以识别了。

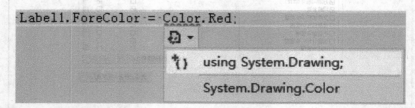

图 1-30 使用组合键"Shift+Alt+F10"或者"Ctrl+."导入需要的 using 命名空间

3. 设置文档的格式，设置选定内容的格式

一段很乱的代码，需要进行格式化，以便阅读。可以使用快捷键"Ctrl+E，D"，即按

住 Ctrl 键不放，按键盘上的字母 E，再按 D，可以将当前文件的所有代码进行格式化。也可以先选定需要格式化的代码，然后使用快捷键"Ctrl+E，F"对选定的内容格式化。

复制下面这段格式不齐的代码，进行操作。

Label1.Text = "设置文档的格式";
Label1.ForeColor = System.Drawing.Color.Red;
Label1.Font.Size = 20;

4. 定位到某一行

错误信息提示是哪一行，需要定位到这一行，可以使用快捷键"Ctrl+G"，弹出"转到行"对话框，如图 1-31 所示，输入行号即可。

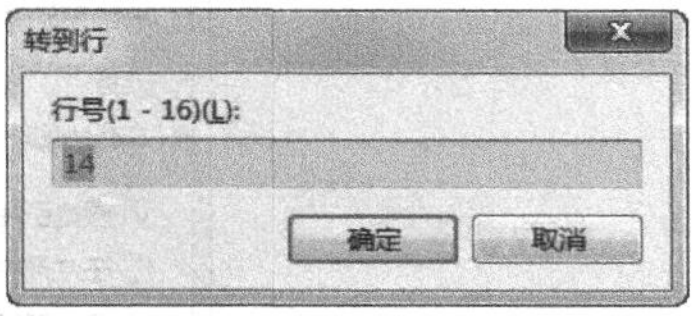

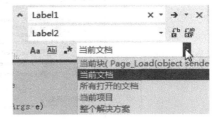

图 1-31 快捷键"Ctrl+G"，弹出"转到行"

5. 注释，取消注释

快捷键"Ctrl+E，C"或"Ctrl+K，C"，可以注释选中代码；快捷键"Ctrl+E，U"或"Ctrl+K，U"，可以取消选中行的注释。

6. 查找、替换

快捷键"Ctrl+F"用于查找；快捷键"Ctrl+H"用于替换。这两个快捷键弹出的对话框是类似的，如图 1-32 所示是替换对话框，在当前文档下拉列表中可以选择查找或替换的范围。

图 1-32 快捷键"Ctrl+H"，弹出替换对话框

7. 重命名 F2

快捷键 F2 键可以对代码进行整体重命名，可以重命名页面文件等。对下列代码，鼠标放在 Label1 中，或者双击选中 Label1，按 F2 键，会弹出如图 1-33 所示对话框。在该对话框中输入 Label2，即可将 Label1 重命名为 Label2。确定后，弹出如图 1-34 所示对话框，列出了所有的 Label1 语句用选择，默认全部选中，选择后，单击"应用"按钮即可重命名选中的字符串。

Label1.Text = "设置文档的格式";
Label1.ForeColor = System.Drawing.Color.Red;
Label1.Font.Size = 20;

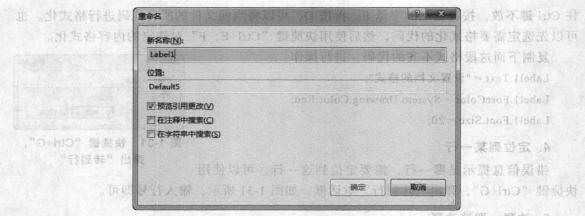

图 1-33 快捷键"Ctrl+H",弹出重命名对话框

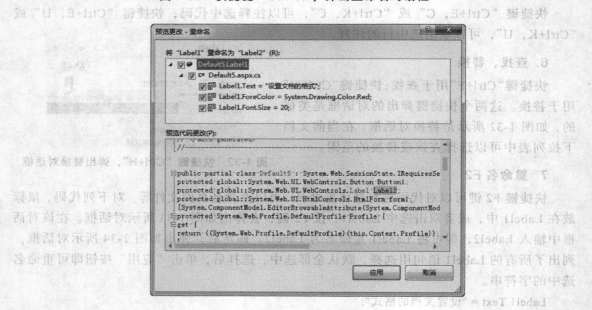

图 1-34 "重命名"对话框选项

8. 快速隐藏或显示当前代码段

快捷键"Ctrl+M,M"可以将代码段收缩或者显示。

9. 设置断点 F9 启动调试 F5

快捷键 F9 可以插入或删除断点,快捷键 F5 可以启动调试。

第 2 章 ASP.NET 界面设计控件

一个好的应用程序需要一个良好的界面，ASP.NET 提供了很多界面设计控件，这一章主要讲述最常用控件的属性和使用。

2.1 提交类控件

学习使用 ASP.NET 控件的最好方法就是边学习边在实际的页面中进行实践，本节就结合实例介绍几个 ASP.NET 最简单、常用的控件。

2.1.1 Label 控件

Label（标签）控件在 Web 页上的固定位置显示用户不能编辑的静态文本，允许用户以编程的方式操作文本。例如，用户可以通过 Text 属性来自定义所显示的文本。Label 控件没有任何方法和事件。

1. Label 控件语法

<asp:LabelID= "控件名称" runat="server"Text="控件上显示的文字"></asp:Label>

2. Label 控件常用属性

Label 控件常用属性为 Text，用于在控件上显示文本，属性值类型为"string"可以和内容一起嵌入 HTML 标记，从而进一步格式化文本。

如果要显示静态文本，可使用 HTML 元素，不需要 Label 控件，这样可以提高网页打开的速度，只有当需要在服务器端更改文本内容或其他特性时，才使用 Label 控件；Label 控件的文本可以在设计或者运行时设置，也可以将其 Text 属性绑定到数据源，可以在网页上显示数据库信息；Label 控件支持样式属性，可以设置文本样式。

【例 2-1】Label 控件的使用。

（1）创建一个名为 UseLabel 的网站及其默认主页 Default.aspx。

（2）拖动一个 Label 控件到页面上来，产生的页面代码如下：

<asp:LabelID="Label1"runat="server"Text="Label"></asp:Label>

（3）在源视图中修改控件的属性。

可以在源视图中直接改变其属性，切换到"源视图"，修改 ID 为"Label1"，Label1 控件的 Text 属性为"Label 控件简单示例"，按空格后会出现一个提示框，列出该控件的所有属性和方法，输入 fo，提示框会列出以 fo 开头的属性和方法，如图 2-1 所示，选中 Font-Bold 按回车，

图 2-1 输入 fo 后提示框会列出以 fo 开头的属性和方法

输入"=",提示框中选择"true"。

(4)在属性窗口中修改控件的属性。

在设计视图或源视图中选中 Label 控件,然后在属性设置窗格中设置相关属性。如果看不到属性窗口,在设计视图中选中控件,右键快捷菜单中选择"属性",可打开属性窗口。

在属性窗口中,将 ForeColor(文字颜色)属性设置为 Red,将 Font-Size(粗体)属性设置为 20。修改后,源视图中的页面代码会自动修改成如下代码:

<asp:LabelID="Label1"runat="server"Text="Label 控件简单示例"Font-Bold="true" Font-Size="20pt"ForeColor="Red"></asp:Label>

(5)在程序代码中修改控件的属性。

在设计视图中按两次回车键,然后拖动另一个 Label 控件到页面。页面代码自动修改为以下代码,其中的
就是回车换行的 HTML 代码,对应两次回车键。

```
<asp:Label ID="Label1" runat="server" Text="Label 控件简单示例" Font-Bold="True" Font-Size="20pt" ForeColor="Red"></asp:Label>
<br />
<br />
<asp:Label ID="Label2" runat="server" Text="Label"></asp:Label>
```

在代码编辑窗口中单击鼠标右键,在弹出的快捷菜单中选择"查看代码"命令;或在右侧的"解决方案资源管理器"中展开 Default.aspx,然后双击打开 Default.aspx.cs 文件,这个文件是页面 Default.aspx 对应的代码文件,一般的事件代码等都写在这里面。

代码中已经有了一个 Page_Load 函数,该事件表示页面刚刚加载时触发的事件。为其增加如下代码:

```
protected void Page_Load(object sender, EventArgs e)
{
    if (!Page.IsPostBack)
    {
        Label2.Text = DateTime.Now.ToString();
        Label2.ForeColor = Color.Blue;
        Label2.Font.Italic = true;
        Label2.Font.Size = 30;
    }
}
```

(6)使用快捷键"Shift+Alt+F10"或"Crtl+.",自动导入需要的 using 命名空间 System.Drawing。

加入代码后,会出现错误信息:当前上下文中不存在名称"Color",这并不是代码写错了,而是因为在代码中使用了 Color 类,而该类的命名空间没有加入该页面中,因此出现不存在该名称的错误。C#中的命名空间类似于 Java 中的包，需要使用 using 将该类的命名空间加进来，操作如下：

将光标定位到 Color 上或者选中 Color，按快捷键"Shift+Alt+F10"或"Crtl+."，会弹出图 2-2 所示的提示框，如果选择"using System.Drawing"，会在代码文件的前面 using 部分添加"using System.Drawing;"代码，表示导入了 System.Drawing 命名空间，这样 Color 类就可以识别了。如果选择"System.Drawing"，则不会添加"using System.Drawing;"的代码，只会在 Color 类前面添加 System.Drawing 前缀。一般选择前者，这样代码中再使用该类时，就不用输入前面的前缀了。

（7）在 Default.aspx 中单击鼠标右键，弹出的快捷菜单中选择"在浏览器中查看"，查看该页面，结果如图 2-3 所示。

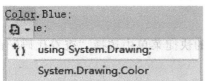

图 2-2 使用 Shift+Alt+F10 或"Crtl+"快捷键后出现的 using 命名空间提示框

图 2-3 Label 控件的执行效果

（8）如果你的浏览器显示的页面没有颜色信息，可能你的浏览器已经忽略了网页指定的颜色，需要修改一下设置。如 IE 浏览器，设置如下：IE 主菜单→"Internet 选项"→"辅助功能（E）"→将"忽略网页上指定的颜色"的对号取消。如果要在其他浏览器中显示，右键快捷菜单中选择"浏览方式（H）..."，弹出的对话框中会列出计算机中所有能运行的浏览器，选中要运行的浏览器，单击"浏览（B）"按钮即可在选定浏览器中打开该网页。如果要将选定的浏览器作为默认浏览器，则单击"设为默认值（D）"按钮，左边浏览器类表中，会在默认浏览器后面添加"（默认值）"的标记。

【实例延伸】Page.IsPostBack 的作用。

上例代码中有一句 if (!Page.IsPostBack)，为了探究该代码的作用，我们将上面实例做如下修改。

（1）在 Default.aspx 中，添加一个 Button 按钮控件，然后在浏览器中运行，单击此按钮，观察页面变化。

（2）注释或删除语句 if(!Page.IsPostBack)，单击此按钮，观察页面变化。

可以看到，注释掉该语句后，单击一次按钮，时间会变化一次。思考原因。

【问题】Page.IsPostBack 的作用是什么？为什么 Button 控件中没有任何代码却能刷新页面？

Page.IsPostBack 表示是否由页面回传引起的，一般按钮等交互式控件单击时回传网页到服务器，用！Page.IsPostBack 可以消除因为这些回传引起的不必要的操作，它表示只有页面第一次加载时才执行对应语句。Button 按钮控件会引起网页回传到服务器，从而引起页面刷新，调用 Page_Load 事件，故而单击一次按钮，时间会变化一次。为了不引起这种错误，最常用的做法是在代码中添加 if (!Page.IsPostBack)语句，使得只有第一次页面加载时才执行相应的代码。

为了更深地理解 Page.IsPostBack 属性的作用，下面以一个实例来加以说明。

【解释示例】使用 Page.IsPostBack 属性求解两个随机数的乘积。

求解两个随机数（1～10 之间的随机整数，包含 1 和 10）的乘积。通过使用 Page_Load 事件的 IsPostBack 属性，使得第一个随机数在页面第一次被请求时赋初值（但其后一直保持不变），而第二个随机数在每次装载页面时均随机生成。

（1）添加一个新的网页 Default2.aspx，在页面中添加两个 Lable 控件用于存放两个随机数，其 Text 属性为空，一个"计算"按钮用于执行计算，一个 Lable 控件用于存放结果，其 Text 属性为空。修改后的页面代码如下：

第一个随机数：<asp:LabelID="Label1"runat="server"></asp:Label>
第二个随机数：<asp:LabelID="Label2"runat="server"></asp:Label>
<asp:ButtonID="Button1"runat="server"Text="计算"/>
<asp:LabelID="Label3"runat="server"></asp:Label>

（2）在代码编辑窗口中单击鼠标右键，在弹出的快捷菜单中选择"查看代码"命令；在 Page_Load 函数中增加如下代码：

```
protected void Page_Load(object sender,EventArgs e)
{
    Random r=new Random();
    Label2.Text=r.Next(1,11).ToString();//1～10 之间的随机整数
    if(!Page.IsPostBack)//页面第一次加载时
        Label1.Text=r.Next(1,11).ToString();
}
```

【代码解析】第一个数 Label1 控件由于受到 if(!Page.IsPostBack)语句的限制，只在第一次显示页面时执行，后面单击按钮时的页面回传不再执行；而第二个数 Label2 控件没有此限制，所以每次页面回传都会执行，显示不同的随机数。

（3）页面中双击"计算"按钮，添加其 Click（单击）事件，添加如下代码：

```
protected void Button1_Click(object sender,EventArgs e)
{
    int x=Convert.ToInt32(Label1.Text),y=int.Parse(Label2.Text);
    Label3.Text=Label1.Text+"*"+Label2.Text+"="+x*y;
}
```

由于 Label 控件的 Text 属性是 String 类型，需要转化成整型数据才能计算成绩，程序中用到了两种方法 Convert.ToInt32 和 int.Parse，均可以达到此目的。

（4）在 Default2.aspx 中单击鼠标右键，弹出的快捷菜单中选择"在浏览器中查看"，查看该页面，结果如图 2-4 所示，单击"计算"按钮，

图 2-4 Page.IsPostBack 的作用的执行效果

第一个数不变，第二个数会改变，两个数的乘积结果会显示在下面。

2.1.2 Button 控件

Button 控件是最常用的交互控件之一，一般情况下，用户在客户端单击 Button 控件后就会将表单提交给服务器进行处理。Button 控件所特有的属性和事件如表 2-1 所示。

表 2-1 Button 控件所特有的属性和事件

属性或事件名称	说　明
CommandName	Button 控件命令名，该命令名可传递给 Button 控件的 Command 事件，并在事件处理函数中进行区分处理
CommandArgument	命令可选参数，该参数与 CommandName 一起被传递到 Command 事件
Click	单击 Button 控件时发生
Command	单击 Button 控件时发生

【例 2-2】Button 控件的使用。

（1）创建一个名为 UseButton 的网站及其默认主页。

（2）为网页增加一个 Label 控件，其 ID 为 Label1。同样将其 Text 属性设置为"这是一个 Label 控件"，将 Font-Bold(粗体)属性设置为 True，将 Font-Names(字体)属性设置为"楷体_GB2312"，将 ForeColor(文字颜色)属性设置为 Blue。

（3）在 Label 控件下面再增加一个 Button 控件，改变其 Text 属性。在设计视图中双击 Button 控件，系统会自动转到源代码文件中编辑，并自动为 Button 控件创建 Click 事件处理函数 Button1_Click()，增加如下代码：

```
protectedvoidButton1_Click(objectsender,EventArgse)
{
        Label1.Text="Label 上的文本被 Button 所修改";
}
```

（4）在浏览器中查看该页面，Label 控件的初始显示为"这是一个 Label 控件"。单击"改变 Label 的显示"按钮，可以看到页面被重新加载，Label 控件的显示改为"Label 上的文本被 Button 所修改"。

（5）单击 Button 控件时既可以触发 Click 事件，也可以触发 Command 事件。当为 Button 控件指定了命令名时，通常使用 Command 事件进行处理。如果一个网页上有多个 Button 控件，它们有大量相似的处理，为每个 Button 控件分别编写单击事件处理函数不易维护。这时一个好的选择是为每个 Button 控件指定不同的命令名和相同的 Command 事件处理函数，然后在 Command 事件处理函数中判断单击的是哪个 Button 控件并进行相应的处理。

为页面再增加 4 个按钮，改变其属性后页面代码如下：

```
<asp:ButtonID="Button2"runat="server"CommandName="FontBold"
```

```
OnCommand="CommandBtn_Click"Text="变粗体"/><br/>
<asp:ButtonID="Button3"runat="server"CommandName="FontUnderline"
OnCommand="CommandBtn_Click"Text="加下画线"/><br/>
<asp:ButtonID="Button4"runat="server"CommandArgument="Red"
CommandName="FontColor"OnCommand="CommandBtn_Click"Text="变为红色"/>
<asp:ButtonID="Button5"runat="server"CommandArgument="Green"
CommandName="FontColor"OnCommand="CommandBtn_Click"Text="变为绿色"/>
```

（6）在属性设置窗口中为按钮指定 Command 事件处理函数，需要先在属性设置窗格中单击 ⚡"闪电"图标切换到事件窗口，在该窗口中会列出当前控件的所有事件，在 Command 中输入函数名即可。双击该项即可直接进入该函数的程序代码编辑界面。

从上述代码可以看出，4个按钮共用相同的 Command 事件处理函数"CommandBtn_Click"，其代码如下：

```
protected void CommandBtn_Click(object sender, CommandEventArgs e)
{
    switch (e.CommandName)
    {
        case "FontBold":
            Label1.Font.Bold = true;
            break;
        case "FontUnderline":
            Label1.Font.Underline = true;
            break;
        case "FontColor":
            if ((String)e.CommandArgument == "Red")
                Label1.ForeColor = Color.Red;
            if ((String)e.CommandArgument == "Green")
                Label1.ForeColor = Color.Green;
            break;
        default:
            break;
    }
}
```

【代码解析】

① 事件处理函数的第二个参数是从 EventArgs 派生的 CommandEventArgs 类型，包含 CommandName 和 CommandArgument 等属性，以携带从控件传来的事件信息。虽然此函数被多个 Button 控件所共用，但不同控件的 CommandName 值各不相同，因此程序可根据此属性对不同的按钮做出不同的响应。如果需要的话，还可以进一步根据 CommandArgument

属性进行区分处理。

② 代码中使用了一个 switch 语句，根据不同的 CommandName 进行不同的处理。如果 CommandName 为 FontColor，则还需要进一步对 CommandArgument 属性进行判断。

③ 代码中用到 Color 结构预定义的颜色值，需要使用快捷键"Shift+Alt+F10"或"Crtl+."自动导入 using 命名空间 System.Drawing。

（7）在 Default.aspx 中单击鼠标右键，弹出的快捷菜单中选择"在浏览器中查看"，查看该页面，结果如图 2-5 所示，单击不同的按钮，上面的 Label 控件的文字会出现不同的效果。

图 2-5　Button 控件的执行效果

2.1.3　ImageButton 控件

与 Button 控件类似的控件还有 ImageButton，它的功能与 Button 控件相同，可以对单击事件做出响应，但 ImageButton 的外观为一个图片。

ImageButton 控件是可以显示图像并对图像上的鼠标单击事件响应的控件，其常用的属性如表 2-2 所示。

表 2-2　ImageButton 控件的常用属性

属性或事件名称	说　　明
AlternateText	获取或设置当图像不可用时，ImageButton 控件中显示的替换文本。支持工具提示功能的浏览器将此文本显示为工具提示
CausesValidation	获取或设置一个值，该值指示在单击 ImageButton 控件时是否执行验证，默认值为 True
ImageUrl	获取或设置在 ImageButton 控件中显示的图像位置
PostBackUrl	获取或设置单击 ImageButton 控件时从当前页发送到的网页 URL

【例 2-3】ImageButton 的使用。

（1）创建一个名为 UseImageButton 的网站及其默认主页。在网站中右键选择"新建文件夹"，修改文件夹名为"images"，将两个事先准备好的图片"Play.jpg"和"Shop.jpg"文件复制到此文件夹中。

（2）在源视图中使用 HTML 表格布局网页，添加一个 ImageButton 控件拖到页面上第一行第一个单元格，单击 ImageUrl 属性右面的按钮，选择"images"文件夹下的"Play.jpg"，此时按钮已经修改为该图片的大小和图像，修改其宽度 Width 和高度 Height，修改后的页面代码如下：

```
<table>
    <tr>
        <td>
        <asp:ImageButton ID="ImageButton1" runat="server" Width="200" Height="100"
```

ImageUrl="~/images/Shop.jpg" OnClick="ImageButton1_Click" />
</td>
</tr>
</table>

（2）双击 ImageButton 控件，添加其处理函数 ImageButton1_Click()，添加如下代码：

```
protected void ImageButton1_Click(object sender, ImageClickEventArgs e)
{
    if (ImageButton1.ImageUrl == "~/Images/Play.jpg")
        ImageButton1.ImageUrl = "~/Images/Shop.jpg";
    else
        ImageButton1.ImageUrl = "~/Images/Play.jpg";
}
```

【代码解析】ImageButton 控件的 ImageUrl 属性用于存放该控件上显示的图像路径，"~/Images/Play.jpg" 表示文件 Play.jpg 在网站中的存放路径，"~" 表示从网站根目录。

（4）在 Default.aspx 中单击鼠标右键，弹出的快捷菜单中选择"在浏览器中查看"，查看该页面，页面显示结果如图 2-6 所示。单击 ImageButton 控件时，两个图片会交替显示。

图 2-6　ImageButton 控件和 LinkButton 控件的执行效果

【问题】如果图像不存在，页面中会显示什么？此时如何在旁边显示文字？

【提示】添加 ImageButton 控件的 AlternateText。

【上机实践】在线身份证转换系统。

要求：实现身份证号码旧的 15 位转换为新的 18 位。根据新的 18 位身份证号码，显示其性别和出生年月日。

身份证是标识公民的有效证件之一，公民身份证号码的编码对象是具有中华人民共和国国籍的公民。每个编码对象获得唯一的、不变的法定号码。公民身份号码是特征组合码，原来身份证号码是由 15 位数字组成，1999 年 7 月 1 日实施《公民身份号码》（GB 11643—1999）后，身份证号码改成由 17 位数字本体码和一位校验码组成。排列顺序从左至右依次为：6 位数字地址码，8 位数字出生日期码，3 位数字顺序码和一位数字校验码。试将 15 位身份证号码在线转换成 18 位。

【关键技术】在将 15 位身份证号码转换成 18 位时，首先将出生年扩展为 4 位，即在原来 15 位号码的第 6 位数字后增加一个年份前缀（如 19)，然后在第 17 位数字后添加一位校验码，校验码是由前 17 位数字本体码加权求和公式，通过计算模，再通过模得到对应的校验码。计算校验码的步骤及公式如下：

（1）17 位数字本体码加权求和公式。

$S = Sum(A_i \cdot W_i)$，$i = 0,\cdots,16$，先对前 17 位数字的权求和，其中的 A_i 和 W_i 分别表示如下：

A_i：表示第 i 位置上的身份证号码数字值。

W_i：表示第 i 位置上的加权因子。

18 位上每个位的加权因子如表 2-3 所示。

表 2-3　每个位的加权因子

位　　数	0	1	2	3	4	5	6	7	8
加权因子	7	9	10	5	8	4	2	1	6
位　　数	9	10	11	12	13	14	15	16	17
加权因子	3	7	9	10	5	8	4	2	1

（2）计算模。

$$Y = \mod(S, 11)$$

（3）通过模得到对应的校验码。

模值 Y 的 0、1、2、3、4、5、6、7、8、9、10 分别对应的校验码为 1、0、X、9、8、7、6、5、4、3、2。

【参考代码】

（1）页面代码。

```
        <div   align="center">
<table>
<tr>
<td colspan="2"><h1>在线身份证号码 15 位转换 18 位</h1></td>
</tr>
<tr>
<td >请输入 15 位身份证号码：</td>
<td >
<asp:TextBox ID="txtInPut" runat="server"></asp:TextBox>
</td>
</tr>
<tr>
<td>转换后 18 位身份证号码：</td>
<td>
<asp:TextBox ID="txtOutPut" runat="server" ReadOnly="True"></asp:TextBox>
</td>
```

```
            </tr>
            <tr>
            <td>出生年月：</td>
            <td>
            <asp:TextBox ID="txtBirthday" runat="server" ReadOnly="True"></asp:TextBox>
            </td>
            </tr>
            <tr>
            <td colspan="2">
            <asp:Button ID="BtnOk" runat="server" Text="转换" OnClick="BtnOk_Click"
                        Width="59px" />
            <asp:Button ID="BtnCZ" runat="server" Text="重置" OnClick="BtnCZ_Click"
                        Width="59px" />
            </td>
            </tr>
            </table>
            </div>
```

（2）程序源代码。

```
protected void BtnOk_Click(object sender, EventArgs e)
    {
        if (this.txtInPut.Text.Length != 15)
        {
            Response.Write("<script>alert('请输入 15 位身份证号码!');location='Default.aspx'</script>");
        }
        else
        {
            this.txtOutPut.Text = ChangeIdenCode(this.txtInPut.Text.Trim());
            this.txtBirthday.Text = this.txtOutPut.Text.Substring(6, 4) + "年" + this.txtOutPut.Text.Substring(10, 2) + "月" + this.txtOutPut.Text.Substring(12, 2) + "日";
        }
    }

    protected string ChangeIdenCode(string inputnum)
    {
        char[] strJY = { '1', '0', 'X', '9', '8', '7', '6', '5', '4', '3', '2' };
        int[] intJQ = { 7, 9, 10, 5, 8, 4, 2, 1, 6, 3, 7, 9, 10, 5, 8, 4, 2, 1 };
        string strTemp;
```

```
            int intTemp = 0;

            strTemp = inputnum.Substring(0, 6) + "19" + inputnum.Substring(6);
            for (int i = 0; i <= strTemp.Length - 1; i++)
            {
                intTemp += int.Parse(strTemp.Substring(i, 1)) * intJQ[i];
            }
            intTemp = intTemp % 11;
            return strTemp + strJY[intTemp];
        }


        protected void BtnCZ_Click(object sender, EventArgs e)
        {
            this.txtInPut.Text = "";
            this.txtOutPut.Text = "";
            this.txtBirthday.Text = "";
        }
```

2.2 连接类控件

2.2.1 HyperLink 控件

HyperLink 控件又称为超链接控件，该控件与传统的 HTML 页面上使用<ahref=""Target=""></a>标签建立超链接相似，显示为超链接形式。ASP.NET 中 HyperLink 控件与上述 HTML 控件的执行效果相同，但在服务器端可以得到更好的编程处理能力。与 Button 控件不同，在客户端单击 HyperLink 控件后不向服务器回传页面，而是直接导航到目标 URL，只起到导航作用。

HyperLink 控件所特有的属性如表 2-4 所示。

表 2-4 HyperLink 控件所特有的属性

属性名称	说　　明
ImageUrl	HyperLink 控件所显示图像的路径
NavigateUrl	单击 HyperLink 控件时链接到的目的 URL
Target	显示目的网页的目标窗口或框架
Text	HyperLink 控件的文本标题

ImageUrl 属性值为要显示图像的路径。正常情况下 HyperLink 控件在页面上显示为文字的超链接，但如果设置了 ImageUrl 属性，HyperLink 控件则显示为一个图像。

Text 属性为显示在浏览器中的链接文本。如果同时设置了 Text 属性和 ImageUrl 属性，则 ImageUrl 属性优先，只有当图片无效时才显示文本内容。

默认情况下，单击 HyperLink 控件时目的网页加载到当前浏览器窗口或当前框架(如果使用了框架)内，但可以通过设置 Target 属性来改变加载内容的目标窗口或框架。

Target 属性的值可以是以下特殊值之一：

① _blank：将内容呈现在一个没有框架的新窗口中。
② _parent：将内容呈现在当前框架的父框架中，如果没有父框架，则此值等同于_self。
③ _search：在搜索窗格中呈现内容。
④ _self：将内容呈现在当前框架中（默认值）。
⑤ _top：将内容呈现在当前整个窗口中（忽略原有的框架）。

2.2.2 LinkButton 控件

LinkButton 控件又称为超链接按钮控件，该控件在功能上与 Button 控件相似，但外观为一个超链接，与 HyperLink 控件相似，用于创建超链接样式的按钮。

LinkButton 控件的常用属性如下：

① Text 属性：获取和设置在 LinkButton 控件中显示的文本标题。
② PostBackUrl：获取或设置单击 LinkButton 控件时从当前页发送到网页的 Url 地址，单击该控件时会链接到该网页。

【例 2-4】HyperLink 控件和 LinkButton 控件的使用。

（1）创建一个名为 UseHyperLink 的网站及其默认主页。

（2）在网站中新建一个文件夹"images"，放入预先准备的图片"玉林师院.jpg"。

（3）在源视图中使用 HTML 表格布局网页，从工具箱中将一个 HyperLink 控件拖到页面上第一行第一个单元格，修改其 ImageUrl 指向图片、NavigateUrl 属性为"http://www.ylu.edu.cn/"，Target 属性为"_blank"。

（4）从工具箱中将 LinkButton 控件拖到页面上第二行第一个单元格并居中，修改其 PostBackUrl 属性为"http://www.ylu.edu.cn/"，Text 属性为"玉林师范学院"，修改字号为 20，前景色为蓝色。相关页面代码如下：

```
<table>
    <tr>
        <td>
            <asp:HyperLink ID="HyperLink1" runat="server" ImageUrl="~/images/玉林师院.jpg"
                NavigateUrl="http://www.ylu.edu.cn/" Target="_blank">玉林师范学院
            </asp:HyperLink>
        </td>
    </tr>
    <tr>
        <td align="center">
```

```
<asp:LinkButton ID="LinkButton1" runat="server"
            PostBackUrl="http://www.ylu.edu.cn/" Font-Size="20pt" ForeColor="Blue">玉
林师范学院</asp:LinkButton>
        </td>
    </tr>
</table>
```

（5）在 Default.aspx 中单击鼠标右键，在弹出的快捷菜单中选择"在浏览器中查看"，查看该页面，结果如图 2-7 所示。单击该图片，会在一个新窗口中打开 NavigateUrl 所指向目标网址"http://www.ylu.edu.cn/"。单击"玉林师范学院"按钮会在该页上打开玉林师范学院网页。

图 2-7 HyperLink 控件的执行效果

2.3 选择输入类控件

应用程序经常会请用户做出各种各样的选择，因此 ASP.NET 提供了多种选择控件。本节主要介绍其中最常用的 TextBox 控件、CheckBox 控件、RadioButton 控件、ListBox 控件和 DropDownList 控件。

2.3.1 TextBox 控件

TextBox 服务器控件是让用户输入文本的输入控件。该控件允许用户输入单行、多行和密码，由控件的 TextMode 属性设置。默认情况下，TextMode 属性为 TextBoxMode.SingleLine，显示一个单行文本框。也可以将 TextMode 属性设置为 TextBoxMode.MultiLine，以显示多行文本框，还可以将 TextMode 属性更改为 TextBoxMode.Password，以显示密码框。TextBox 控件也包含多个用于控制外观的属性，如 Columns、Rows、Wrap 等。其常用的属性如表 2-5 所示。

表 2-5 TextBox 控件的常用属性

属性或事件名称	说　明
AutoPostBack	获取或设置一个值，该值表示 TextBox 控件失去焦点时是否发生自动回传到服务器的操作，默认值为 False
CausesaValidation	获取或设置一个值，该值指示当控件设置为在回传发生时是否执行验证，默认值为 False
Columns	获取或设置文本框的显示宽度（以字符为单位）
CssClass	获取或设置由 Web 服务器控件在客户端呈现的级联样式表（CSS）类
MaxLength	获取或设置文本框中最多允许的字符数
ReadOnly	获取或设置一个值，用于指示能否更改 TextBox 控件的内容，默认值为 False

续表 2-6

属性或事件名称	说　明
Rows	获取或设置多行文本框中显示的行数
Text	获取或设置 TextBox 控件的文本内容
TextMode	获取或设置 TextBox 控件的行为模式（单行、多行或密码）
Wrap	获取或设置一个值，该值指示多行文本框内的文本内容是否换行，默认值为 True
Focus	该方法使得控件获取焦点
TextChanged	当向服务器发送时，如果文本框的内容已更改，则触发此事件

TextBox 控件最常用的事件是 TextChanged，当用户改变 TextBox 的文本内容时将引发该事件。

默认情况下 TextBox 控件中的内容被修改后不会将页面回传服务器。但如果将 TextBox 控件的 AutoPostBack 属性改为 true，当 TextBox 控件失去输入焦点时，如果其内容已经改变，则会将页面回传到服务器进行处理。

【例 2-5】TextBox 控件的使用。通过设置 3 个 TextBox 控件不同的 TextMode 属性值来对比其运行效果。

（1）创建一个名为 UseTextBox 的网站及其默认主页 Default.aspx，在页面上添加 3 个 TextBox 控件，它们的属性设置如下。

① 输入用户名的 TextBox 控件：TextMode 属性设为 SingleLine，BackColor 属性为 #E0E87D，BorderColor 属性为 Blue。

② 输入密码的 TextBox 控件：TextMode 属性设为 Password。

③ 输入备注信息的 TextBox 控件：TextMode 属性设为 MultiLine。

（3）添加 1 个 Label 控件和 1 个按钮"确定"，单击该按钮时，获取 3 个 TextBox 控件的信息到 Label 控件中。

以上所有控件添加后，生成的主要页面代码如下：

用户名：<asp:TextBoxID="TextBox1"runat="server"BackColor="#E0E87D"
BorderColor="Blue"></asp:TextBox>

密码：
<asp:TextBoxID="TextBox2"runat="server"TextMode="Password"></asp:TextBox>

备注：
<asp:TextBoxID="TextBox3"runat="server"Height="80px"TextMode="MultiLine"></asp:TextBox>

<asp:ButtonID="Button1"runat="server"onclick="Button1_Click"Text="确定"/>

<asp:LabelID="Label1"runat="server"Text="Label"></asp:Label>

（3）增加"确定"按钮的"Click"（单击）事件，添加以下代码其中之一：

Label1.Text="用户名："+TextBox1.Text+"；密码："+TextBox2.Text+"；备注："+TextBox3.Text;
Label1.Text=string.Format("用户名：{0}；密码：{1}；备注：{2}",TextBox1.Text,TextBox2.Text,TextBox3.Text);

【代码解析】第一种直接使用字符串连接，第二种使用 string 类的 Format 方法进行格式化输出，其中{0}、{1}和{2}用于输入后面表达式的值，二者的数目要相同。

（4）执行程序，分别在 3 个文本框中输入文字，示例运行结果如图 2-8 所示。

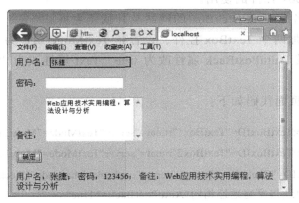

图 2-8　TextBox 控件的执行效果

【问题 1】如何将"确定"按钮作为窗体的默认按钮，使得按回车键相当于单击该按钮。

【提示】通过 form 中的 defaultbutton 属性指定默认按钮的 ID。需要在"代码"视图或"拆分"视图中，单击<form...>标签或者</form>标签，属性窗口中才会显示 form 的属性。

【问题 2】如何在页面启动后光标自动定位到"用户名"文本框?

【提示】在"Page_Load"事件中添加 TextBox1.Focus()。

2.3.2　CheckBox 控件

当允许用户在有限种可能性中有多个选择时，可使用 CheckBox(复选框)控件。CheckBox 控件用来显示一个复选项，供用户进行 True 或 False 的选择。CheckBox 控件所特有的属性和事件如表 2-7 所示。

表 2-7　CheckBox 控件所特有的属性和事件

属性或事件名称	说　　明
AutoPostBack	当用户单击 CheckBox 控件而改变了它的选中状态时，是否自动回传到服务器
Checked	当前 CheckBox 控件是否已被选中
Text	显示在网页上的 CheckBox 文本标签
TextAlign	文本标签的对齐方式
CheckedChanged	当向服务器回传页面时，如果 Checked 属性的值已更改，则触发此事件

与 TextBox 控件相同，默认情况下改变 CheckBox 的选择不会引发页面回传。但如果将 CheckBox 控件的 AutoPostBack 属性改为 true，当改变 CheckBox 的选择后，会将页面回传到服务器进行处理。

Checked 属性说明控件的选中状态，当其值为 true 时，说明该控件已被选中。

TextAlign 属性的值可以是以下两个枚举值之一：

① Left：文本标签显示在控件的左侧。
② Right：文本标签显示在控件的右侧。

【例 2-6】CheckBox 控件的使用。

（1）创建一个名为 UseCheckBox 的网站及其默认主页。

（2）在页面上增加两个 TextBox 控件，设置其 TextMode 属性为 MultiLine；添加一个 CheckBox 控件，将其 AutoPostBack 属性改为 true，Text 属性改为"单位地址与家庭地址相同"。

添加后相关的页面代码如下：

家庭地址：<asp:TextBoxID="TextBox1"runat="server"TextMode="MultiLine"></asp:TextBox>
单位地址：<asp:TextBoxID="TextBox2"runat="server"TextMode="MultiLine"></asp:TextBox>
<asp:CheckBoxID="CheckBox1"runat="server"oncheckedchanged="CheckBox1_CheckedChanged"
"Text="单位地址与家庭地址相同"AutoPostBack="True"/>

（3）双击 CheckBox 控件，为其添加 CheckedChanged 事件处理函数，添加以下代码：

```
protected void CheckBox1_CheckedChanged(object sender, EventArgs e)
{
    if (CheckBox1.Checked)
        TextBox2.Text = TextBox1.Text;
    else
    {
        TextBox2.Text = "";
        TextBox2.Focus();
    }
}
```

【代码解析】上述代码中，根据 CheckBox1.Checked 来判断 CheckBox1 控件是否被选中，若被选中，则将 TextBox1 控件的 Text 属性值赋值给 TextBox2 控件的 Text 属性；否则清空 TextBox2，获取焦点。

（1）在浏览器中打开该页面，显示效果如图 2-9 所示。

在外观上与 CheckBox 控件相同的 ASP.NET 控件还有 CheckBoxList，它是一个多项选择复选框组。该复选框组可以通过编程的方式动态创建，也可绑定到数据源动态创建。CheckBoxList 控件各选项有统一的属性设置和事件处理。

34

 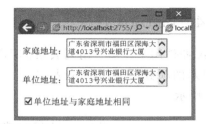

图 2-9　CheckBox 控件的执行效果

2.3.3　RadioButton 控件

RadioButton 控件与 CheckBox 控件很相似，具有相似的属性和事件，只是多了一个 GroupName 属性，该属性表示单选按钮所属的组名。当只允许用户在有限种可能性中选择一种时，可使用单选按钮。RadioButton 控件用来显示一个单选按钮。整个页面上的所有 RadioButton 控件按照 GroupName 属性进行分组，GroupName 属性值相同的为一组，同一组中同时只能有一个 RadioButton 控件可以被选中。

【例 2-7】RadioButton 控件的使用。

（1）创建一个名为 UseRadioButton 的网站及其默认主页。

（2）在页面上增加 2 组 RadioButton 控件，其 GroupName 属性分别为 ColorGroup 和 FontGroup。ColorGroup 组包括 2 个 RadioButton 控件，FontGroup 组包括 3 个 RadioButton 控件，相关的页面代码如下：

颜色：
<asp:RadioButtonID="RadioButton1"runat="server"GroupName="ColorGroup"
Text="红色"Checked="True"/>
<asp:RadioButtonID="RadioButton2"runat="server"GroupName="ColorGroup"
Text="蓝色"/>

字体：
<asp:RadioButtonID="RadioButton3"runat="server"GroupName="FontGroup"
Text="宋体"Checked="True"/>
<asp:RadioButtonID="RadioButton4"runat="server"GroupName="FontGroup"Text="黑体"/>
<asp:RadioButtonID="RadioButton5"runat="server"GroupName="FontGroup"Text="楷体"/>

（3）在浏览器中打开该页面，页面的执行效果如图 2-10 所示。

页面上的 5 个 RadioButton 控件分为两组。在颜色组中只能选择一个控件，当用户选中其中一个时，另一个则自动取消选中。在字体组中同样也只能选择一个。

ASP.NET 还提供了一个将多个 RadioButton 控件封装在一起形成的 RadioButtonList 控件。

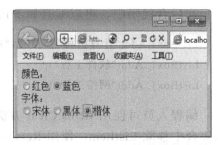

图 2-10　RadioButton 控件的执行效果

2.3.4 ListBox 控件

ListBox 控件用于显示一组列表项,用户可以从中选择一项或多项。如果列表项的总数超出可以显示的项数,则 ListBox 控件会自动添加滚动条。ListBox 控件所特有的属性和事件如表 2-8 所示。

表 2-8 ListBox 控件所特有的属性和事件

属性或事件名称	说明
Items	列表项的集合
Rows	控件中显示的行数
SelectedIndex	获取或设置列表控件中选定项的最低序号索引(从 0 开始)
SelectedItem	ListBox 控件中索引最小的选定项
SelectedValue	获取列表控件中选定项的值,或选择列表控件中包含指定值的项目
SelectionMode	ListBox 控件的选择模式,是只能单选还是可以多选
Text	ListBox 控件中选定项的显示文本
DataSource	获取或设置对象,数据绑定控件从该对象中检索其数据项列表
SelectedIndexChanged	当 ListBox 控件的选定项在信息发往服务器之间变化时发生
TextChanged	当 Text 和 SelectedValue 属性更改时发生
DataBind	当 ListBox 控件使用 DataSource 属性附加数据源时,使用 DataBind 方法将数据源绑定到 ListBox 控件上

下面主要对 ListBox 控件的 Items 属性、SelectionMode 属性和 DataSource 属性进行介绍。

1. Items 属性

Items 属性主要是用来获取列表控件的集合,使用该属性为 ListBox 控件添加列表项的方法有两种。

① 通过属性窗口为 ListBox 控件添加列表项。

打开属性窗口,单击 Items 属性后面的按钮,弹出"ListItem 集合编辑器"对话框,用户可以通过单击"添加"按钮,为 ListBox 控件添加列表项。用户可以选中该列表项,在属性窗口中修改该列表项的属性值。

② 使用 Items.Add 方法为 ListBox 控件添加列表项。

在后台代码中,可以编写如下代码,使用 Items.Add 方法为 ListBox 控件添加列表。

ListBox1.Add("计算机科学与技术");
ListBox1..Add("软件工程");
ListBox1..Add("网络工程");

编程人员可使用 Items.Clear 方法从集合中移除所有 ListItem 对象;使用 Remove 方法从集合中移除 ListItem;使用 RemoveAt 方法从集合中移除指定索引位置的 ListItem。

2. SelectionMode 属性

ListBox 列表控件的选择模式，该属性的设置选项有如下两种。

单选（Single）：用户只能在列表框中选择一项。

多选（MultiLine）：用户可以在列表框中选择多项。

多选的方法是按住 Ctrl 键的同时分别在多个选项上单击鼠标左键。如果要选择连续的项，则可以在按住 Shift 键的同时分别单击第一个选项和最后一个选项，或直接在连续的选项上拖动鼠标。

3. DataSource 属性

通过使用 DataSource 属性可以从数组或集合中获取列表项并将其添加到控件中。当编程人员希望从数组或集合中填充控件时，可以使用该属性。例如，在后台代码中编写代码，将数组绑定到 ListBox 控件中。代码如下：

```
ArrayList arrList = new ArrayList();
arrList.Add("计算机科学与技术");
arrList.Add("软件工程");
arrList.Add("网络工程");
//将数据绑定到 ListBox 控件中
ListBox1.DataSource = arrList;
ListBox1.DataBind();
```

【例 2-8】ListBox 控件的使用。

（1）创建一个名为 UseListBox 的网站及其默认主页。

（2）在页面上增加两段文本，2 个 ListBox 控件和 4 个 Button 控件。将 2 个 ListBox 控件的 SelectionMode 属性改为 Multiple。修改 4 个 Button 控件的 Text 属性分别为"全选""选择""删除"和"删除全部"，双击这 4 个按钮，生成各自的 Click 事件。再添加一个"确定"按钮和一个 Label 控件。设置后相关的页面代码如下：

```
全部课程：<br />
<asp:ListBox ID="ListBox1" runat="server" Height="141px" Width="241px"
        SelectionMode="Multiple">
</asp:ListBox><br />
<asp:Button ID="Button1" runat="server" Text="全选" onclick="Button1_Click" />
 <asp:Button ID="Button2" runat="server" Text="选择" onclick="Button2_Click" />
 <asp:Button ID="Button3" runat="server" Text="删除" onclick="Button3_Click" />
 <asp:Button ID="Button4" runat="server" Text="删除全部" onclick="Button4_Click" />
<asp:Button ID="Button5" runat="server" Text="确定" /><br />
<asp:Label ID="Label1" runat="server" Text="Label"></asp:Label>
供选择课程：<br />
<asp:ListBox ID="ListBox2" runat="server" Height="141px" Width="248px"
```

```
            SelectionMode="Multiple">
</asp:ListBox>
```

（2）在页面的 Page_Load() 中增加如下代码：

```csharp
if (!IsPostBack)    //如果页面是首次加载(不是回传的)
{
    string []books = {"Web 应用技术","算法设计与分析","C 语言程序设计","数据库原理",
        "Java 语言程序设计","Android 应用开发", "Hadoop 云计算实践"};
    //将字符串数组的内容添加到第一个 ListBox 控件
    for(int i = 0; i < books.Length; i++ )
        ListBox1.Items.Add(books[i].ToString());
}
```

【代码解析】页面第一次加载时，会触发 Page_Load() 事件，添加书名到第一个列表框中。

（4）添加 4 个按钮的 Click 事件，代码如下：

```csharp
protected void Button1_Click(object sender, EventArgs e)
{
    foreach (ListItem item in ListBox1.Items)
        ListBox2.Items.Add(item);
    ListBox1.Items.Clear();
}

protected void Button2_Click(object sender, EventArgs e)
{
    if (ListBox1.SelectedIndex != -1)
    {
        foreach (ListItem item in ListBox1.Items)
        {
            if (item.Selected)
                ListBox2.Items.Add(item);
        }
        for (int index = ListBox1.Items.Count-1; index>=0; index--)
        {
            if (ListBox1.Items[index].Selected)
                ListBox1.Items.RemoveAt(index);
        }
```

```csharp
    }

    protected void Button3_Click(object sender, EventArgs e)
    {
        if (ListBox2.SelectedIndex != -1)
        {
            foreach (ListItem item in ListBox2.Items)
            {
                if (item.Selected)
                    ListBox1.Items.Add(item);
            }
            for (int index = ListBox2.Items.Count - 1; index >= 0; index--)
            {
                if (ListBox2.Items[index].Selected)
                    ListBox2.Items.RemoveAt(index);
            }
        }
    }

    protected void Button4_Click(object sender, EventArgs e)
    {
        foreach (ListItem item in ListBox2.Items)
            ListBox1.Items.Add(item);
        ListBox2.Items.Clear();
    }
```

【代码解析】 Button1_Click 用于实现"全选"功能,将 ListBox1 的所有项添加到 ListBox2,然后删除 ListBox1 的所有项,完成全部课程的转移。Button4_Click 实现相反的"删除全部"过程。

Button2_Click 用于实现"选择"功能,将 ListBox1 中用户选择的每个项添加到 ListBox2,然后删除 ListBox1 中用户选择的每个项。Button3_Click 实现相反的"删除"过程。

(5)添加"确定"按钮的 Click 事件,代码如下:

```csharp
    protected void Button5_Click(object sender, EventArgs e)
    {
        if (ListBox2.SelectedIndex != -1)
        {
            Label1.Text = "你选择的科目为: <br/>";
            foreach (ListItem item in ListBox2.Items)
```

```
            {
                if (item.Selected)
                    Label1.Text += item.Text + "<br/>";
            }
        }
        else
            Label1.Text = "未选择";
    }
```

【代码解析】Button5_Click 事件，将 ListBox2 中用户选择的每个项显示到 Label 控件中。

（6）在浏览器中查看该页面，效果如图 2-11 所示。单击"全选"按钮，上面列表框中的信息会全部移动到下面列表框；单击"删除全部"则正好相反；在上面选择部分，单击"选择"，选择的信息会移动到下面的列表框；在下面列表框选择，单击"删除"按钮，选择的信息会移动到上面的列表框，单击"确定"，选择的信息会在下面的 Label 控件中显示。

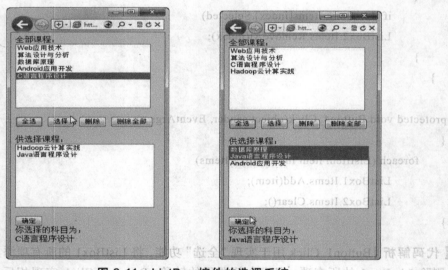

图 2-11 ListBox 控件的选课系统

2.3.5 DropDownList 控件

DropDownList 控件与 ListBox 控件非常相似，但 DropDownList 控件只允许用户每次从列表中选择一项，而且只在框中显示选定项。单击控件上的按钮时才弹出下拉式列表显示其余的项。另外，DropDownList 控件只能单选。DropDownList 控件与 ListBox 控件相同，选项既可由程序添加，也可以在设计期添加。

【例 2-9】DropDownList 控件的使用。

（1）创建一个名为 UseDropDownList 的网站及其默认主页，将一个 DropDownList 控件拖到页面中。

（2）进入代码中，在 Page_Load 事件中添加以下代码：

```
protected void Page_Load(object sender, EventArgs e)
{
    ArrayList arrList = new ArrayList();
    arrList.Add("计算机科学与技术");
    arrList.Add("软件工程");
    arrList.Add("网络工程");

    //将数据绑定到 DropDownList 控件中
    DropDownList1.DataSource = arrList;
    DropDownList1.DataBind();
}
```

【代码解析】首先使用 ArrayList 集合创建一个动态数组,给数组中添加 3 个数组元素,然后将该数组绑定到 DropDownList 控件中。

(3)使用快捷键"Shift+Alt+F10"或"Crtl+."自动导入 using 命名空间 System.Collections,这是因为代码中用到了 ArrayList 类。

(4)在浏览器中打开该页面,效果如图 2-12 所示,页面中将数组的数据动态显示到下拉列表控件 DropDownList 中。

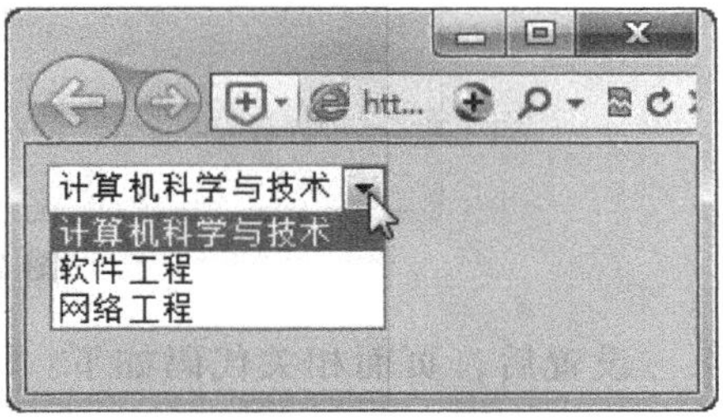

2.3.6 选择控件绑定到数据库

ListBox、DropDownList 等控件除了能绑定数组数据源,也可以绑定数据库中的表和查询。下面实例分别将 DataSource 数据源控件和 ADO.NET 的查询结果绑定到 ListBox 和 DropDownList 控件中。关于 DataSource 数据源和 ADO.NET 的细节会在数据部分详细阐述。

图 2-12 DropDownList 控件动态绑定到数组

【例 2-10】绑定到 DataSource 控件。

(1)创建一个名为 BindDB 的网站及其默认主页"Default.aspx"。

(2)网站中右键快捷菜单,选择"添加"→"添加 ASP.NET 文件夹"→"App_Data",这样就添加了系统数据库文件夹 App_Data,复制数据库"教学信息管理.mdb"到该文件夹中。

使用数据源控件连接数据库,该步骤可以参考 4.4 节。从工具箱拖一个 DropDownList 控件到页面上,单击其右上角智能标签,选择"选择数据源",打开"数据源配置向导"对话框。在"选择数据源"下拉列表中选择"新建数据源"选项,在弹出的"数据源配置向导"对话框中选择"SQL 数据库"图标,单击"确定"按钮。在弹出的"配置数据源"对话框中选择"新建连接",在弹出的"添加连接"对话框中单击"更改"按钮,选择"Microsoft Access 数据库文件",单击"确定"按钮返回到"添加连接"对话框,单击"浏览"按钮,选择路径到数据库文件"教学信息管理.mdb";单击"测试连接"按钮,如果显示"测试连接成功"的对话框,则表示连接成功,单击"确定"按钮关闭"测试连接成功"的对话框,再单击"确定"按钮关闭"添加连接"对话框。此时"配置数据源"对话框中"新建连接"按钮的左边会显示"教学信息管理.mdb",单击"下一步"按钮,弹出的对话框中再选择"下一步",在配置 select 语句步骤中,选择"指定来自表或视图的列",选择"学院表",单击"下一步"按钮;单击"测试查询"可看到学院表的所有信息,单击"完成"按钮,返回到"选择数据源"对话框,选择"学院名称"作为 DropDownList 控件的数据字段,如图 2-13 所示。

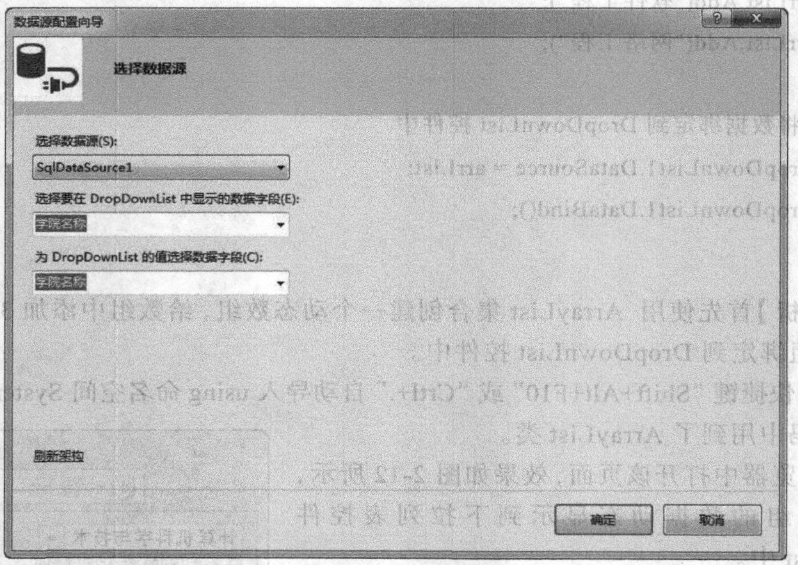

图 2-13 选择数据源对话框

设置后,页面相关代码如下:

<asp:DropDownList ID="DropDownList1" runat="server" **DataSourceID**="SqlDataSource1" **DataTextField**="学院名称" **DataValueField**="学院名称" Height="46px" Width="238px" AutoPostBack="True"></asp:DropDownList>
<asp:SqlDataSource ID="SqlDataSource1" runat="server" ConnectionString="<%$ ConnectionStrings:ConnectionString %>"
ProviderName="<%$ ConnectionStrings:ConnectionString.ProviderName %>" SelectCommand="SELECT * FROM [学院表]"></asp:SqlDataSource>

(3)在浏览器中打开该页面,显示如图 2-14 所示页面,单击下拉列表框,可以看到数据库表"学院表"的所有学院。

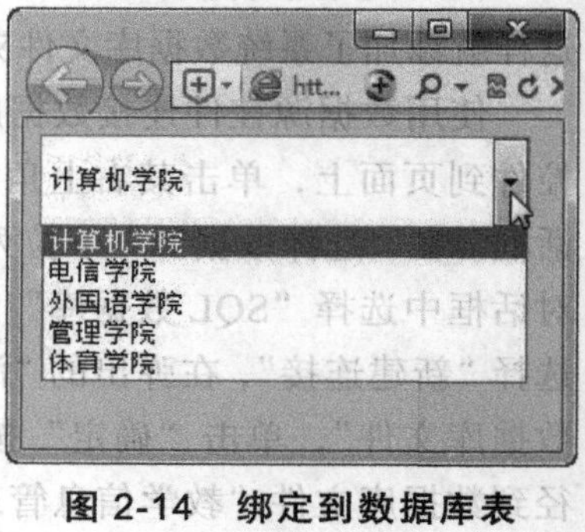

【上机实践】添加一个 ListBox 控件到页面中,修改其宽度和高度,绑定数据库"教学信息管理.mdb"的"专业表"的"专业名称"字段到该控件中。

【拓展实践】单击下拉列表框 DropDownList 中的学院,在 ListBox 中显示该学院的专业。

图 2-14 绑定到数据库表

【提示】在 ListBox 的数据源中增加 where 语句,根据 DropDownList 控件的选择值进行过滤;将 DropDownList 控件的 AutoPostBack 属性设为"True"。

【例 2-11】绑定到 ADO.NET 的查询结果。

除了绑定到数据源 DataSource 控件，也可以绑定到 ADO.NET 的查询结果。下面实例实现通过绑定到 ADO.NET 的查询结果，绑定学院表到 DropDownList 控件中。

DropDownList1 控件绑定到 ADO.NET 的查询结果的代码为：

DropDownList1.DataSource = 查询结果对象；
DropDownList1.DataTextField = 字段名；
DropDownList1.DataValueField = 字段名；
DropDownList1.DataBind()；

其中查询结果对象可以是 DataReader、DataSet 或 DataTable。字段名以字符串的方式提供。DataBind 方法用于执行数据绑定操作。

（1）对上例的网站 BindDB，再添加一个新的页面 Default2.aspx，添加一个 DropDownList 控件到页面中。

（2）打开"Web.config"文件，可以看到，上例中新建 DataSource 数据源时，在里面添加了以下代码：（如果没有看到，可手动添加以下代码）

```
<connectionStrings>
<add name="ConnectionString" connectionString="Provider=Microsoft.Jet.OLEDB.4.0;Data Source=|DataDirectory|\教学信息管理.mdb"providerName="System.Data.OleDb" />
</connectionStrings>
```

（3）在代码文件 Default2.aspx.cs 中，为_Default 类增加一个私有成员：

private string connectionString = ConfigurationManager.ConnectionStrings["ConnectionString"].ConnectionString；

（4）使用快捷键"Shift+Alt+F10"或"Crtl+."自动导入 using 命名空间 System.Configuration，这样才能使用 ConfigurationManager 类。

（5）添加自定义方法 FillDepart()，实现将"学院表"的"学院名称"字段数据绑定到 DropDownList 控件中，代码如下：

```
private void FillDepart()
{
    OleDbConnection conn = new OleDbConnection(connectionString);
    string cmdText = "SELECT * FROM 学院表";
    OleDbCommand command = new OleDbCommand(cmdText, conn);
    try
    {
        conn.Open();
```

```
        OleDbDataReader dr = command.ExecuteReader();
        //数据绑定
DropDownList1.DataSource = dr;
        DropDownList1.DataTextField = "学院名称";
        DropDownList1.DataValueField = "学院名称";
        DropDownList1.DataBind();
        dr.Close();
    }
    catch (OleDbException err)
    {
        Response.Write(err.Message + "<br />");
    }
    finally
    {
        conn.Close();
    }
}
```

（6）使用快捷键"Shift+Alt+F10"或"Crtl+."自动导入 using 命名空间 System.Data.OleDb，这样才能使用 OleDb 的相关类。

（7）在 Page_Load()事件中调用自定义方法 FillDepart()，实现数据绑定到 DropDownList 控件中，代码如下：

```
protected void Page_Load(object sender, EventArgs e)
{
    if (!Page.IsPostBack)
    {
        FillDepart();
    }
}
```

（8）打开该页面，显示和上例相同的界面，同图 2-14 所示。

2.4 图片显示类控件

2.4.1 Image 控件

Image 控件用于在页面上显示图像，使用 Image 控件时，可以在设计或运行时以编程方式制定图像文件，可以指定到相对路径，也可以指定到绝对路径。Image 控件本身不包含响应用户交互的事件，如果需要将图片作为按钮来使用，可使用前文提到过的 ImageButton 控件。Image 控件所特有的属性如表 2-9 所示。

表 2-9 Image 控件的属性

属性名称	说　　明
AlternateText	在图像无法显示时显示的替换文字
ImageAlign	Image 控件相对于网页上其他元素的对齐方式
lmageUrl	获取或设置 Image 控件中要显示的图像的 URL 位置

【例 2-12】Image 控件的使用。做一个简易的点名系统，可以逐个点名也可以随机提问点名。

（1）创建一个名为 UseImage 的网站及其默认主页。

（2）使用 HTML 表格布局，在页面上增加两个 TextBox 控件分别用于存放学号和姓名，1个 Image 控件用于存放图像，2个 Button 控件分别用于点名和提问，添加其 Click 事件。设置相关属性，页面代码如下：

```
        <table>
<tr><td align="center" colspan="2">学号：<asp:TextBox ID="TextBox1" runat="server"></asp:TextBox></td></tr>
<tr><td align="center" colspan="2">姓名：<asp:TextBox ID="TextBox2" runat="server"></asp:TextBox></td></tr>
<tr><td align="center" colspan="2">
<asp:Image ID="Image1" runat="server" Height="250px" Width="364px" /></td></tr>
<tr><td align="center">
<asp:Button ID="Button1" runat="server" OnClick="Button1_Click" Text="点名" />
    </td>
<td align="center"><asp:Button ID="Button2" runat="server" Text="提问" OnClick="Button2_Click" /></td></tr>
</table>
```

（3）在网站上右键，选择"新建文件夹"，重命名文件夹为"Images"，复制准备好的图像文件到此文件夹。将文件名修改为"学号"+"姓名"+".jpg"。

（4）在类中添加私有 static 变量 idx，用于存放点到名的学生的索引；sName 存放学生数据信息的二维数组。

代码如下：

```
private static int idx = -1;
string[,] sName = {{"1001","阳阳"},{"1002","王平"},{"1003","宋云"},
         {"1004","吴浩凡"},{"1005","赵飞"},{"1006","陈婷"} };
```

（5）添加"点名"按钮的 Click 事件代码如下：

```
protected void Button1_Click(object sender, EventArgs e)
```

```
                idx = idx+1;
                if (idx < sName.GetLength(0))
                {
                    TextBox1.Text = sName[idx, 0];
                    TextBox2.Text = sName[idx, 1];
                    Image1.ImageUrl = "~/Images/" + sName[idx, 0] + sName[idx, 1] + ".jpg";
                }
                else
                    Response.Write("<script>alert('全部人员都已经点完了！')    </script>");
        }
```

【代码解析】代码中 static 变量保证了每次单击按钮时，不会重新赋值，该变量会保存上一次的值。单击一次显示一个人员的信息和图像，全部人员点完名时，使用脚本显示对话框提示"全部人员都已经点完了！"。

（6）添加"提问"按钮的 Click 事件代码如下：

```
protected void Button2_Click(object sender, EventArgs e)
{
        Random r = new Random();
        idx = r.Next(0, sName.GetLength(0));
        TextBox1.Text = sName[idx, 0];
        TextBox2.Text = sName[idx, 1];
        Image1.ImageUrl = "~/Images/" + sName[idx, 0] + sName[idx, 1] + ".jpg";
}
```

【代码解析】使用 Random 类产生随机数，通过产生随机数来达到随机点名提问的功能。

（7）修改 Page_Load 事件代码，调用"提问"按钮的 Click 事件，启动后随机显示一张图片。

```
protected void Page_Load(object sender, EventArgs e)
{
        if (!Page.IsPostBack)
        {
                Button2_Click(sender, e);
        }
}
```

（8）打开 Default.aspx 页面，显示如图 2-15 所示，单击"点名"按钮，会从第一个人开始显示，单击一次显示一个人员的信息和图像，全部人员点完名时会显示提示信息对话框。点击"提问"按钮，会从所有人员中随机取出一个人员信息显示。

图 2-15　简易的点名系统

2.4.2　ImageMap 控件

ImageMap 控件也是一个图像显示控件，和 Image 控件不同的是，该控件可以在图片中定义一些热点（HotSpot）区域，这些区域称为"热点（HotSpot）"，每一个热点都可以是一个单独的超链接或者回传（PostBack）事件。当用户单击这些热点区域时，就会进行回传操作或者定向（Navigate）到某个 URL 地址。可以根据需要为图像定义任意数量的热点，但不需要定义足以覆盖整个图形的热点。当需要对某张图片的局部进行交互是，可以使用 ImageMap 控件。

ImageMap 控件主要由两个部分组成：第一部分是图像，可以是任何标准 Web 图形格式的图形，如.gif、.jpg 或.png 文件等；第二部分是作用点控件（HotSpot 对象）的集合。每个作用点控件都是一个不同的元素。对于每个作用点控件，都需要定义其形状[CircleHotSpot（圆形热区）、RectangleHotSpot（矩形热区）和 PolygonHotSpot（多边形热区）]，还要定义用于指定热点位置和大小的坐标。例如，如果创建了一个矩形热点区域，则应定义它的四个坐标点位置。

在日常编程中，主要使用它的 HotSpotMode、HotSpots 属性和 Onick 事件。

（1）HotSpotMode 属性。

单击 ImageMap 控件中的 HotSpot 时，页面可以导航至一个 URL、生成一个到服务器的回传或不执行任何操作，到底如何处理，由 HotSpotMode 属性值确定。HotSpotMode 为热点模式，它对应枚举类型 System.Web.UI.WebControls.HotSpotMode，可以取以下几个值。

① NotSet：HotSpot 使用由 ImageMap 控件的 HotSpotMode 属性设置的行为。
② Inactive：HotSpot 不具有任何行为。
③ Navigate：定位到 URL(默认值)。

④ PostBack：回传服务器。

可以在 ImageMap 控件的 HotSpotMode 属性上或是在每个单独的 HotSpot 对象的 HotSpotMode 属性上指定 HotSpot 行为。如果同时设置这两个属性，那么每个单独的 HotSpot 对象上指定的 HotSpotMode 属性优先。

（2）HotSpots 属性。

HotSpots 是一个 HotSpotCollection 对象，对应着 System.Web.UI.WebControls.HotSpot 对象集合，它是 HotSpot 对象的集合。每个 HotSpot 对象表示 ImageMap 控件中定义的一个作用点。HotSpot 类是一个抽象类，它有 CircleHotSpot（圆形热区）、RectangleHotSpot（矩形热区）和 PolygonHotSpot（多边形热区）这三个子类。实际应用中，都可以使用上面三种类型来定制图片的热点区域。如果需要使用到自定义的热点区域类型，该类型必须继承 HotSpot 抽象类。

（3）Onclick 事件。

单击 ImageMap 控件的 HotSpot 对象时发生该事件，只有当 HotSpotMode 为 PostBack 时才起作用。

【例 2-13】ImageMap 控件的使用。

（1）创建一个名为 UseImageMap 的网站及其默认主页。

（2）在网站上右键，选择"新建文件夹"，重命名文件夹为"Images"，复制准备好的图像文件"background.jpg"到此文件夹。

（3）在页面上增加一个 ImageMap 控件，将其 ImageUrl 属性改为"~/Images/background.jpg"，将其 HotSpotMode 属性值改为 Navigate。

（4）选中 ImageMap 控件，在属性窗格中单击 HotSpots 属性右侧的省略号按钮，打开"HotSpot 集合编辑器"对话框，在该对话框中创建 3 个矩形热点，设置各自的位置、提示信息和 NavigateUrl 地址，设置后的页面代码如下：

```
<asp:ImageMap ID="ImageMap1" runat="server" HotSpotMode="Navigate" ImageUrl="~/Images/background.jpg">
    <asp:RectangleHotSpot Left="10" Right="300" Top="10" Bottom="200" AlternateText="热点（HotSpot）1，链接到玉林师范学院" NavigateUrl="http://www.ylu.edu.cn" Target="_blank"/>
    <asp:RectangleHotSpot Left="300" Right="600" Top="10" Bottom="200" AlternateText="热点（HotSpot）2，链接到百度" NavigateUrl="http://www.baidu.com" Target="_blank" />
    <asp:RectangleHotSpot Left="10" Right="600" Top="200" Bottom="400" AlternateText="热点（HotSpot）3，链接到腾讯" NavigateUrl="http://www.qq.com" Target="_blank"/>
</asp:ImageMap>
```

（5）上面是为每个矩形热点配置了一个超链接，通过该超链接可以转到为该矩形热点提供的 URL 地址。打开该页面，如图 2-16 所示，当把鼠标放到某个矩形热点区域时就能够出现相应的信息提示。单击该热点区域时，就会在一个新页面中打开要导航的网站。注意：这里每个热点没有设置 HotSpotMode 属性值，因此，都使用 ImageMap 控件的 HotSpotMode 属性值 Navigate。

图 2-16 ImageMap 控件的热点 HotSpot

（6）还可以将该控件配置为在用户单击某个热点时执行回传，完成相同的功能。复制 Default.aspx 页面，并粘贴、重命名成 Default2.aspx。在 Default2.aspx 中将每个热点对象的 NavigateUrl 属性和 Target 属性删除；修改每个热点对象 HotSpotMode 属性为"PostBack"，设置其 PostBackValue 为不同的值，分别为 ylu、baidu 和 qq，用于区分是哪个热区引起回传事件，设置后的页面代码为：

```
<asp:ImageMap ID="ImageMap1" runat="server" HotSpotMode="Navigate" ImageUrl="~/Images/background.jpg" OnClick="ImageMap1_Click1">
    <asp:RectangleHotSpot Left="10"  Right="300" Top="10" Bottom="200" AlternateText="热点（HotSpot）1，链接到玉林师范学院" HotSpotMode="PostBack" PostBackValue="ylu" />
    <asp:RectangleHotSpot Left="300" Right="600" Top="10" Bottom="200" AlternateText="热点（HotSpot）2，链接到百度" HotSpotMode="PostBack" PostBackValue="baidu" />
    <asp:RectangleHotSpot Left="10" Right="600" Top="200" Bottom="400" AlternateText="热点（HotSpot）3，链接到腾讯" HotSpotMode="PostBack" PostBackValue="qq"/>
</asp:ImageMap>
```

（7）在设计视图中双击 ImageMap 控件，系统自动为其创建 Click 事件，添加以下代码：

```
protected void ImageMap1_Click(object sender, ImageMapEventArgs e)
{
    switch (e.PostBackValue)
    {
        case "ylu":
            Response.Redirect("http://www.ylu.edu.cn");
            break;
        case "baidu":
            Response.Redirect("http://www.baidu.com");
```

```
                break;
            case "qq":
                Response.Redirect("http://www.qq.com");
                break;
        }
    }
```

【代码解析】回传会引发 ImageMap 控件的 Click 事件。在事件处理程序中，可以读取分配给每个热点的唯一值，代码中通过 e.PostBackValue 参数获取事件是由哪个热点触发的，这个值和热点的 PostBackValue 属性值是对应的，如果没有匹配的值，则只是回传，但不执行任何操作。

（8）打开 Default2.aspx 页面，效果和 Default.aspx 页面类似，如图 2-16 所示，只是在当前页打开要导航的网站。

2.5 复杂控件

复杂控件相对前面介绍的一些控件而言有点复杂，但实际中应用起来还是比较方便的，通过本节的学习，读者应该能够学到一些应用控件的技巧。

2.5.1 Calendar 控件

日历控件(Calendar)用于在浏览器中显示日历，该控件可显示某个月的日历，允许用户选择日期，也可以跳到前一个或下一个月，是一种输入日期的常用控件，这样用户就不会错误地输入日期格式，完全可以通过一个可视日历的选择，来完成日期的输入。使用 Calendar 控件既可以显示和选择日期，并可在日历网格中显示与特定日期关联的如日程、约会等其他信息。

Calendar 控件功能：

① 显示一个日历，该日历会显示一个月份。
② 允许用户选择日期、周、月。
③ 允许用户选择一定范围内的日期。
④ 允许用户移到下一月或上一月。
⑤ 以编程方式控制选定日期的显示。

【例 2-14】使用日历控件选择日期。

（1）创建一个名为 UseCalendar 的网站及其默认主页。

（2）在页面上添加一个 TextBox 控件，设置为只读；一个日历控件，可见性为 false；一个 Button 控件"选择日期"。设置后的页面代码如下：

出生日期：

```
<asp:TextBox ID="TextBox1" runat="server" AutoPostBack="True" ReadOnly="true"></asp:TextBox>
```

```
<asp:Button ID="Button1" runat="server" Text="选择日期" />
<asp:Calendar ID="Calendar1" runat="server" Visible="False"></asp:Calendar>
```

（3）代码文件中修改 Page_Load 事件，使得启动后隐藏日历，单击按钮时显示日历。

```
protected void Page_Load(object sender, EventArgs e)
    {
        if (Page.IsPostBack)
            Calendar1.Visible = true;
        else
            Calendar1.Visible = false;
    }
```

（4）双击 Calendar 控件，添加其默认事件 SelectionChanged，添加以下代码：

```
protected void Calendar1_SelectionChanged(object sender, EventArgs e)
    {
        TextBox1.Text = Calendar1.SelectedDate.ToShortDateString ();
        Calendar1.Visible = false ;
    }
```

【代码解析】单击日历控件后，将选择的日期赋值给文本框控件，然后将日历控件隐藏。

（5）打开该页面，如图 2-17 所示，打开后文本框中不能输入任何东西，单击"选择日期"按钮，会显示日历界面，选择日期后，选择日期会显示在上面的文本框中，然后日历对话框消失。

图 2-17　使用日历控件选择日期

【上机实践】
为 Calendar 日历控件设置主题，其外观设置如下：
① 背景色为 White，边框色为#EFE6F7，单元格内空白为 4，日历标头文字格式为 Shortest。

② TodayDayStyle 中的背景色为#FF8000。
③ WeekendDayStyle 中的背景色为#FFE0C0。
④ DayHeaderStyle 中的背景色为#FFC0C0。
⑤ TitleStyle 中的背景色为#C00000，字体加粗，前景色为#FFE0C0。
⑥ 选择日期后，将选择的日期显示到一个 Label 控件中。

2.5.2 AdRotator 控件

网站上都会涉及广告显示，如宣传自己的产品或服务，友情发布相关网站的一些信息等，ASP.NET 提供了 AdRotator（动态广告）控件可以在 Web 窗体页上显示具有广告性质的图像或文字的功能。

AdRotator 控件通常又称广告轮显组件，其功能相当于在网站上建立了一个符合广告领域标准功能的广告系统。它具有：每次访问 ASP 页面时，在页面上显示不同的广告内容；跟踪特定广告显示次数的能力，以及跟踪客户端在广告上单击次数的能力。该控件会随机地选择广告，每次刷新页面都将更改显示的广告。广告可以加权以控制广告条的优先级别，这可以使某些广告的显示频率比其他广告高。

AdRotator 并不支持直接在其属性中关联要显示的图片，而是需要将这些图片信息保存在一个数据文件中，然后将数据文件关联到广告控件。AdRotator 控件可以从数据源（通常是 XML 文件或数据库表）提供的广告列表中自动读取广告信息，如图形文件名和目标 URL。

用户可以将每条广告的图像位置、定向 URL，以及其他一些关联属性写入一个 XML 文件中。然后通过 AdRotator 控件的 AdvertisementFile 属性将 AdRotator 控件与该文件绑定。一般来说，每条广告可以包括下列属性：

① ImageUrl：显示图像的 URL。
② NavigateUrl：单击 AdRotator 控件时要转到的目标 URL。
③ AlternateText：图像不可用时显示的文本。如果图像可用，当鼠标悬停在图像上时，也会显示该文本。
④ Keyword：可用于广告的筛选类别。
⑤ Impressions：广告的显示频率值，其值越大，页面加载时被选中的可能性越大。其取值范围为 1～2 048 000 000。
⑥ Height：广告的高度。（以像素为单位）
⑦ Width：广告的宽度。（以像素为单位）

【例 2-15】使用 AdRotator 控件显示广告。

（1）创建一个名为 UseAdRotator 的网站及其默认主页。

（2）在网站上右键，选择"新建文件夹"，重命名文件夹为"Images"，复制准备好的图像文件 jsjxy.jpg、wcxy.jpg 和 wlxy.jpg 到此文件夹。

（3）网站右键快捷菜单中选择"添加"→"添加新项"，在弹出的对话框中选择"XML

文件",输入文件名 "AdRotator.xml",单击 "添加" 按钮。在 AdRotator.xml 文件中添加以下代码:

```xml
<?xml version="1.0" encoding="utf-8" ?>
<Advertisements>
  <Ad>
    <ImageUrl>~/Images/jsjxy.jpg</ImageUrl>
    <NavigateUrl>http://210.36.247.7/jsjxy/</NavigateUrl>
    <AlternateText>计算机学院</AlternateText>
    <Impressions>180</Impressions>
    <Keyword>jsjxy</Keyword>
  </Ad>
  <Ad>
    <ImageUrl>~/images/wlxy.jpg</ImageUrl>
    <NavigateUrl>http://210.36.247.84/wly/</NavigateUrl>
    <AlternateText>物理学院</AlternateText>
    <Impressions>80</Impressions>
    <Keyword>wlxy</Keyword>
  </Ad>
  <Ad>
    <ImageUrl>~/images/wcxy.jpg</ImageUrl>
    <NavigateUrl>http://210.36.247.84/wcy/</NavigateUrl>
    <AlternateText>文学与传媒学院</AlternateText>
    <Impressions>60</Impressions>
    <Keyword>wcxy</Keyword>
  </Ad>
</Advertisements>
```

【代码解析】 所有广告都包含在<Advertisements>元素中,每条广告为一个<Ad>元素。文件中为每条广告指定了<ImageUrl>、<NavigateUrl><AlternateText>、<Impressions>和<Keyword>属性。

(1) 在网页中添加 AdRotator 控件,设置其 AdvertisementFile 属性值为刚创建的 XML 文件 AdRotator.xml,Target 属性指定为 "_blank",设置其高度和宽度,设置后的页面代码如下:

```
<asp:AdRotator ID="AdRotator1" runat="server" AdvertisementFile="~/AdRotator.xml" Target="_blank" Height="100px" Width="500px" />
```

(2) 执行该页面,如图 2-18 所示,会随机地显示上述三个图片中的一个。单击该图片,会在新页面中导航到指定的网站。多刷新几次页面就会发现,"计算机科学与工程学院"广告被显示的次数比较高,这是因为它的 Impressions 值比其他广告的大。

图 2-18 使用 AdRotator 控件显示广告

2.6 文件上传与下载

网站中经常需要上传用户的文件到服务器，譬如注册时上传照片文件，教学管理中上传相关文档等。ASP.NET 提供了文件上传控件 FileUpload 可以较方便地完成文件上传功能。如果要从服务器下载文件，可以通过 Response 对象的 AddHeader 方法设置 HTTP 标头，实现文件动态下载。

2.6.1 文件上传控件 FileUpload

ASP.NET 提供了 FileUpload 控件，可以完成文件向指定目录上传文件。该控件在客户端表现为一个文本输入框和一个浏览按钮，用户可以在文本框中输入完整的文件路径，或者通过按钮浏览并选择需要上传的文件。FileUpload 控件常用的属性和方法如表 2-10 所示。

表 2-10 FileUpload 控件常用的属性和方法

属性或方法名称	说明
ID	获取或设置分配给服务器控件的编程标识符
FileBytes	获取上传文件的字节数组
FileContent	Stream 对象，它指向上传的文件
FileName	获取上传文件在客户端的文件名（不包括此文件在客户端的文件路径）
HasFile	获取一个布尔值，用于表示 FileUpload 控件是否已经包含文件
PostedFile	获取一个与上传文件相关的 HttpPostedFile 对象，使用该对象可以获取上传文件的相关属性
Focus	为控件设置输入焦点
SaveAs	将上传文件的内容保存到 Web 服务器上的指定路径

从表 2-9 可知，有 3 种访问上传文件的方式，分别如下。

1. 通过 FileBytes 属性

该属性获得文件的二进制内容，并将内容保存到字节数组中，遍历该数组，则能够以字节方式了解上传文件内容。

2. FileContent 属性

该属性将上传的文件当做流来处理,可以获得一个指向上传文件的 Stream 对象,可以使用该属性读取上传文件数据,并使用 FileBytes 属性显示文件内容。

3. PostedFile 属性

该属性可以获得一个与上传文件相关的 HttpPostedFile 对象,使用该对象可以获得与上传文件相关的信息。例如,调用 HttpPostedFile 对象的 ContentLength,可获得上传文件大小;调用 HttpPostedFile 对象的 ContentType 属性,可以获得上传文件类型;调用 HttpPostedFile 对象的 FileName 属性,可以获得上传文件在客户端的完整路径(调用 FileUpload 控件的 FileName 属性,仅能获得文件名称)。

FileUpload 控件包括一个核心方法 SaveAs(String filename),其中参数 filename 是指被保存在服务器中的上传文件的绝对路径。通常在事件处理程序中调用 SaveAs 方法。然而在调用 SaveAs 方法之前,首先应该判断 HasFile 属性值是否为 true,如果为 true,则表示有上传文件,此时就可以调用 SaveAs 方法实现文件上传;如果为 false,则需要显相关提示信息。

用户选择了要上传的文件后,FileUpload 控件不会自动将该文件上传到服务器。程序员必须显示地控制文件的提交,例如可以提供一个"上传"按钮,用户单击该按钮即可上传文件。文件上传到服务器后也不会自动保存,仍需要程序员编程进行处理。如果提供了一个用于提交文件的按钮,在服务器端处理上传文件的代码就可以放在该按钮的单击事件处理函数中。

【例 2-16】使用 FileUpload 控件实现简单的文件上传功能。

(1)创建一个名为 FileUpload 的网站及其默认主页 Default.aspx。为网站创建一个新的文件夹,如 Uploads。

(2)向 Default.aspx 页面上拖放 1 个 FileUpload 控件、1 个 Button 控件和 1 个 Label 控件,并为 Button 控件创建单击事件处理函数,相关页面代码如下:

```
<asp:FileUpload ID="FileUpload1" runat="server" /><br />
<asp:Button ID="Button1" runat="server" Text="上传" OnClick="Button1_Click" /><br />
<asp:Label ID="Label1" runat="server"></asp:Label>
```

(3)编写按钮的单击事件处理函数,代码如下:

```
protected void Button1_Click(object sender, EventArgs e)
{
    string str = "";
    //如果 FileUpload 控件包含文件
    if (FileUpload1.HasFile)
    {
```

```csharp
        try
        {
            //生成完整的文件名：绝对路径+文件名
            string fn = Server.MapPath(Request.ApplicationPath) + "\\Uploads\\" + FileUpload1.FileName;
            //保存文件
    FileUpload1.SaveAs(fn);

            //如果保存成功,生成结果信息
            str += "客户端文件：" + FileUpload1.PostedFile.FileName;
            str += "<br/>服务器端保存：" + fn;
            str += "<br/>文件类型：" + FileUpload1.PostedFile.ContentType;
            str += "<br/>文件大小：" + FileUpload1.PostedFile.ContentLength;
        }
        catch (Exception ex)
        {
            //如果文件保存时发生异常,则显示异常信息
            str += "保存文件出错：" + ex.Message;
        }
    }
    else
    {
        //如果不包含文件,给出提示
        str = "无上传文件。";
    }
    Label1.Text = str;
}
```

【代码解析】程序中先根据 FileUpload1 控件的 HasFile 属性判断是否有上传文件。如果有上传文件，则生成服务器端保存文件的完整文件名，再调用控件的 SaveAs 方法保存文件，然后通过 PostedFile 属性来获得文件信息。

（4）打开 Default.aspx 页面，单击"浏览"按钮选择一个本地文件，单击"上传"按钮，页面重新加载。如果文件上传成功，则会显示如图 2-19 所示的信息。

（5）查看网站的 Uploads 子目录，如果如果文件上传成功，则可以看到刚刚上传的文件。

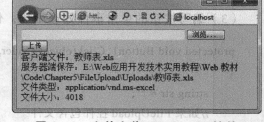

图 2-19 文件上传 FileUpload 控件

【例 2-17】大文件上传。

在上例中，上传一些小的文件没有问题，但如果文件较大，就会出现类似"Internet

Explorer 无法显示该网页"的错误,这并不是程序出错了,而是 ASP.NET 对上传文件的限制造成的。ASP.NET 默认情况下只能上传 4 MB 大小的文件,这并不能满足实际的需求。要上传较大文件,需要修改 Web.config 文件,在该文件中 system.web 节中添加 httpRuntime 节,在该节中修改两个参数:第一个参数 maxRequestLength 为最大上传容量;第二个参数 executionTimeout 为所响应的时间。

(1)打开 Web.config 文件,system.web 节中添加 httpRuntime,修改上传文件限制为最大 50 M,响应时间为 6 s(6000 ms),修改后的 Web.config 文件相关代码如下:

```
<configuration>
<system.web>
<compilation debug="false" targetFramework="4.5" />
<httpRuntime targetFramework="4.5" />
<httpRuntime maxRequestLength="51200" executionTimeout="6000"/>
</system.web>
</configuration>
```

(2)再次打开 Default.aspx 页面,选择一个较大的超过 4 M 但未超过 50 M 的文件上传,如果文件上传成功,会显示如图 2-20 所示的信息,图中上传的是后面数据库章节中用到的主数据库文件"教学信息管理.mdf",大小为 16.0 MB(16 777 216 Byte)。

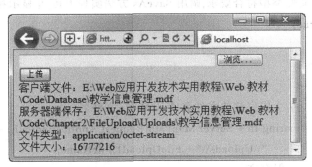

图 2-20 大文件上传

【例 2-18】限定特定类型文件上传。

文件上传中,经常需要限制只有某些类型的文件才可以上传,用于限制和指导用户上传需要的文件类型。这可以通过判断上传文件的扩展名来进行判断,符合扩展名要求的文件进行上传操作,不符合的进行提示。

该例实现只能上传后缀为".doc, .docx, .pdf, .rar"的文件,其他类型文件以红色提示应该上传的文件类型,成功上传后以蓝色显示上传文件的信息。

(1)在上例 FileUpload 的网站的解决方案资源管理器中,复制 Default 页面,粘贴、重命名为 UploadByExtension 页面。

(2)修改 UploadByExtension.aspx.cs 代码文件中的 Button1_Click 时间代码,实现只有扩展名为".doc, .docx, .pdf, .rar"的文件才可以上传,代码如下:

```csharp
protected void Button1_Click(object sender, EventArgs e)
{
    string str = "";
    //如果 FileUpload 控件包含文件
    if (FileUpload1.HasFile)
    {
        bool fileIsValid = false;
        //获取上传文件的扩展名
        String fileExtension = System.IO.Path.GetExtension(this.FileUpload1.FileName).ToLower();
        String[] restrictExtension = { ".doc", ".docx", ".pdf", ".rar" };
        //判断文件类型是否符合要求
        for (int i = 0; i < restrictExtension.Length; i++)
        {
            if (fileExtension == restrictExtension[i])
            {
                fileIsValid = true;
            }
        }
        //如果文件类型符合要求,调用 SaveAs 方法实现上传,并显示相关信息
        if (fileIsValid == true)
        {
            try
            {
                //生成完整的文件名:绝对路径+文件名
                string fn = Server.MapPath(Request.ApplicationPath) +
                    "\\Uploads\\" + FileUpload1.FileName;
                //保存文件
                FileUpload1.SaveAs(fn);
                //如果保存成功,生成结果信息
                str += "客户端文件：" + FileUpload1.PostedFile.FileName;
                str += "<br/>服务器端保存：" + fn;
                str += "<br/>文件类型：" + FileUpload1.PostedFile.ContentType;
                str += "<br/>文件大小：" + FileUpload1.PostedFile.ContentLength;
            }
            catch (Exception ex)
            {
                //如果文件保存时发生异常,则显示异常信息
```

```
                    str += "保存上传出错：" + ex.Message;
                }
            }
else
            {
                Label1.Text = "提示：只能上传后缀为" .doc, .docx, .pdf, .rar"的文件";
                Label1.ForeColor = Color.Red;
                return;
            }
        }
        else
        {
            //如果不包含文件,给出提示
            str = "无上传文件。";
        }
        Label1.Text = str;
Label1.ForeColor = Color.Blue;
    }
```

【代码解析】

① 先通过 System.IO.Path.GetExtension(this.FileUpload1.FileName).ToLower() 获取 FileUpload 控件的文件扩展名，限制的文件扩展名放在字符串数组 restrictExtension，比较获取的文件扩展名和该数组中的每个元素，判断是否是要求的扩展名。

② 代码中用到 Color 结构预定义的颜色值,需要使用快捷键"Shift+Alt+F10"或"Crtl+." 自动导入 using 命名空间 System.Drawing。

（3）在浏览器中打开 UploadByExtension.aspx 页面，选择一个不符合扩展名的文件上传，显示结果如图 2-21 所示；选择符合扩展名的文件上传，显示结果如图 2-22 所示。

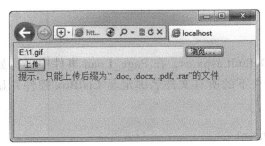

图 2-21 不符合扩展名要求文件上传　　图 2-22 符合扩展名要求文件上传

2.6.2 文件下载

目前，为了提高网站的访问量，许多网站都提供了图片、软件和源码等下载功能，这也是经营网站的卖点之一。文件下载功能主要是通过 Response 对象的 AddHeader 方法设置 HTTP 标头名称和值实现的，关键代码如下：

Response.AddHeader("Content-Disposition", "attachment;filename=" + HttpUtility.UrlEncode(fi.Name));

AddHeader 方法将指定的标头和值添加到此响应的 HTTP 标头。语法如下：
public void AddHeader(string name,string value)

参数说明如下：
① name：设置的 HTTP 标头的名称。
② value：name 标头的值。

【例 2-19】实现文件下载。

（1）新建一个网站，将其命名为 FileDownload，默认主页为 Default.aspx。

（2）在该页中使用 HTML 表格布局，添加 1 个 ListBox 控件和 1 个 LinkButton 控件，主要用于页面布局、显示下载的文件名和执行文件下载操作，设置各控件的相关属性，设置后的页面代码如下：

```
    <table>
<tr><td>
<asp:Label ID="Label1" runat="server" Text="请选择文件" Font-Bold="true"></asp:Label>
</td></tr>
<tr><td>
<asp:ListBox ID="ListBox1" runat="server" AutoPostBack="True"
                Height="100px" Width="200px" ></asp:ListBox>
</td></tr>
<tr><td>
<asp:LinkButton ID="LinkButton1" runat="server" Font-Bold="True" Font-Size="16pt"
                ForeColor="Blue" OnClick="LinkButton1_Click">点击下载</asp:LinkButton>
</td></tr>
</table>
```

（3）进入 Default.aspx 页的代码编辑页面 Default.aspx.cs，在 Page_Load 事件中编写如下代码，用于将检索到的服务器中"File"文件夹下的所有文件名绑定至 ListBox 控件并显示在页面中：

```
protected void Page_Load(object sender, EventArgs e)
{
    if (!Page.IsPostBack)
    {
        DataTable dt = new DataTable();
```

```
            dt.Columns.Add(new DataColumn("Name", typeof(string)));
            string serverPath = Server.MapPath("File");
            DirectoryInfo dir = new DirectoryInfo(serverPath);
            foreach (FileInfo fileName in dir.GetFiles())
            {
                DataRow dr = dt.NewRow();
                dr[0] = fileName;
                dt.Rows.Add(dr);
            }
            ListBox1.DataSource = dt;
            ListBox1.DataTextField = "Name";
            ListBox1.DataValueField = "Name";
            ListBox1.DataBind();
        }
}
```

【代码解析】在应用程序的 File 文件夹中找出所有文件，每个文件名添加到数据表 DataTable dt 中的一行，最后将数据表绑定到 ListBox 控件中。

（4）触发 ListBox 的 SelectedIndexChanged 事件，在该事件中实现选中行索引，获取索引值并保存在 Session 变量中，代码如下：

```
protectedvoid ListBox1_SelectedIndexChanged(object sender, EventArgs e)
{
        Session["filename"] = ListBox1.SelectedValue.ToString();
}
```

（5）触发 LinkButton 按钮的 Click 事件，在该事件中通过获取变量 Session 所保存的索引值完成文件下载操作，代码如下：

```
protected void LinkButton1_Click(object sender, EventArgs e)
{
if (Session["filename"] != "")
{
string path = Server.MapPath("File/") + Session["filename"].ToString();
FileInfo fi = new FileInfo(path);
  if (fi.Exists)
{
Response.AddHeader("Content-Disposition","attachment;filename="+HttpUtility.UrlEncode(fi.Name));
Response.WriteFile(fi.FullName);
```

            }
        }
    }

（6）打开 Default.aspx 页面，如图 2-23 所示，在列表框中选择要下载的文件，单击"点击下载"链接，程序会弹出下载文件对话框，单击"保存"按钮右边的下拉箭头，选择"另存为"，选择保存该文件的路径，即可下载选择的文件。

2.7 验证控件

图 2-23 文件下载

为了提高 Web 开发人员的开发效率和降低错误出现的概率，ASP.NET 技术为开发人员提供了数据验证控件。这些验证控件可以实现非空数据验证、数据比较验证、数据输入格式验证、数据范围验证、验证错误信息显示和屏蔽数据验证等。

ASP.NET 提供了 6 种验证控件。其中 5 种验证控件由 BaseValidator 类所派生，它们直接对某个输入控件进行验证；另外 1 种验证控件是 ValidationSummary，它不直接关联输入控件，仅提供一个集中显示错误信息的地方，用于总结来自网页上所有验证控件的错误。下面对这 6 种验证控件的功能进行介绍。

① RequiredFieldValidator：必须字段验证。保证用户必须输入某些值。

② CompareValidator：比较验证。将要验证控件的输入值与要比较控件的输入值或常数值进行比较。

③ RangeValidator：范围验证。验证输入的数据是否在指定范围内。

④ RegularExpressionValidator：正则表达式验证。使用正则表达式验证控件的输入。

⑤ CustomValidator：自定义验证。允许程序员使用自定义的验证程序来验证输入。

⑥ ValidationSummary：汇总错误的提示信息。

2.7.1 RequiredFieldValidator

当某个字段不能为空时，可以使用 RequiredFieldValidator 控件。该控件常用于文本框的非空验证。在网页提交到服务器前，该控件验证控件的输入值是否为空，如果为空，则显示错误信息和提示信息。

该控件较重要的属性如下：

① ControlToValidate：该属性指定验证控件要对哪一个控件的输入进行验证，一般指定为要验证控件的 ID 属性值。

② ErrorMessage：该属性用于指定页面中使用 RequiredFieldValidator 控件时显示的错误消息文本。

【例 2-20】使用 RequiredFieldValidator 控件验证输入不为空。

（1）创建一个名为 UseValidator 的网站及其默认主页。

（2）使用表格布局该页面，在第一行中输入"学号"，添加 1 个 TextBox 控件；第二行中输入"姓名"，添加 1 个 TextBox 控件；添加 2 个 RequiredFieldValidator 控件，分别用于验证学号和姓名文本框不为空，修改其 ControlToValidate 和 ErrorMessage，设置前景色为红色；在第三行添加 1 个"确定"按钮，用于回传刷新页面，设置后的相关页面代码如下：

```
<table>
<tr>
<td>学号：</td>
<td><asp:TextBox ID="TextBox1" runat="server"></asp:TextBox></td>
<td><asp:RequiredFieldValidator ID="RequiredFieldValidator1" runat="server" ErrorMessage= "学号不
        能为空"
        ControlToValidate="TextBox1" ForeColor="Red"></asp:RequiredFieldValidator></td>
</tr>
<tr>
<td>姓名：</td>
<td><asp:TextBox ID="TextBox2" runat="server"></asp:TextBox></td>
<td><asp:RequiredFieldValidator ID="RequiredFieldValidator2" runat="server" ErrorMessage= "姓名不
        能为空"
        ControlToValidate="TextBox2" ForeColor="Red"></asp:RequiredFieldValidator>
</td>
</tr>
<tr>
<td colspan="3" style="text-align: center">
        <asp:Button ID="Button1" runat="server" Text="确定" /></td>
</tr>
</table>
```

（3）打开该页面，在 Visual Studio2012 中，可能会出现以下错误：
WebForms UnobtrusiveValidationMode 需要"jquery"ScriptResourceMapping。请添加一个名为 jquery（区分大小写）的 ScriptResourceMapping。

要解决该错误，需要打开 Web.config 文件，添加以下代码到<configuration></configuration>之间：

```
<appSettings>
<add key="ValidationSettings:UnobtrusiveValidationMode" value="None" />
</appSettings>
```

（4）重新打开页面，不输入信息，直接单击"确定"按钮，显示如图 2-24（a）所示页面；只输入学号，会显示姓名不能为空的错误信息，如图 2-24（b）所示。

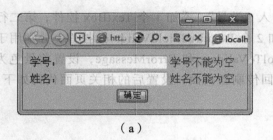 

图 2-24 RequiredFieldValidator 控件必须字段

2.7.2 CompareValidator 控件

CompareValidator 控件称为比较验证控件，用于将输入控件的值与常数值或其他输入控件的值相比较，以确定这两个值是否与比较运算符（小于、等于、大于等）指定的关系相匹配。除了确保值的正确性之外，CompareValidator 控件还具有保证输入的数字型、日期型数据格式正确的作用。比较控件最常见的应用就是验证两个密码是否相同。

该控件较重要的属性如下：

• ControlToCompare

该属性指定要进行值比较的控件 ID，当前被验证输入控件的值会与该控件的值进行比较。

• Operator

该属性指定要执行的比较操作类型。ControlToValidate 属性必须位于比较运算符的左边，ControlToCompare 属性位于其右边，才能进行有效的计算。比较操作类型（Operator 属性值）可以是以下值之一：

① DataTypeCheck：只对数据类型进行比较。
② Equal（默认值）：相等。
③ GreaterThan：大于。
④ GreaterThanEqual：大于或等于。
⑤ LessThan：小于。
⑥ LessThan：小于或等于。
⑦ NotEqual：不等于。

• Type

该属性指定要进行比较的两个值的数据类型，其值可以是以下值之一：

① String：字符串数据。
② Integer：32 位有符号整数数据。
③ Double：双精度浮点数。
④ Date：日期数据类型。
⑤ Currency：货币数据类型。

• ValueToCompare

该属性值为一个常数值，指定要比较的值，当前被验证输入控件的值会与该常数值进行比较。ControlToCompare 属性的优先级比 ValueToCompare 属性高，如果同时设置了这两个属性，则 CompareToCampare 属性值起作用。

2.7.3 RangeValidator 控件

RangeValidator 验证控件用来验证输入控件中的数据是否在指定的上限与下限之间。例如，年龄输入限制范围为 18～55。该控件不但能对数值进行验证，还可以通过指定 RangeValidator 控件，对验证值的数据类型，字符串、日期等进行验证，如果用户的输入无法转换为指定的数据类型，例如，无法转换为日期，则验证将失败。

该控件较重要的属性如下：

• MaximumValue 属性和 MinimumValue 属性

这两个属性指定用户输入范围的最大值和最小值，其指定值必须要能转换为 Type 属性所指定的数据类型，否则会引发异常。

• Type 属性

该属性用于指定进行验证的数据类型。在进行比较之前，值被隐式转换为指定的数据类型。如果数据转换失败，数据验证也会失败。

【例 2-21】使用 CompareValidator 控件和 RangeValidator 控件。

（1）继续上例，在"确定"按钮上面添加两行用于放置两次密码。在"确认密码"输入框的后面增加 1 个 CompareValidator 控件，用于比较所输入的两个密码是否一致，代码如下：

```
<tr>
<td>密码：</td>
<td><asp:TextBox ID="tb_PSW1" runat="server" TextMode="Password" /></td>
</tr>
<tr>
<td>确认密码：</td>
<td><asp:TextBox ID="tb_PSW2" runat="server" TextMode="Password" /></td>
<td><asp:CompareValidator ID="CompareValidator1" runat="server"
        ErrorMessage="两个密码不相同" ControlToValidate="tb_PSW2"
        ControlToCompare="tb_PSW1" ForeColor="Red"></asp:CompareValidator></td>
</tr>
```

（2）在"确定"按钮上面再添加一行用于放置年龄。在"年龄"输入框的后面增加 1 个 CompareValidator 控件，用于将所输入的值与一个常数值比较，代码如下：

```
<tr>
<td>年龄：</td>
<td><asp:TextBox ID="TextBox5" runat="server" /></td>
<td><asp:CompareValidator ID="CompareValidator2" runat="server"
        ErrorMessage="年龄必须大于等于 18 且为整数" ControlToValidate="TextBox5"
        ForeColor="Red" ValueToCompare="18"
```

Type="Integer"Operator="GreaterThanEqual"></asp:CompareValidator>
         </td>
      </tr>

（3）在"年龄"输入框的下面一行增加 1 个 RangeValidator 控件，用于限定所输入的年龄范围（在 18～80），代码如下：

      <tr>
         <td>
            <asp:RangeValidator ID="RangeValidator1" runat="server"
            ErrorMessage="年龄必须在 18~80 之间" Type="Integer"
            MinimumValue="18" MaximumValue="80"
            ControlToValidate="TextBox5" ForeColor="Red" >
            </asp:RangeValidator>
         </td>
      </tr>

（4）打开页面，将学号和姓名输入，输入两次密码不一致，会显示图 2-25（b）所示信息。年龄输入 10，会显示如图 2-25（a）所示错误信息；年龄输入 20，则年龄错误提示消失；输入 20.5，则又出现左边所示错误信息。

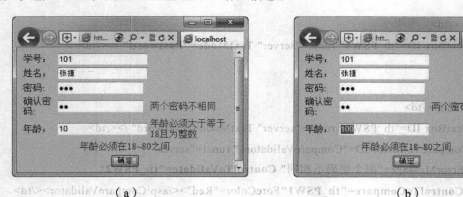

（a）　　　　　　　　　　　　　　（b）

图 2-25　CompareValidator 控件验证密码一致和年龄超出

2.7.4　RegularExpressionValidator 控件

RegularExpressionValidator 控件可以验证用户的输入是否与预定义的模式相匹配，这样就可以对电话号码、邮编、网址等进行验证。RegularExpressionValidator 控件允许有多种有效模式，每个有效模式使用"|"字符来进行分隔。预定义的模式需要使用正则表达式定义。

正则表达式是一种匹配字符的标准，一般用于在字符串或文件中查找或替换字符，正则表达式的关键之处，在于确定要搜索的字符。RegularExpressionValidator 控件就是通过正则表达式来验证输入的数据是否符合指定格式，正则表达式写在 ValidationExpression 属性中。正则表达式的具体语法，这里不做介绍。Visual Studio 集成开发环境中，已经给出了一些常用的正则表达式。

【例 2-22】使用 RegularExpressionValidator 控件验证身份证号码输入。

（1）继续上例，在"确定"按钮上面添加一行用于放置身份证号。

（2）在"身份证号"输入框的后面添加一个 RegularExpressionValidator 控件，用于验证身份证号码是否正确。在设计视图中选中 RegularExpression Validator 控件，单击属性窗口中的 ValidationExpression 属性的右侧省略号按钮，在弹出的"正则表达式编辑器"中选择"中华人民共和国身份证号码（ID号）"，单击"确定"按钮，在属性窗口和源视图中给出了身份证验证的正则表达式"\d{17}[\d|X]|\d{15}"。

设置后的相关页面代码如下：

```
<tr>
<td>身份证号：</td>
<td><asp:TextBox ID="IDcard" runat="server"/></td>
<td>
<asp:RegularExpressionValidator ID="RegularExpressionValidator2" runat="server"
        ErrorMessage="身份证号码错误" ControlToValidate="IDcard" ForeColor="Red"
        ValidationExpression="\d{17}[\d|X]|\d{15}"></asp:RegularExpressionValidator>
</td>
</tr>
```

（3）打开页面，将上面的输入框输入正确，在"身份证号"文本框输入错误的身份证号码，单击"确定"按钮会显示"身份证号码错误"的提示信息，如图 2-26 所示。

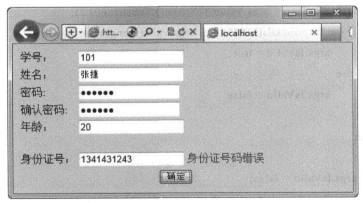

图 2-26　使用 RegularExpressionValidator 控件验证身份证号码输入

【上机实践】使用 RegularExpressionValidator 控件验证所输入电子邮件地址的格式是否正确。

【提示】在"正则表达式编辑器"中选择"Internet 电子邮件地址"。

2.7.5 CustomValidator 控件

CustomValidator 控件又称为自定义验证控件,为用户的输入提供自定义的验证方法,具有更高的灵活性。该控件允许用户使用自定义的验证程序来完成复杂逻辑的验证,这种验证可以在服务器端进行,也可以在客户端进行。如果要在服务器端进行验证,需要为 CustomValidator 控件 ServerValidate 事件编写处理函数;如果要在客户端进行验证,则需要在 CustomValidator 控件的 ClientValidationFunction 属性中指定客户端验证脚本的函数名称。以下实例使用两种方式分别验证学号和密码。

【例 2-23】使用 CustomValidator 控件验证学号长度。

(1)继续上例,在"学号"输入框的后面添加一个 CustomValidator 控件用于验证学号,学号必须以 101 开头且长度为 6 位数。设置相关属性后,该控件的页面代码如下:

```
<asp:CustomValidator ID="CustomValidator1" runat="server"
ControlToValidate="TextBox1" ErrorMessage="学号必须以 101 开头且长度为 6"
        ForeColor="Red" OnServerValidate="CustomValidator1_ServerValidate">

</asp:CustomValidator>
```

(2)实现在服务器端进行验证。双击 CustomValidator 控件,自动进入该控件的验证事件 ServerValidate 中。或者在时间窗口中双击 ServerValidate 事件进入。在事件中添加以下代码:

```
protected void CustomValidator1_ServerValidate(object source, ServerValidateEventArgs args)
{
    try
    {
        string strTmp = args.Value.ToString().Substring(0,3);
        if (strTmp.Equals("101") && args.Value.Length == 6)
            args.IsValid = true;
        else
            args.IsValid = false;
    }
    catch
    {
        args.IsValid = false;
    }
}
```

【代码解析】通过事件中的参数 args 的 Value 属性获取要验证控件的输入值,使用 Substring(0,3)获取输入值的前三个字符,使用 Length 属性获取长度,args.IsValid 属性用于返回是否验证成功。

（3）打开页面，输入的学号不是以 101 开头或者长度不是 6，都会显示错误信息，如图 2-27 所示。

图 2-27　使用 CustomValidator 控件验证学号

（4）实现在客户端验证密码长度。在"密码"输入框的后面增加一个 CustomValidator 控件，用于限定所输入的密码长度在 6~10 之间。在属性窗口的 ClientValidationFunction 属性后面，输入 ValidatePSW，指定在客户端验证脚本的函数名称，代码如下：

```
<asp:CustomValidator ID="CustomValidator2" runat="server" ControlToValidate="tb_PSW1"
        ErrorMessage="密码必须是 6 到 10 位" ForeColor="Red"
ClientValidationFunction="ValidatePSW" >
</asp:CustomValidator>
```

（5）在页面的<head>标签之间增加 ValidatePSW 函数的实现，代码如下：

```
<script type="text/javascript">
    function ValidatePSW(source, args) {
        if ((args.Value.length >= 6) && (args.Value.length <= 10))
            args.IsValid = true;
        else
            args.IsValid = false;
        return;
    }
</script>
```

【代码解析】函数中的两个参数和服务器端验证的事件 ServerValidate 的参数类似，args.Value 可以获得用户输入的值，也可以通过 getElementByld 方法获得该值。例如：需要获取 ID 为 tb_PSW1 的文本框的值，代码为：document.getElementByld("tb_PSW1").value。

图 2-28　使用 CustomValidator 控件验证密码长度

（6）打开页面，输入的密码长度不是 6~8 位，都会显示如图 2-28 所示的错误信息。

2.7.6 ValidationSummary 控件

ValidationSummary 用来显示页面上所有验证控件的出错信息,它不直接对具体的输入控件进行验证,仅提供一个集中显示验证错误信息的地方。出错信息的来源是每个验证控件的 ErrorMessage 属性。如果没有设置验证控件的 ErrorMessage 属性,将不会在 ValidationSummary 控件中为该验证控件显示出错信息。错误列表可以通过列表、项目符号列表或单个段落的形式进行显示。

ValidationSummary 控件的主要属性如下。

• DisplayMode

DisplayMode 指定验证信息的显示格式,可为列表、项目符号列表或单个段落,也可以是以下枚举值之一:

① BulletList(默认值):将各项列表显示,带项目符号。
② List:将各项列表显示,不带项目符号。
③ SingleParagraph:不列表,将各项连续地显示在同一个段落中。

• ShowSummary

ShowSummary 控制 ValidationSummary 控件是显示还是隐藏,如果该属性设置为 true,则在网页上显示验证摘要。还可以通过将 ShowMessageBox 属性设置为 true,在消息框中显示摘要。

• ShowMessageBox

ShowMessageBox 是否弹出一个消息框来显示验证摘要。如果 ShowMessageBox 和 ShowSummary 属性都设置为 true,则在消息框和网页上都会显示摘要。

• HeaderText

在该控件的标题部分指定一个自定义标题。

【例 2-24】使用 ValidationSummary 控件自动收集整个页面上的出错信息。

(1)在"确定"按钮的前面增加一个新行,添加一个 ValidationSummary 控件,新增的页面代码如下:

```
<tr>
<td colspan="3" style="text-align:center">
<asp:ValidationSummary ID="ValidationSummary1" runat="server"
HeaderText="输入错误列表" ForeColor="Red" ShowMessageBox="True" />
</td>
</tr>
```

(2)执行该页面,如图 2-29 所示,在 ValidationSummary 控件上和对话框中将所有的错误信息都显示出来。

(3)要取消原有的验证控件显示的出错信息,只要将原有验证控件的 Display 属性值都改为 None 即可。这里取消学号和姓名的验证控件的显示,重新执行页面,可以看到学号和姓名的验证控件不再显示出错信息,如图 2-30 所示。

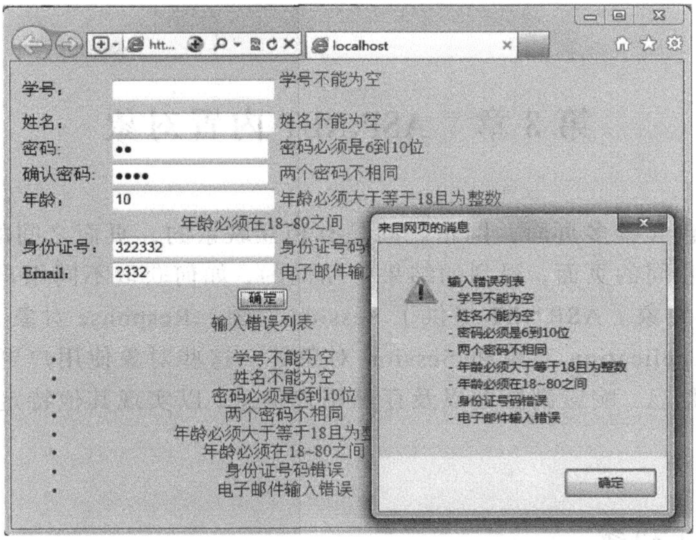

图 2-29 ValidationSummary 控件自动收集整个页面上的出错信息

图 2-30 取消学号和姓名的验证控件的显示

2.7.7 屏蔽数据验证

在特定条件下，可能需要避开数据验证。例如，在一个页面中，即使用户没有正确填写所有字段，也应该可以提交该页。这时就需要设置 ASP.NET 服务器控件来避开客户端和服务器的验证。可以通过以下 3 种方式禁用数据验证：

• 在特定控件中禁用验证

将相关控件的 CausesValidation 属性设置为 false。

• 禁用验证控件

将验证控件的 Enabled 属性设置为 false。

• 禁用客户端验证

将验证控件的 EnableClientScript 属性设置为 false。

第 3 章 ASP.NET 内置对象

一个网站中包含很多页面，网站之间是有相互联系的，页面之间的数据需要传递，不同的用户访问相同的页面，得到的结果是相同的，如何获取不同用户的信息，这些都涉及 ASP 的内置对象。ASP.NET 提供了 Session 对象、Response 对象、Request 对象、Cookies 对象、Application 对象和 Session 对象等。这些对象使用户更容易收集通过浏览器请求发送的信息、响应浏览器以及存储用户信息，以实现其他特定的状态管理和页面信息的传递。

3.1 Server 对象

Server 对象是 HttpServerUtility 的一个实例，该对象提供对服务器上的方法和属性的访问，可以获取服务器的信息，如应用程序路径等。其中大多数方法和属性是为应用程序的功能服务的。Server 对象主要提供一些处理页面请求时所需的功能；例如建立 COM 对象、对字符串进行编码或解码等工作。Server 对象的常用属性如表 3-1 所示，常用方法如表 3-2 所示。

表 3-1　Server 对象的常用属性

属性	说明
MachineName	获取服务器的计算机名称
ScriptTimeout	获取和设置请求超时（以秒为单位）

表 3-2　Server 对象的常用方法

方法	说明
MapPath	返回与 Web 服务器上的指定虚拟路径相对应的物理文件路径
HtmlDecode	对已编码(消除了无效 HTML 字符)的字符串进行解码
HtmlEncode	对要在浏览器中显示的字符串进行编码
UrlDecode	对字符串进行解码，该字符串为了进行 HTTP 传输而进行编码并在 URL 中发送到服务器
UrlEncode	编码字符串，以便通过 URL 从 Web 服务器到客户端进行可靠的 HTTP 传输
Transfer	终止当前页的执行，并为当前请求开始执行新页
Execute	在当前请求的上下文中执行指定资源的处理程序，然后将控制返回给该处理程序

下面介绍 Server.MapPath 方法的使用。

该方法可以将指定的虚拟路径映射为物理路径。

① "/"：返回 Web 应用程序的根目录所在的路径。

② "../"：从当前目录开始寻找上级目录。

③ Server.MapPath("default.aspx");

可以得到应用程序根目录下 default.aspx 页的物理路径。

④ Server.MapPath(Request.ApplicationPath);

Request.ApplicationPath 得到 Web 应用程序的根目录在服务器上的虚拟路径，Server.MapPath(Request.ApplicationPath)将虚拟路径映射为相对应的物理文件路径，由此得到应用程序根目录的物理路径。

【例 3-1】Server 对象的使用。

（1）创建 1 个名为 UseServer 的网站及其默认主页。在页面上增加 3 个 Label 控件，其 ID 分别为 Label1、Label2 和 Label3。打开默认主页的源程序文件 Default.aspx.cs，为 Page_Load()增加如下代码：

```
Label1.Text = "abc <font size=7>def</font> ghi <br/>";
Label2.Text =Server.HtmlEncode("abc <font size=7>def</font> ghi <br/>");
Label3.Text = Server.HtmlDecode(Label2.Text);
```

（2）执行该页面，其输出为：

abc def ghi
abc <font size=7>def</font> ghi
abc def ghi

【代码解析】输出的第一行并不是原字符串，而是将原字符串按 HTML 语法进行"解释"之后的形式。第二行显示的虽然是原字符串，由于先在服务器端编码，故在客户端由浏览器"解释"的结果和原字符串相同。第三行显示的是原字符串，是经过在服务器端编码、然后再解码、再由浏览器"解释"的结果。

当 URL 地址中包含非英文字符时，为了传输的安全性，应该对这些非英文字符进行编码，可以使用 UrlEncode 方法完成此工作。在接收到已编码的 URL 之后，可使用 UrlDecode 方法对其解码。

（3）在页面上再增加 4 个 Label 控件，其 ID 分别为 Label4、Label5、Label6 和 Label7。在 Page_Load()中增加如下代码：

```
Label4.Text = Server.MapPath("default.aspx");
Label5.Text = Server.MapPath(Request.ApplicationPath);
Label6.Text = Server.MapPath(Request.ApplicationPath) +"\\default.aspx";
Label7.Text = Server.MachineName;
```

（4）再次执行页面，增加了如下的输出：

E:\Web 应用开发技术实用教程\Web 教材\Code\Chapter3\UseServer\default.aspx
E:\Web 应用开发技术实用教程\Web 教材\Code\Chapter3\UseServer
E:\Web 应用开发技术实用教程\Web 教材\Code\Chapter3\UseServer\default.aspx
ZHANGJIE

【代码解析】在 Labe14 上输出 default.aspx 页面的物理文件路径,包括页面文件名；Labe15 上输出应用程序根目录的物理路径,即网站的根目录。Labe16 上输出用根目录连接的页面文件,注意此时代码中转义符为"\\",Label7 中使用 MachineName 属性获取服务器的计算机名称。

【例 3-2】使用 Server 对象的 Execute 方法和 Transfer 方法重定向新页面。

Execute 方法用于将执行从当前页面转移到另一个页面,并将执行返回到当前页面,执行所转移的页面在同一浏览器窗口中执行,然后原始页面继续执行。所以,执行 Execute 方法后,原始页面保留控制权。而 Transfer 方法用于将执行完全转移到指定页面,与 Execute 方法不同,执行该方法时主调页面将失去控制权。

(1)继续上例,新建一个网页 Default2.aspx,在该页面上添加 3 个 Button 控件,设置其相关属性,设置后的页面代码如下:

```
<asp:Button ID="Button1" runat="server" OnClick="Button1_Click" Text="Server 对象 Execute 方法" />
<br />
<asp:Button ID="Button2" runat="server" OnClick="Button2_Click" Text="Server 对象 Transfer 方法" />
<br />
<asp:Button ID="Button3" runat="server" OnClick="Button3_Click" Text="Response 对象 Redirect 方法" />
```

(2)添加 3 个按钮的 Click 事件代码如下:

```
protected void Button1_Click(object sender, EventArgs e)
{
    Server.Execute("DestPage.aspx?message=Server 对象 Execute 方法传递的参数");
    Response.Write("控制权返回到当前页");
}

protected void Button2_Click(object sender, EventArgs e)
{
    Server.Transfer("DestPage.aspx?message=Server 对象 Transfer 方法传递的参数");
    Response.Write("控制权返回到当前页");
}

protected void Button3_Click(object sender, EventArgs e)
{
    Response.Redirect("DestPage.aspx?message=Response 对象 Redirect 方法传递的参数");
```

```
            Response.Write("控制权返回到当前页");
        }
```

（3）新建 1 个网页 DestPage.aspx，添加 1 个 Label 控件，修改其属性 Text 属性为"目标页面"，前景色为蓝色，字号为 30。在代码文件 Page_Load 事件中添加以下代码：

```
        Response.Write(Request.QueryString["message"]);
```

【代码解析】该代码使用 Request 对象的 QueryString 集合对象获取传递给该网页的参数，可以获取导航到该页面时问号"?"后面的参数 message 的参数值。

（4）打开 Default2.aspx 页面，单击"Server 对象 Execute 方法"按钮，运行结果如图 3-1（a）所示；单击"Server 对象 Transfer 方法"和"Response 对象 Redirect 方法"按钮，运行结果如图 3-1（b）所示。

（a）

（b）

图 3-1　重定向新页面

在图 3-1（a）中，上面显示新页面 DestPage.aspx，下面显示当前页面 Default2.aspx，而图 3-1（b）则只显示新页面 DestPage.aspx。因此，要重新定位到一个新页面，离开当前页面，可以使用 Server 对象的 Transfer 方法和 Response 对象的 Redirect 方法；要重新定位到一个新页面，还要留在当前页面，可以使用 Server 对象的 Execute 方法。

3.2　Response 对象

3.2.1　Response 对象的常用属性和方法

Response 对象来自 HttpResponse 类，用于将数据从服务器发送回浏览器。它允许将数据作为请求的结果发送到浏览器中并提供有关响应的信息，可以用来在页面中输入数据、重定向浏览器到另一个 URL，还可以传递各个页面的参数。该对象将 HTTP 响应数据发送到客户端，并包含有关该响应的信息。其常用的属性如表 3-3 所示，常用方法如表 3-4 所示。

表 3-3 Response 对象的常用属性和方法

属 性	说 明
Buffer、BufferOutput	两个的属性是一样的，用来获取或设置一个值，该值指示是否缓冲输出，并在完成处理整个响应之后将其发送
Cache	获取 Web 页的缓存策略，如过期时间、保密性等
Charset	获取或设置 HTTP 的输出字符集
ContentEncoding	输出流的编码
ContentType	输出流的内容类型，比如 html(text/html)、普通文本(text/pain)、JPEG 图片(image/JPEG)
Cookies	返回给浏览器的 Cookie 集合，可以通过它设置 Cookie
Expires	在浏览器上缓冲存储的页面要多少时间过期。如果用户在页面过期之前"回退"到该页，则不再向服务器请求，而是显示缓存中的内容
IsClientConnected	传回客户端是否仍然和 Server 连接

表 3-4 Response 对象的常用属性和方法

方 法	说 明
Clear	清空缓冲器中的数据，这样在缓存区中的没有发送到浏览器端的数据被清空，不会被发送到浏览器
End	将目前缓冲区中所有的内容发送至客户端，然后终止当前页面的处理
Flush	将目前缓冲区中所有的内容发送至客户端，但不终止当前页面的处理
Redirect	重定向浏览器到新的 URL
SetCookie	更新 Cookie 集合中的一个 Cookie，如果 Cookie 存在，就更新；不存在就增加
Write	将数据输出到客户端
WriteFile	将指定的文件直接写入 HTTP 输出流，向浏览器输出文件的所有内容

Response 对象重要的属性和方法阐述如下：

• Charset 属性

Charset 属性指定字符集合名称，如：

Response.Charset="gb2312";

• ContentType 属性

ContentType 属性指定响应的 HTTP 内容类型，其默认值为 html(text/html)，可以修改为其他类型，如普通文本(text/pain)、JPEG 图片(image /JPEG)。

Response.ContentType = "Image/gif";

表示向浏览器输出的内容是 GIF 图片。

• Buffer、BufferOutput 属性

如果将 BufferOutput 属性设为 true，则当前页采用缓冲输出方式。如果是缓冲输出，只有在当前页的所有服务器脚本都处理完毕，或调用了 Flush 或 End 方法后，服务器才会

将响应缓冲区的信息发送给客户端浏览器。

• Expires 属性

Expires 属性指定在浏览器上缓存的页面过期之前的分钟数。在过期之前，用户在客户端用"回退"方式再回到该页时，就会显示缓冲区中的页面，而不必再向服务器请求；如果已过期，则需要向服务器重新请求。例如可将登录页面的 Expires 属性值设为 0，这样该页面在登录后会立即过期，这也是一项安全措施。

• Clear 方法

Clear 方法用于清空缓冲区中的数据，这样在缓存区中的没有发送到浏览器端的数据将被清空，不会被发送到浏览器。可以在发生错误的情况下使用该方法，但只有将 BufferOutput 属性设为 true 时才能使用该方法。

• End 方法

End 方法用来输出当前缓冲区的内容，并终止当前页面的处理。调用 End 方法后，服务器会停止处理脚本并返回当前结果。例如，程序段：

Response.Write("欢迎进入");

Response.End();

Response.Write("珠海横琴海洋世界
");

只输出"欢迎进入"，而不会输出"珠海横琴海洋世界"。End 方法常常用来帮助调试程序。

• Flush 方法

Flush 方法和 End 方法一样，也是将当前缓冲区的内容立即发送到客户端，所不同的是，调用过 Flush 方法后页面还可以继续执行。

• Redirect 方法

在网页中，可以利用超链接把访问者引导到另一个页面，但访问者必须单击超链接才能实现该功能。有时候需要页面自动重定向到另一个页面，如管理员没有登录而访问管理页面，就需要使页面自动跳转到登录页面。Redirect 方法就是用来重定向页面的，它可以将页面立即重定向到一个指定的 URL。例如：Response.Redirect ("Index.aspx?uName=zhangjie")的方法，可以将当前页面重定位到指定网页 Index.aspx，并传递参数 uName。

Response.Redirect 方法，也可以转向到外部的网站。例如：
Response.Redirect("http://www.baidu.com");可以将当前页面重定向到百度主页。

• Write 方法

Write 方法是 Response 对象最常用的方法，它将指定的字符串写到当前 HTTP 输出流，用来向客户端输出信息。例如：

Response.Write ("现在时间为："+DateTime.Now.ToString());可以输出当前的时间。

• WriteFile 方法

WriteFile 方法和 Write 类似，也是用来向客户端输出信息，但输出的是整个文本文件的内容。它将指定的文件直接写入 HTTP 输出流，向浏览器输出文件的所有内容。输出一个文件时，该文件必须是已经存在的，如果不存在将产生"未能找到文件"的异常。

【例 3-3】使用 Response 对象的 Write 方法。

（1）创建一个名为 UseResponse 的网站及其默认主页。
（2）打开默认主页的程序文件 Default.aspx.cs，将 Page_Load 事件的内容修改为：

```
protected void Page_Load(object sender, EventArgs e)
    {
if (!Page.IsPostBack)
            {
char c = 'a';//定义一个字符变量
            string s = "Hello World!";//定义一个字符串变量
            char[] cArray = { 'H', 'e', 'l', 'l', 'o', ',', ' ', 'w', 'o', 'r', 'l', 'd' };//定义一个字符数组
            Page p = new Page();//定义一个 Page 对象
            Response.Write("输出单个字符");
            Response.Write(c);
            Response.Write("<br />");
            Response.Write("输出一个字符串" + s + "<br />");
            Response.Write("输出字符数组");
            Response.Write(cArray, 0, cArray.Length);
            Response.Write("<br />");
            Response.Write("输出一个对象");
            Response.Write(p);
            Response.Write("<br/>输出一个带格式文本");
            Response.Write("<h1>服务器向浏览器输出的内容</h1>");
            Response.Write("输出一个文件<br />");
Response.WriteFile(Server.MapPath("TextFile.txt"));
            Response.Write("<br/>输出对话框<br/>");
            Response.Write("<script>alert('使用 alert 输出对话框')　</script>");
            }
    }
```

【代码解析】代码中分别演示了输出字符、字符串、字符数组、对象、带格式文本、整个文本文件内容输出和对话框。输出整个文件内容需要使用 Server.MapPath 获取文件的绝对路径，要输出对话框需要使用 JavaScript 脚本，使用函数 alert 输出。

（3）在网站上右键→"添加"→"添加新项"→"文本文件"，在名称中使用默认文件名 TextFile.txt→"添加"。在文件中输入一些文字。

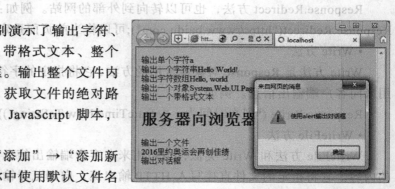

图 3-2 Response 对象的 Write 方法效果

（4）打开该页面，显示如图 3-2 所示页面，在页面中输出不同的对象。

3.2.2 文件读写

上例中通过 Response 的 WriteFile 输出一个文本文件的内容到页面中，如果要对文件进行精确控制，读取后对数据进行处理后再输出，或者将页面中的信息写到文件中，就需要用到文件读写的类和方法，ASP.NET 使用流模型来读写文件数据，文件读写涉及以下几个类。

1. File 类

File 类提供用于创建、复制、删除、移动和打开文件的静态方法。File 类不用创建类的实例，只需通过调用其静态方法执行文件操作。File 类的常用方法如表 3-5 所示。

表 3-5　File 类的常用方法

方法	说明
CreateText	创建或打开一个写入 UTF-8 编码的文本文件
OpenText	打开现有 UTF-8 编码文本文件以进行读取
Exists	确定指定的文件是否存在
AppendText	它将 UTF-8 编码文本追加到现有文件

2. StreamReader 类

StreamReader 类用于实现从数据流中读取字符，其常用方法如表 3-6 所示。

表 3-6　StreamReader 类的常用方法

方法	说明
Read	读取输入流中的下一个字符或下一组字符
ReadLine	从当前流中读取一行字符并将数据作为字符串返回
ReadToEnd	从流的当前位置到末尾读取流
Peek	返回下一个可用的字符，但不使用它
Close	关闭 StreamReader 对象和基础流，并释放与读取器关联的所有系统资源

3. StreamWrite 类

StreamWrite 类实现向数据流中写入字符，其常用方法如表 3-7 所示。

表 3-7　StreamWrite 类的常用方法

方法	说明
StreamWriter	使用编码和缓冲区大小，初始化 StreamWriter 类的新实例。已重载
Write	写入指定的字符流
WriteLine	写入指定的字符串，后跟行结束符
Close	关闭 StreamWrite 对象和基础流

【例3-4】读文件和写文件。

在开发项目时，有时需要将文本文件中的内容输出到浏览器中。例如，程序的说明文件、某些程序的帮助文件等，这些内容完全可以放到文本文件中，需要的时候就从文本文件中读取出来，省去了访问数据库的过程，减轻了服务器的负担。本实例讲述如何将文本文件中的内容输出到浏览器中，将修改的文件保存到文件中。

（1）创建一个名为UseFile的网站及其默认主页Default.aspx。
（2）添加一个"读文件"按钮和一个"写文件"按钮，相关的页面代码如下：

```
<asp:Button ID="Button1" runat="server" Text="读文件" />
   
<asp:Button ID="Button2" runat="server" Text="写文件" />
```

（3）双击"读文件"按钮，添加其Click事件处理函数，添加以下代码：

```
protected void Button1_Click(object sender, EventArgs e)
{
    if (File.Exists(Server.MapPath("test.txt"))) //文件存在，在浏览器中直接输出文件内容。
    {
        StreamReader sr = File.OpenText(Server.MapPath("test.txt"));
        while (sr.Peek() != -1)
            Response.Write(sr.ReadLine() + "<br/>");
        sr.Close();
    }
    else    //如果文件不存在，则创建该文件
    {
        Response.Write("文件不存在");
        File.CreateText(Server.MapPath("test.txt"));
    }
}
```

（4）双击"写文件"按钮，添加其Click事件处理函数，添加以下代码：

```
protectedvoid Button2_Click(object sender, EventArgs e)
{
    string filepath = Server.MapPath("test.txt");
    if (File.Exists(filepath))
    {
        StreamWriter sw = newStreamWriter(filepath, false);
        string str = "ASP.NET 文件读写操作示例";
```

```
            sw.WriteLine(str);
            sw.Close();
        }
    }
```

(5)使用快捷键"Shift+Alt+F10"或"Crtl+.",自动导入需要的 using 命名空间 System.IO。

(6)在网站上右键→"添加"→"添加新项"→"文本文件",在名称中输入文件名"test.txt"→【添加】;在文件中输入一些文字。

(7)打开该页面,单击"读文件"按钮,结果如图 3-3(a)所示。单击"写文件"按钮,再单击"读文件"按钮,结果如图 3-3(b)所示。

 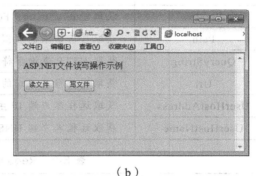

(a)　　　　　　　　　　　　　　　(b)

图 3-3　读文件和写文件

(8)打开记事本,输入或复制一段文字,保存为 test.txt,然后复制该文件到网站应用程序根目录中,运行网页,单击"读文件"按钮,会发现文字没有显示,出现乱码。为什么?

【解决方法】用记事本重新打开该文件,选择菜单"文件"→"另存为",在右下角的编码处选择"UTF-8",选择"保存",弹出的对话框中选择"是",替换原文件。再读取就没有乱码问题了。原因是 ASP.NET 中默认编码是 UTF-8,因此其他编码会出现乱码。

3.3　Request 对象

3.3.1　Request 对象概述

Request 对象和 Response 对象是 ASP.NET 中非常重要的对象,用于在服务器端和客户端之间交互数据。Request 对象用于客户端向服务器发送 HTTP 请求,Response 对象用于从服务器向客户端发送数据。

Request 对象是 HttpRequest 类的一个实例,它用于检索从浏览器向服务器所发送的请求信息。当用户打开 WEB 浏览器并从网站请求 Web 页时,Web 服务器就收到一个 HTTP 请求。Request 对象提供对当前页请求的访问,包括用户输入表单的数据、Cookie、客户端证书、查询字符串等。其常用的属性如表 3-8 所示,常用方法如表 3-9 所示。

表 3-8 Request 对象的常用属性

属性	说明
ApplicationPath	获取当前正在执行的 Web 应用程序的根目录在服务器上的虚拟路径
PhysicalApplicationPath	获取当前正在执行的 Web 应用程序的根目录在服务器上的物理文件系统路径
Browser	获取或设置有关正在请求的客户端浏览器的功能信息
Cookies	获取客户端发送的 Cookie 集合
FilePath	获取当前请求的虚拟路径
Files	获取采用多部分 MIME 格式的由客户端上载的文件集合
Form	获取窗体变量集合
Params	获取 QueryString、Form、ServerVariables 和 Cookies 项的组合集合
Path	获取当前请求的虚拟路径
QueryString	获取 HTTP 查询字符串变量集合
Url	获取有关当前请求的 URL 的信息
UserHostAddress	获取远程客户端 IP 主机地址
UserHostName	获取远程客户端 DNS 名称

表 3-9 Request 对象的常用方法

方法	说明
MapPath	将请求的 URL 中的虚拟路径映射到服务器上的物理路径
SaveAs	将 HTTP 请求保存到磁盘
ValidateInput	验证由客户端浏览器提交的数据,如果存在具有潜在危险的数据,则引发一个异常

3.3.2 Form 属性

使用 Request 的 Form 集合来获取客户端通过 Post 方法传送的表单数据。例如,服务器上有两个网页 form.htm 和 do.aspx,form.htm 中包含一个表单,表单传送数据的方法为 Post,并且表单提交到同一目录下的 do.aspx。

【例 3-5】使用 Form 属性。

(1)创建一个名为 UseForm 的网站。

(2)右键单击 UseForm 网站,在快捷菜单中选择"添加"→"添加新项"→"HTML 页",名称中输入"form.htm",修改其内容为:

```
<html>
<head>
<title>使用 Post 传送数据</title>
</head>
```

```
body>
<form method="post" action="do.aspx">
请输入您的名字：<input type ="text" name=" uName " /><br />
<input type ="submit", value ="提交"/><br/>
</form>
</body>
</html>
```

（3）添加一个新的页面 do.aspx，在 do.aspx 中将使用 Request.Form["uName"]来获取用户输入的名字。打开其源程序文件 do.aspx.cs，将 Page_Load 函数的内容修改为：

```
protected void Page_Load(object sender, EventArgs e)
    {
        string strMsg = "您的名字为";
        strMsg += Request.Form["uName"];
        Response.Write(strMsg);
        Response.Flush();
}
```

（4）打开执行 form.htm，打开表单页面，并在文本框中输入名字"张捷"，如图 3-4（a）所示。单击表单中的"提交"按钮，可将表单数据提交到 do.aspx，显示结果如图 3-4（b）所示。

（a）　　　　　　　　　　　　　　（b）

图 3-4　Request 对象的 Form 属性传递参数

3.3.3　QueryString 属性

QueryString 属性用于获取查询字符串的数据。Request 对象通过 QueryString 属性来获取 HTTP 查询字符串变量集合。传递变量名和值由"？"后的内容指定。

Response.Redirect("Index.aspx?uName=Zhang Jie");

上述代码将向 Index.aspx 页传递一个名为"uName"的变量，值为"Zhang Jie"。如要在 Index.aspx 页中获得参数 uName 的值，只需在 Index.aspx 页面加载事件添加如下代码：

```
protected void Page_Load(object sender, EventArgs e)
    {
        if (Request.QueryString["uName "] != null)
```

```
//判断参数值是否为空
    Response.Write("Hello,"+Request.QueryString["uName"]);
}
```

3.4.4 Browser 属性

Request 对象的 Browser 属性可以获取计算机和浏览器的相关数据。

【例 3-6】使用 Request 对象的 Browser 属性获取客户端浏览器信息。

（1）创建一个名为 UseBrowser 的网站及其默认主页。

（2）打开默认主页的源程序文件 Default.aspx.cs，将 Page_Load 函数的内容修改为：

```
protected void Page_Load(object sender, EventArgs e)
{
  if(!Page.IsPostBack)
    {
        HttpBrowserCapabilities b = Request.Browser;
        Response.Write("客户端浏览器信息：" + "<hr>");
        Response.Write("名称：" + b.Browser + "<br>");
        Response.Write("版本：" + b.Version + "<br>");
        Response.Write("操作平台：" + b.Platform + "<br>");
        Response.Write("是否支持框架：" + b.Frames + "<br>");
        Response.Write("是否支持 Cookies：" + b.Cookies + "<br>");
    }
    Response.End();//结束输出
}
```

（3）在 Default.aspx 中单击鼠标右键，弹出的快捷菜单中选择"在浏览器中查看"，查看该页面，显示如图 3-5 所示。

图 3-5 使用 Request 对象的 Browser 属性获取客户端浏览器信息

3.3.5 ServerVariables 属性

浏览器与服务器之间交互使用的是 HTTP 协议。在 HTTP 的请求中包含一些客户端的信息，如 IP 地址、端口号等。有时在服务器端需要根据不同的客户端做出不同响应，这时就需要使用 ServerVariables 属性获取所需要的信息。

ServerVariables 是 Web 服务器变量的集合，使用 C#语言读取服务器变量的方法是：

Request.ServerVariables[服务器变量名]

【例 3-7】使用 Request 对象的 ServerVariables 属性。
（1）创建一个名为 UseServerVariables 的网站及其默认主页。
（2）打开默认主页的源程序文件 Default.aspx.cs，将 Page_Load 函数的内容修改为：

```
protected void Page_Load(object sender, EventArgs e)
{
    if (!Page.IsPostBack)
    { //输出服务器环境变量值
Response.Write("使用 ServerVariables 属性获得服务器环境变量：" + "<br /><br />");
        int i;
        //取得所有的键
        String[] arr1 = Request.ServerVariables.AllKeys;
        for (i = 0; i < arr1.Length; i++)
        {
            Response.Write("Key: " + arr1[i] + "<br />");
            Response.Write("Val: " +
                Request.ServerVariables[arr1[i]].ToString() + "<br /><br />");
        }
    }
    //结束输出
    Response.End();
}
```

（3）打开 Default.aspx，会显示所有服务器变量的名称及值。下面是部分显示内容，从中可以分析出部分常用的服务器变量的含义（有的加上了必要的说明）。

使用 ServerVariables 属性获得服务器环境变量：

Key: APPL_PHYSICAL_PATH

Val: I:\Web\Sample\UseServerVariables\

Key: AUTH_TYPE

Val: NTLM

Key: AUTH_USER

Val: PC-Z20150101J\Administrator

Key: AUTH_PASSWORD

Val:

Key: LOGON_USER(客户的登录账号)
Val: PC-Z20150101J\Administrator
Key: REMOTE_USER
Val: PC-Z20150101J\Administrator
Key: REMOTE_ADDR(客户端 IP 地址)
Val:127.0.0.1
Key: REMOTE_HOST(客户端名称)
Val:127.0.0.1Key:REMOTEPORT
……
Key: URL
Val: /UseServerVariables/Default.aspx
……
Key: HTTP_HOST
Val: localhost:2339
Key: HTTP_USER_AGENT
Val: Mozilla/5.0 (compatible; MSIE 9.0; Windows NT 6.1; Trident/5.0)

3.4 综合应用 1——用户登录实现

【例 3-8】用户登录实现。

用户登录是所有 Web 应用系统最基本的功能之一。其目的是为了防止非法用户访问 Web 应用系统，只有登录成功的用户才能以合法的身份访问 Web 应用系统。该实例使用 Response 对象和 Request 对象来实现简单的用户登录功能。

（1）创建一个名为 Login 的网站及其默认主页 Default.aspx。

（2）使用表格布局，添加两个文本框用于存放用户名和密码，两个按钮用于确定和取消，并设计相关属性，形成的页面相关代码如下：

```
<table>
<tr>
<td>用户名：</td>
<td>
<asp:TextBox ID="txtUserName" runat="server"></asp:TextBox></td>
</tr>
<tr>
<td>密码：</td>
<td>
<asp:TextBox ID="txtUserPwd" runat="server" TextMode="Password"></asp:TextBox></td>
</tr>
```

```html
<tr>
<td colspan="2">
<asp:CheckBox ID="CheckBox1" runat="server" Text="一周内不用登录" /></td>
</tr>
<tr>
<td colspan="2" style="text-align: center">
<asp:Button ID="btnOK" runat="server" Text="确定" OnClick="btnOK_Click" />
   
<asp:Button ID="btnCancel" runat="server" Text="取消" OnClick="btnCancel_Click" /></td>
</tr>
</table>
```

（3）添加"确定"按钮的单击事件的代码：

```csharp
protected void btnOK_Click(object sender, EventArgs e)
    {
        string strUrl = "";
string name = txtUserName.Text.Trim();
        string pwd = txtUserPwd.Text.Trim();
        if (name == "zhangjie" && pwd == "123456")
{//只有当用户名为 zhangjie、密码为 123456 时才能跳转
strUrl = "Index.aspx?uName=" + name + "&uPwd=" + pwd;
            Response.Redirect(strUrl);
//重定位到指定网页 Index.aspx，并传递参数 uName 和 UuPwd。
        }
        else
            Response.Write("<script>alert('错误的用户名或密码！')    </script>");
}
```

【代码解析】输入正确的用户名和密码，才能进入下一个页面 Index.aspx，否则弹出错误提示对话框，该对话框使用 java script 脚本函数 alert 弹出。

（4）添加"取消"按钮的单击事件的代码：

```csharp
protected void btnCancel_Click(object sender, EventArgs e)
{
    txtUserName.Text =null ;
    txtUserPwd.Text=null;
}
```

【代码解析】清空文本框也可使用 txtUserName.Text=""；

（5）添加一个新的页面 Index.aspx，添加该页面 Page_Load()事件代码：

```
protected void Page_Load(object sender, EventArgs e)
{
    if (Request["uName"] != null && Request["uPwd"] != null)
    {
    Response.Write(Request["uName"] + ",你好！ <br/>");
    Response.Write("你的密码是： " + Request["uPwd"]);
    }
    else
        Response.Redirect("Error.aspx");    //非法用户指导进入登录页面
}
```

【代码解析】该事件在表单加载时，通过 Request 对象获取 Index.aspx 登录页面传递的参数 uName 和 uPwd。通过判断参数 uName 和 uPwd 的存在性，来判断是否通过登录进入该页面，以此来判断是否为非法登录。若是非法登录，跳转到错误页面 Error.aspx。

（6）新添加一个页面 Error.aspx，用于显示非法访问 Index.aspx 页面的错误信息。若没有通过登录页面 Default.aspx，直接进入 Index.aspx 页面属于非法访问。在该页面中添加一个 Lable 控件和一个 HyperLink 控件，指导进入登录页面 Default.aspx，如图 3-6（d）所示。添加修改属性后相关的页面代码如下：

```
<asp:Label ID="Label1" runat="server" Text="请登录" ForeColor="Red"></asp:Label><br /><br />
<asp:HyperLink ID="HyperLink1" runat="server" NavigateUrl="Default.aspx">登录</asp:HyperLink>
```

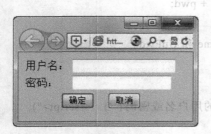

（a）登录页面

（b）输入错误时界面

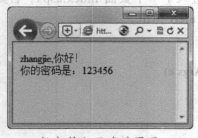

（c）输入正确时页面

（d）非法访问时显示页面

图 3-6　不同登录信息显示不同的页面

【代码解析】该页面通过超链接控件 HyperLink，链接到登录页面 Default.aspx。

（7）打开 Default.aspx 页面，显示如图 3-6（a）所示的登录界面。输入错误的用户名和密码，单击"确定"后，会弹出如图 3-6（b）所示对话框，输入用户名为 zhangjie、密码为 123456，打开 Index.aspx 页面，显示结果如图 3-6（c）所示。直接打开 Index.aspx 页面，会显示如图 3-6（d）所示的结果。

3.5 Cookie 对象

3.5.1 Cookie 对象的常用属性和方法

Cookie 是由服务器端生成，发送给 User-Agent（一般是浏览器），浏览器会将 Cookie 的 key/value 保存到某个目录下的文本文件内，下次请求同一网站时就发送该 Cookie 给服务器（前提是浏览器设置为启用 Cookie）。Cookie 名称和值可以由服务器端开发自己定义，这样服务器可以知道该用户是否为合法用户以及是否需要重新登录等，服务器可以设置或读取 Cookies 中包含信息，借此维护用户和服务器会话中的状态。

服务器可以利用 Cookies 包含信息的任意性来筛选并经常维护这些信息，以判断在 HTTP 传输中的状态。Cookies 最典型的应用是判定注册用户是否已经登录网站，用户可能会得到提示，是否在下一次进入此网站时保留用户信息以便简化登录手续，这些都是 Cookies 的功用。另一个重要应用场合是"购物车"之类处理。用户可能会在一段时间内在同一家网站的不同页面中选择不同的商品，这些信息都会写入 Cookies，以便在最后付款时提取信息。

Cookie 是 WEB 服务器保存在客户端计算机上的一段文本，允许一个 Web 站点在用户的计算机上保存信息并读取它。Cookie 对象具有以下优点：

① 能使站点跟踪特定访问者的访问次数，最后访问者和访问者进入站点的路径。
② 可配置到期规则。
③ 不需要任何服务器资源。
④ 简单性。
⑤ 数据持久性。

Cookie 对象的常用属性和方法如表 3-10 所示。

表 3-10 Cookie 对象的常用属性和方法

属性和方法	说　明
Name	获取 Cookie 变量的名称
Value	获取或设置 Cookie 变量的值
Expires	设定 Cookie 的过期时间，默认值为 1000 ms，若设为 0，则实时删除 Cookie
Path	获取或设置要与当前 Cookie 一起传输的虚拟路径
Version	获取或设置 Cookie 符合 HTTP 维护状态的版本
Add	增加 Cookie 变量
Remove	通过 Cookie 变量名称或索引删除 Cookie 对象
Get	通过变量名称或索引得到 Cookie 的变量值
Clear	清除所有的 Cookie

3.5.2 Cookie 对象的应用

1. 使用和禁用 Cookie

用户可以改变浏览器的设置，以使用或者禁用 Cookies。

在微软 Internet Explorer 中，工具→Internet 选项→隐私→调节滑块或者点击"高级"，进行设置。

2. 编写 Cookie

Cookie 对象由 Response 和 Request 对象的 Cookies 属性来管理，每个 Cookie 是 HttpCookie 类的一个实例。创建 Cookie 时，需要指定 Cookie 的名称、值和过期时间等信息。每个 Cookie 必须有唯一的名称，以便以后从浏览器读取 Cookie 时可以识别它。由于 Cookie 是按名称存储的，因此，用相同名称命名的两个 Cookie 会导致前面同名的 Cookie 被覆盖。一般添加 Cookie 使用 Response 对象，读取 Cookie 使用 Request 对象。

- 通过键/值来添加 Cookie

```
Response.Cookies["uName"].Value = "ZhangJie";
Response.Cookies["uName"].Expires = DateTime.Now.AddDays(1);
```

- 新建 HttpCookie 对象添加 Cookie

Cookie 是 HttpCookie 类的一个实例，创建 HttpCookie 对象后，再调用 Response.Cookies 集合的 Add 方法来添加 Cookie。

```
HttpCookie aCookie = new HttpCookie("pwd");
aCookie.Value ="123456";
aCookie.Expires = DateTime.Now.AddDays(1);
Response.Cookies.Add(aCookie);      //将 Cookie 添加到 Cookies 集合中
```

3. 读取 Cookie

当 Cookie 被创建后，Cookie 将随页面请求发送到服务器，可通过 Request 对象公开的 Cookies 集合进行访问。例如，下述代码首先判断 Cookie 是否存在，如果存在，则读取 Cookie 的值到 string 变量 name 中。

```
if (Request.Cookies["uName"] != null)
{
    stringname = Request.Cookies["uName "].Value;
}
```

4. 编写多值 Cookie

在一个 Cookie 中存储多个名称/值对，该名称/值被称为子键。使用带有子键的 Cookie，可以将相关或类似的信息放在一个 Cookie 中进行管理，且只需要设置一个有效期就可以适用于所有的 Cookie 信息，这有助于限制 Cookie 文件的大小。

下面通过示例介绍直接添加多值 Cookie 的方法。

例：编写一个多值 Cookie 用来存储用户名和密码两个信息。

Response.Cookies["userInfo"]["uName"] = "ZhangJie";
Response.Cookies["userInfo"]["pwd"] = "123456";
Response.Cookies["userInfo"].Expires = DateTime.Now.AddDays(1);

创建 HttpCookie 对象来添加多值 Cookie：

HttpCookie aCookie = new HttpCookie("userInfo");
aCookie.Values["uName"] =" ZhangJie ";
aCookie.Values["pwd"] ="123456";
aCookie.Expires = DateTime.Now.AddDays(1);
Response.Cookies.Add(aCookie);

读取 Cookie 值：
读取多值 Cookie 的方法和读取单值 Cookie 类似，只需要访问 Cookie 的子键值即可。

if (Request.Cookies["userInfo"] != null){
    if (Request.Cookies["userInfo"] ["uName "] != null){
        string name = Request.Cookies["userInfo"][" uName "]; }
}

【例 3-9】利用 Cookie 对象完善综合示例 1 的用户登录功能。
（1）首先，在综合应用 1 的基础上添加一个 CheckBox 控件，Text 属性为"一周内不用登录"。
（2）打开 Default.aspx.cs，修改"确定"按钮，添加单击事件代码如下：

    protectedvoid btnOK_Click(object sender, EventArgs e)
    {
string strUrl = "";
string name = txtUserName.Text.Trim();
string pwd = txtUserPwd.Text.Trim();
if (name == "zhangjie"&& pwd == "123456")
        {//只有当用户名为 zhangjie、密码为 123456 时才能跳转
if (CheckBox1.Checked) //使用 Cookie 登录，添加代表用户名和密码的多值 Cookie
            {
                Response.Cookies["userInfo"]["uName"] = name;
                Response.Cookies["userInfo"]["uPwd"] = pwd;
                Response.Cookies["userInfo"].Expires = DateTime.Now.AddDays(7);
                Response.Redirect("Index.aspx");
            }

```
        else//不使用Cookie登录
        {
            strUrl = "Index.aspx?uName=" + name + "&uPwd=" + pwd;
            Response.Redirect(strUrl);//重定位到指定网页 Index.aspx,并传递参数 uName
        }
    }
    else
    {
        Response.Write("<script>alert('错误的用户名或密码！')   </script>");
    }
}
```

【代码解析】当复选框被选中时，创建多值 Cookie，并设置其有效期为一周（7天）。

（3）为 Default.aspx 添加 Page_Load()事件代码如下：

```
protected void Page_Load(object sender, EventArgs e)
{
    string name ="";
    string pwd = "";
    if (Request["userInfo"] != null&& Request.Cookies["userInfo"] ["uName "] != null)
    {   name = Request.Cookies["userInfo"]["uName"];
        pwd = Request.Cookies["userInfo"]["uPwd"];
        if (name == "zhangjie" && pwd == "123456")
            Response.Redirect("Index.aspx");
    }
}
```

【代码解析】判断是否存在名称为 userInfo 的 Cookie 和名称为 uName 的多值 Cookie，如果存在则获取多值 Cookie 的用户名和密码，然后重定位到 Index.aspx 页面，达到自动登录的目的。

（4）修改 Index.aspx 页面的 Page_Load()事件代码如下：

```
protectedvoid Page_Load(object sender, EventArgs e)
{
if (Request["uName"] != null&& Request["uPwd"] != null)//不使用使用 Cookie 登录
    {
        Response.Write(Request["uName"] + ",你好！ <br/>");
        Response.Write("你的密码是： " + Request["uPwd"]);
    }
elseif (Request.Cookies["userInfo"] != null)//使用 Cookie 登录
    {
string name = Request.Cookies["userInfo"]["uName"];
```

```
            string pwd = Request.Cookies["userInfo"]["uPwd"];
                Response.Write(name + ",你好！<br/>");
                Response.Write("你的密码是： " + pwd);
            }
        else
        Response.Redirect("Error.aspx");     //非法用户指导进入登录页面
    }
```

【代码解析】该事件在表单加载时，先判断不是通过 Cookie 登录的情况，通过 Request 对象获取 Default.aspx 登录页面传递的参数 uName 和 uPwd。通过判断参数 uName 和 uPwd 的存在性，来判断是否通过登录进入该页面，以此来判断是否为非法登录。然后判断通过 Cookie 登录的情况，通过 Request 对象获取多值 Cookie 的用户名 uName 和密码 uPwd 信息，通过判断它们的存在性，来判断是否通过登录进入该页面，以此来判断是否为非法登录。如果两种方式都没有通过验证，则是非法登录，跳转到错误页面 Error.aspx，指导进入登录页面，该页面信息与前面相同。

（5）在 Default.aspx 中单击鼠标右键，弹出的快捷菜单中选择"在浏览器中查看"，查看该页面，选中"一周内不用登录"复选框，如图 3-7（a）所示。输入用户名为 zhangjie、密码为 123456，打开 Index.aspx 页面，显示结果如图 3-7（b）所示。

（6）关闭页面，重新打开 Default.aspx 页面，会发现并不显示图 3-7（a）的登录页面，直接进入图 3-7（b）的页面，这就是 Cookie 起的作用。

（7）注释掉为 Default.aspx 添加 Page_Load ()事件的所有代码，重新打开 Default.aspx 页面，会发现图 3-7（a）的登录页面又显示了。因为已经取消了自动登录的代码。

（a）登录页面　　　　　　　　　　　　（b）输入正确页面

图 3-7　利用 Cookie 对象记住用户名和密码

5. 修改和删除 Cookie

修改 Cookie 就是创建具有新值的同名 Cookie，并发送到浏览器上以覆盖客户端上旧版本的 Cookie。

如果要删除 Cookie，常通过浏览器来完成。要在客户端创建一个与要删除的 Cookie 同名的新 Cookie，并将该 Cookie 的过期日期设置为早于当前时间即可。当浏览器检查到该 Cookie 已经到期时，会自动丢弃该 Cookie。

【例 3-10】 修改和删除 Cookie。

(1) 在上例的 Login 网站中添加一个 UpdateCookie.aspx 页面，在页面中添加 3 个 TextBox 控件，4 个 Button 控件，修改各自属性，相关的页面代码如下：

```
用户名：<asp:TextBox ID="txtUserName" runat="server"></asp:TextBox><br />
密码：<asp:TextBox ID="txtUserPwd" runat="server"></asp:TextBox><br />
保留天数:<asp:TextBox ID="txtDay" runat="server">1</asp:TextBox><br />
<asp:Button ID="ReadCookie" runat="server" Text="读取 Cookie" onclick="ReadCookie_Click" />
<asp:Button ID="UpdateCookie" runat="server" Text="修改 Cookie" onclick="UpdateCookie_Click" />
<asp:Button ID="DelCookie" runat="server" Text="删除 Cookie" onclick="DelCookie_Click" />
<asp:Button ID="DelAllCookie" runat="server" Text="删除所有 Cookie" onclick="DelAllCookie_Click" />
```

(2) 添加 4 个按钮的 Click 事件。

```
protected void ReadCookie_Click(object sender, EventArgs e)
    {//读取 Cookie 到文本框
        if (Request["userInfo"] != null && Request.Cookies["userInfo"]["uName"] != null)
        {
            txtUserName.Text = Request.Cookies["userInfo"]["uName"];
            txtUserPwd.Text = Request.Cookies["userInfo"]["uPwd"];
        }
    }

protected void UpdateCookie_Click(object sender, EventArgs e)
    {     //修改 Cookie 为文本框中的值
        Response.Cookies["userInfo"]["uName"] = txtUserName.Text.Trim();
        Response.Cookies["userInfo"]["uPwd"] = txtUserPwd.Text.Trim();
        Response.Cookies["userInfo"].Expires = DateTime.Now.AddDays(int.Parse(txtDay.Text));
        txtUserName.Text = null;
        txtUserPwd.Text = null;
    }

protected void DelCookie_Click(object sender, EventArgs e)
    {     //删除指定 Cookie
        Response.Cookies["userInfo"].Expires = DateTime.Now.AddDays(-1);
//设置过期日期为早于当前时间
        txtUserName.Text = null;
        txtUserPwd.Text = null;
    }
```

```
protected void DelAllCookie_Click(object sender, EventArgs e)
{   //删除所有 Cookie
        HttpCookie aCookie;
        string cookieName;
        int maxNum = Request.Cookies.Count;
        for (int i = 0; i < maxNum; i++)
        {//遍历 Cookies 集合
            cookieName = Request.Cookies[i].Name; //依次读取每个 Cookie
            aCookie = new HttpCookie(cookieName);
            aCookie.Expires = DateTime.Now.AddDays(-1);    //设置过期日期为早于当前时间
            Response.Cookies.Add(appCookie); //将修改的添加到 Cookies 集合中
        }
}
```

（3）打开 UpdateCookie.aspx 页面。单击"读取 Cookie"按钮，显示结果如图 3-8（a）所示。重新输入页面信息，单击"修改 Cookie"按钮，再单击"读取 Cookie"按钮，会显示刚刚修改的 Cookie 信息，如图 3-8（b）所示。单击"删除 Cookie"或"删除所有 Cookie"按钮，再单击"读取 Cookie"按钮，因为已经没有 Cookie 信息，故显示结果如图 3-8（c）所示。

（a） （b） （c）

图 3-8 读取、修改和删除 Cookie

（4）修改或删除 Cookie 后，关闭 UpdateCookie.aspx 页面，打开 Default.aspx，会看到该页面不再自动登录到 Index.aspx 页面，因为此时 Cookie 中保存的用户名和密码已经不再满足自动登录的条件了。修改 Cookie 信息为，用户名为 zhangjie、密码为 123456，再打开 Default.aspx，会看到该页面又可以自动登录到 Index.aspx 页面了。

【上机实践】网络在线投票。

在线投票功能是网站应用程序开发中常用的功能模块。网站可以通过在线投票功能做一些实际性的调查工作。本任务使用 Cookie 对象和文件的读写操作，实现简单的新闻人物网络在线投票功能。

（1）新建一个 ASP.NET 网站 VoteDemo。添加 web 窗体，命名为 Vote.aspx。
（2）在页面上添加控件，并设计控件属性，页面代码如下：

```
<form id="form1" runat="server">
<center><div style="height: 415px; width: 255px;">
<table width="100%" border="1" align="center" cellpadding="0" cellspacing="0" bordercolor="#FFFFFF" class="style1" >
<tr>
<th height="43" align="center" bordercolor="#FFFFFF" scope="col"><strong>新闻人物投票系统</strong></th>
</tr>
<tr>
<td height="29" align="left" bordercolor="#0000FF"><strong>注意:</strong>
<asp:Label ID="lblState" runat="server" ></asp:Label></td>
</tr>
<tr>
<td bordercolor="#0000FF" align="left">
<asp:RadioButtonList ID="rbtlVote"
    runat="server" RepeatColumns="2"
    RepeatDirection="Horizontal" Width="235px" Height="133px">
<asp:ListItem>张玉杰</asp:ListItem>
<asp:ListItem>李明达</asp:ListItem>
<asp:ListItem>王瑜兰</asp:ListItem>
<asp:ListItem>赵志奇</asp:ListItem>
<asp:ListItem>马伟明</asp:ListItem>
<asp:ListItem>程超</asp:ListItem>
<asp:ListItem>刘平真</asp:ListItem>
<asp:ListItem>张群英</asp:ListItem>
<asp:ListItem>王子文</asp:ListItem>
<asp:ListItem>杨波</asp:ListItem>
</asp:RadioButtonList></td>
</tr>
<tr>
<td height="35" align="center" bordercolor="#0000FF">
<asp:Button ID="btnVote" runat="server" OnClick="btnVote_Click" Text="投票" />
<asp:Button ID="btnView" runat="server" OnClick="btnView_Click" Text="查看" /></td>
</tr>
<tr>
<td align="left"><asp:Label ID="lblView" runat="server"></asp:Label></td>
</tr>
</table>
```

</div></center>

</form>

（3）设计文本文件存储投票信息的格式，中间用竖线隔开，例如：

9|19|11|12|14|20|17|22|65|10

（4）添加共享变量和命名空间 System.Collections（可使用快捷键"Shift+Alt+F10"或者"Ctrl+."添加），在类中添加线性表变量 count，代码如下：

ArrayList count = new ArrayList();

（5）定义读票数文件的方法 getVote，代码如下：

```
protected void getVote()
{       string filePath = Server.MapPath("vote.txt");
        StreamReader sr = File.OpenText(filePath);
        while (sr.Peek() != -1)
        {       string str = sr.ReadLine();
                string[] strVote = str.Split('|');
                foreach (string ss in strVote)
                        count.Add(int.Parse(ss));
        }
        sr.Close();
}
```

（6）定义写票数文件的方法 putVote，代码如下：

```
protected void putVote()
{       string filepath = Server.MapPath("vote.txt");
        StreamWriter sw = new StreamWriter(filepath, false);
        string str = count[0].ToString();
        for(int i=1;i<count.Count;i++)
            str += "|"+count[i].ToString();
        sw.WriteLine(str);
        sw.Close();
}
```

（7）判定 Cookie，确定是否投票合法，代码如下：

```
protected void Page_Load(object sender, EventArgs e)
{
        lblView.Text = "";
            HttpCookie getCookie = Request.Cookies["Vote"];
```

```
        if (getCookie == null)
            lblState.Text = "你还未投票";
        else
            lblState.Text = "你已经投过票了";
    getVote();            //读取 vote.txt 文件
}
```

（8）投票按钮 btnVote 的单击事件代码设计，代码如下：

```
protected void btnVote_Click(object sender, EventArgs e)
{
    if (rbtlVote.SelectedIndex != -1)
    {
        HttpCookie getCookie = Request.Cookies["Vote"];
        if (getCookie == null)
        {//没有投过票
            int k = rbtlVote.SelectedIndex;
            count[k] = int.Parse(count[k].ToString()) + 1;
            putVote(); //修改后的票数写入文件
            HttpCookie vCookie = new HttpCookie("Vote");    //创建 Cookie
            vCookie.Value = "vote";
            vCookie.Expires = DateTime.Now.AddDays(30);
            Response.Cookies.Add(vCookie); //写 Cookie
            Response.Write("<script>alert('投票成功！');</script>");
        } else
        {   Response.Write("<script>alert('你已经投过票了，不能重复投！');'</script>");}
    }
    else
    {
        Response.Write("<script>alert('请选择投票项！'); </script>");
    }
}
```

（9）当用户单击查看按钮 btnView 时，则显示各用户的票数信息。

```
protected void btnView_Click(object sender, EventArgs e)
{
    lblView.Text = "各候选人票数：<br/>";
    for (int i = 0; i < rbtlVote.Items.Count; i++)
        lblView.Text += rbtlVote.Items[i].Value + ":   " + count[i] + "票" + "<br/>";
}
```

3.6 Application 对象

Application 对象是 HttpApplicationState 类的一个实例，它用于共享应用程序级信息，即多个用户共享一个 Application 对象。在第一个用户请求 ASP.NET 文件时，将启动应用程序并创建 Application 对象。它是 ASP.NET 应用程序的全局变量，其生命周期从请求该应用程序的第一个页面开始，直到 IIS 停止。在应用程序关闭之前，Application 对象将一直存在。所以，Application 对象是用于启动和管理 ASP.NET 应用程序的主要对象。

Application 对象在实际网络开发中的用途就是记录整个网络的信息，如上线人数、在线名单、意见调查和网上选举等。在给定应用程序的多用户之间共享信息，并在服务器运行期间持久地保存数据。而且 Application 对象还有控制访问应用层数据的方法和可用于在应用程序启动和停止时触发过程的事件。

Application 对象的常用属性和方法如表 3-11 所示。

表 3-11 Application 常用属性和方法

属性或方法	说 明
All	将全部的 Application 对象变量传回到一个 Object 类型的数组
AllKeys	将全部的 Application 对象变量名称传回到一个 String 类型的数组
Count	获取 Application 对象变量的数量
Item	使用索引或是 Application 变量名称传回内容值
Add	新增一个新的 Application 对象变量
Clear	清除全部的 Application 对象变量
Get	使用索引值或变量名称传回变量值
Set	使用变量名称更新一个 Application 对象变量的内容
GetKey	使用索引值来取得变量名称
Lock	锁定全部的 Application 变量
Remove	使用变量名称移除一个 Application 对象变量
RemoveAll	移除全部的 Application 对象变量
Unlock	解除锁定 Application 对象变量

1. Application 对象的应用

• 设置 Application 对象

① 使用键值。

Application["变量名"]=0;

② 使用 Add 方法。

Application.Add("appVar1",TextBox1.Text);
Application.Add("appVar2",TextBox2.Text);

```
Application.Add("appVar3",TextBox3.Text);
```

- 使用 Application 对象
① 通过 Application 对象的变量名。

```
Response.Write(Application["appVar1"].ToString());
```

② 通过 Application 对象的 Get 方法。

```
Response.Write(Application.Get("appVar1").ToString());
for(int i=0;i<Application.Count;i++)
    Response.Write(Application.Get(i).ToString());
```

2. 应用程序状态同步

HttpApplicationState 类提供 Lock 和 Unlock 方法，解决了 Application 对象访问的同步问题，一次只允许一个线程访问应用程序状态变量。

```
Application.Lock();
Application["appVar"] = TextBox1.Text;
Application.UnLock();
```

【例 3-11】利用 Application 对象制作简易聊天室。

（1）创建网站 ChatRoom，添加登录页 Login.aspx，添加登录按钮 btnLogin，其单击 Click 事件如下：

```
protected void btnLogin_Click (object sender, EventArgs e)
{
string name = txtUserName.Text;
    string pwd = txtUserPwd.Text;
    if (pwd == "123456")
    {
        Session["uName"] = name;
        Response.Redirect("ChatRoom.aspx");
    }
 else
{
        Response.Write("<script>alert('密码不正确')</script>");
        txtUserName.Text = "";
        txtUserPwd.Text = "";
    }
}
```

（2）添加聊天室页 ChatRoom.aspx，设置控件属性，设置后的页面代码如下：

```
<table width="400" border="1" style="font-size:small">
<tr>
<th colspan="3">
<asp:Label ID="Label1" runat="server" Text="快乐联盟聊天室"
        Font-Bold="True"></asp:Label></th>
</tr>
<tr>
<td colspan="3"><asp:Label ID="lblOnlineNum" runat="server"></asp:Label></td>
</tr>
<tr>
<td colspan="3"><asp:TextBox ID="txtChatRoom" runat="server" Height="211px" Width="383px"
            TextMode="MultiLine" ReadOnly="True"></asp:TextBox>
</td>
</tr>
<tr>
<td><asp:Label ID="lblName" runat="server"></asp:Label></td>
<td><asp:TextBox ID="txtChat" runat="server" Width="245px"></asp:TextBox></td>
<td><asp:Button ID="btnSend" runat="server" Text="发送" onclick="btnSend_Click" /></td>
</tr>
</table>
```

（3）在网站上右键→"添加"→"添加新项"→"全局应用程序类"→"添加"，可添加 Global.asax 配置文件。在 Global.asax 中定义应用程序变量存储在线人数和聊天内容。

```
void Application_Start(object sender, EventArgs e)
{    //在应用程序启动时运行的代码
     Application["count"] = 0; //记录在线人数
     Application["chat"] = ""; //记录聊天内容
}
```

当用户登录成功，就开启一个会话，在线人数增加 1。

```
void Session_Start(object sender, EventArgs e)
{    Application.Lock();
     Application["count"] = int.Parse(Application["count"].ToString())+1;
     Application.UnLock();
}
```

当用户离开聊天室，就结束一个会话，在线人数减 1。

```
void Session_End(object sender, EventArgs e)
{
    Application.Lock();
    Application["count"] = int.Parse(Application["count"].ToString()) - 1;
    Application.UnLock();
}
```

注意：当用户关闭聊天室的页面时，并不会触发 Session_End 事件，只有当会话时间超时或显示调用 Session.Abandon()时才能触发。也就是说，采用这种方式不能精确地反映当前的在线人数，不过对于 Internet 来说，这并不重要。

（4）ChatRoom.aspx 页的 Page_Load()事件。

```
protected void Page_Load(object sender, EventArgs e)
{   //判断用户是否成功登录
    if (Session["uName"] != null)
    {
        //显示在线人数
        lblOnlineNum.Text = "当前在线人数为"+Application["count"].ToString()+"人";
        //读取聊天信息，并置于聊天文本框中
        txtChatRoom.Text = Application["chat"].ToString();
        lblName.Text = Session["uName"].ToString();
    }
    else
    {   //如果没有登录，则跳转到登录页
        Response.Redirect("Login.aspx");    }
}
```

（5）ChatRoom.aspx 页的"发送"按钮事件。

```
protected void btnSend_Click(object sender, EventArgs e)
{
    string tab = " ";
    string newline = "\r";
    string newMessage = lblName.Text + ":" + tab + txtChat.Text +
                                        newline + Application["chat"];
    //当聊天信息达到 500 个字符时，截断信息
    if (newMessage.Length > 500)
        newMessage = newMessage.Substring(0, 499);
    //修改聊天信息
    Application.Lock();
```

```
        Application["chat"] = newMessage;
        Application.UnLock();
        txtChat.Text = "";
        txtChatRoom.Text = Application["chat"].ToString();
}
```

（6）浏览页面，分别使用不同的用户登录，查看当前在线人数变化。输入聊天内容，发送，查看聊天信息变化。

3.7 Session 对象

Session 对象在服务器端存储特定的用户会话所需的信息，它是 HttpSessionState 类的一个实例。当用户在应用程序页之间跳转时，存在 Session 对象中的变量不会被清除，只要该用户还在访问应用程序的页面，这些变量就始终存在。

当用户请求来自某个应用程序的 Web 页时，如果该用户还没有会话，系统会自动为其创建一个 Session 对象。当会话过期或被放弃后，服务器将终止该会话。

当多个用户使用同一个应用程序时，每个用户都将拥有各自的 Session 对象，且这些 Session 对象相互独立，互不影响。

Session 对象与 Application 对象的本质区别在于：每个应用程序只有一个 Application 对象，被所有用户所共享；而每个应用程序可以有多个 Session 对象，应用程序的每个访问用户都有自己独享的一个 Session 对象。Session 对象的常用属性和方法如表 3-12 所示。

表 3-12　Session 对象的常用属性和方法

属性或方法	说　明
IsNewSession	当前会话是否是新会话(与当前请求一起创建)
SessionID	唯一标识每个 Session 对象
TimeOut	设置 Session 会话的超时时间，默认值为 20 分钟。(以分钟为单位，超过这个时间没有新的请求，则认为会话过期)
Contents	确定指定会话的值或遍历 Session 对象的集合
Add	创建一个 Session 对象
Abandon	结束当前会话并清除对话中的所有信息。如果用户重新访问页面，则重新创建会话
Clear	从会话状态集合中移除所有的键和值
Remove	删除会话集合中的指定项
RemoveAll	清除所有 Session 对象

1. 设置和使用 Session 对象

与 Cookie 相比，Session 对象主要用于安全性较高的场合。Session 对象定义变量的方法与 Application 对象相同，可以使用"键/值"对的方式，语法格式如下：

- Session["变量名"]="值";

如：Session["uName"]="张老三";

- 使用该对象中的 Add 方法

如：Session.Add("uName","张老三");

Session 对象创建后，就可以在应用程序的任意页面中访问它的值，代码如下：

if(Session["uName"]!=null)
    string strVipName=Session["uName"].ToString();

2. 设置 Session 的有效期

默认情况下，如果用户在 20 分钟内没有请求页面，会话就会超时。可以通过编写代码设置 Session 对象的 Timeout 属性，来设置会话状态过期时间。如：

Session.Timeout=10;

也可以通过修改 web 应用程序的配置文件 Web.config，来设置会话状态的超时时间，代码如下：

```
<configuration>
    <system.web>
        <sessionStatemode="InProc" timeout="10"/>
    </system.web>
</configuration>
```

3. 删除会话状态中的项

- Remove
- RemoveAt
- Clear
- RemoveAll

以上这些方法只会从会话状态中删除缓存项，会话并未结束。

- Abandon

调用 Abandon 方法后，ASP.NET 注销当前会话，清除所有有关该会话的数据。如果再次访问该 Web 应用系统时，将开启新的会话。

3.8 综合应用 2——ASP 内置对象制作文件提交

【例 3-12】使用 ASP 内置对象制作文件提交程序。

该实例使用 Server 对象，Response 对象、Request 对象和 Cookie 对象，使用 Upload 控件、验证控件和超链接等，实现一个实用的文件提交任务。在客户端输入学号和姓名后登录进入上传页面，选择文件后上传，文件会以输入的学号、姓名、客户端 IP 地址和当前的年月日作为新的文件名，然后上传到服务器。文件成功上传后会显示"文件 XXX 已经成功上交到服务器"的提示信息，没有成功上传会显示"保存文件出错"的提示信息，已经上传文件后，再上传文件会提示错误信息。在没有通过登录页面，直接进入上传页面属于非法访问。非法登录会显示错误信息页面，指导进入登录页面。

（1）创建1个名为Upload的网站及其默认主页Default.aspx。

（2）在Default.aspx上使用表格布局，添加2个TextBox控件用于输入学号和姓名，添加1个Text为"登录"的Button控件，其ID为LoginBtn，添加2个RequiredFieldValidator验证控件用于限制必须输入学号和姓名，再添加ValidationSummary验证控件。设置各个控件的属性，添加修改属性后相关的页面代码如下：

```
    <table border="0">
<tr>
<td>学号：</td>
<td>
<asp:TextBox ID="Number" runat="server" Width="120" />
<asp:RequiredFieldValidator ID="RequiredNumber" runat="server"
            ControlToValidate="Number" ErrorMessage="请输入学号" ForeColor="Red"
            Display="None"></asp:RequiredFieldValidator>
</td>
</tr>
<tr>
<td>姓名：</td>
<td>
<asp:TextBox ID="Name" runat="server" Width="120" />
<asp:RequiredFieldValidator ID="RequiredName" runat="server"
            ControlToValidate="Name" ErrorMessage="请输入姓名" ForeColor="Red"
            Display="None"></asp:RequiredFieldValidator>
</td>
</tr>
<tr>
<td colspan="2" style="text-align: center">
<asp:Button ID="LoginBtn" runat="server" Text="登录"
            Width="70px" OnClick="LoginBtn_Click" Font-Size="Medium"></asp:Button>
</td>
</tr>
<tr>
<td colspan="2">
<asp:ValidationSummary ID="ValidationSummary1" runat="server"
                BorderStyle="Solid" Font-Bold="True" ForeColor="Red" />
</td>
```

</tr>
　　</table>

（3）修改 Default.aspx 页面的 Page_Load() 事件，使得页面打开后焦点在学号文本框中。

```
protected void Page_Load(object sender, EventArgs e)
{
    Number.Focus();
}
```

（4）添加"登录"按钮的 Click 事件。

```
protected void LoginBtn_Click(object sender, EventArgs e)
{
    Session["Number"] = Server.HtmlEncode(Number.Text.Trim());
    Session["Name"] = Server.HtmlEncode(Name.Text.Trim());
    Response.Redirect("Uploads.aspx");
}
```

【代码解析】将学号、姓名文本框的内容编码后，创建 Session 会话变量 Number 和 Name，然后重定位到网页 Uploads.aspx。

（5）新添加 1 个页面 Uploads.aspx，为网站创建 1 个新的文件夹，如 Uploads。向页面上拖放 1 个 FileUpload 控件、1 个 Button 控件和 1 个 Label 控件，并为 Button 控件创建单击事件处理函数，设置各个控件的属性。添加修改属性后相关的页面代码如下：

```
<asp:FileUpload ID="FileUpload1" runat="server" Font-Bold="True"
    Font-Size="Medium" ForeColor="#0099FF" Height="29px" Width="412px" /><br /><br />
<asp:Button ID="Button1" runat="server" onclick="Button1_Click" Text="上传"
    Font-Size="Medium" /><br /><br />
<asp:Label ID="Label1" runat="server" Font-Bold="True"
    Font-Size="Larger" ForeColor="Blue" style="text-align: center"></asp:Label>
```

（6）修改该页面的 Page_Load() 事件，使得访问该页面必须经过登录页面 Default.aspx，否则是非法访问，跳转到错误页面 Error.aspx。

```
protected void Page_Load(object sender, EventArgs e)
{
    if (Session["Number"] == null || Session["Name"] == null)
        Response.Redirect("Error.aspx");
}
```

【代码解析】通过判断会话变量 Session["Number"] 和 Session["Name"] 的存在性，来判

断是否通过登录进入该页面，以此来判断是否为非法登录。若是非法登录，则跳转到错误页面 Error.aspx。

（7）在 Uploads.aspx.cs 中，添加"上传"文件的自定义函数 UploadFile，用于上传文件，成功上传后返回 true，否则返回 false。

```
protected bool UploadFile()
{
    string str = "";
    //如果 FileUpload 控件包含文件
    if (FileUpload1.HasFile)
    {
        try
        {
            //生成完整的文件名：绝对路径+文件名
            string fn = "", exename = "";

            fn = FileUpload1.FileName;//得到选择的文件名
            int i = fn.LastIndexOf(".");//得到文件名中扩展名的位置
            exename = fn.Substring(i);//得到文件名的扩展名

            //修改要保存的文件名，文件上传后会修改为该名称，
            //此文件名为物理路径+学号+姓名+当天的年月日+源文件的扩展名
            fn = Server.MapPath(Request.ApplicationPath) + "\\Uploads\\"
                + Session["Number"] + Session["Name"] +"-" + DateTime.Now.Date.Year.ToString()
                + "-" + DateTime.Now.Date.Month.ToString() + "-" + DateTime.Now.Date.Day.ToString()
                + exename;
            //保存文件
            FileUpload1.SaveAs(fn);

            //如果保存成功,生成结果信息
            str += "文件"" + FileUpload1.PostedFile.FileName + ""已经成功上交到服务器";
            Label1.ForeColor = Color.Blue;
            Label1.Text = str;

            return true;
        }
        catch (Exception ex)
        {
            //如果文件保存时发生异常,则显示异常信息
```

```
                    str += "保存文件出错：" + ex.Message;
                    Label1.ForeColor = Color.Red;
                    Label1.Text = str;

                    return false;
                }
            }
            else
            {
                //如果不包含文件,给出提示
                str = "无上传文件。";
                Label1.ForeColor = Color.Red;
                Label1.Text = str;

                return false;
            }
        }
```

（8）编写"上传"按钮的单击事件处理函数，代码如下：

```
protected void Button1_Click(object sender, EventArgs e)
{
    if (Request.Cookies["IsUpload"] != null)
    //存在 Cookies 变量 Cookies["IsUpload"]，说明已经用此计算机成功上传了作业
    {
        Label1.Text = "错误：这个计算机已经提交了作业。<br />";
        Label1.ForeColor = Color.Violet    ;
    }
    else
    {
        if (UploadFile() == true) //上传文件
        {
            Response.Cookies["IsUpload"].Value = "true";
            //上传文件成功后，添加 Cookies 变量 Cookies["IsUpload"]，以便一个计算机只能提交一份作业
            Response.Cookies["IsUpload"].Expires = DateTime.Now.AddDays(1);
        }
        else
        {
            Label1.Text = "提交作业出错。<br />";
```

               Label1.ForeColor = Color.Red;
            }
        }
    }

【代码解析】通过判断 Cookies["IsUpload"]的存在性，来判断是否已经用此计算机成功上传了作业。若已经上传，则显示错误信息；若没有上传，则调用自定义函数 UploadFile()上传文件。成功上传文件后，添加 Cookies["IsUpload"]变量，以防止重复上传。

（9）新添加一个页面 Error.aspx，用于显示非法访问时 Uploads.aspx 上传页面的错误信息。若没有通过登录页面 Default.aspx，直接进入 Uploads.aspx 上传页面则属于非法访问。在该页面中添加一个 Lable 控件和一个 HyperLink 控件，指导进入登录页面 Default.aspx，添加修改属性后相关的页面代码如下：

```
<asp:Label ID="Label1" runat="server" Text="请登录" ForeColor="Red"></asp:Label><br /><br />
<asp:HyperLink ID="HyperLink1" runat="server" NavigateUrl="Default.aspx">登录</asp:HyperLink>
```

【代码解析】该页面通过超链接控件 HyperLink，链接到登录页面 Default.aspx。

（10）打开 Default.aspx 页面，显示如图 3-9（a）所示页面，输入学号姓名后，单击"登录"按钮，进入 Uploads.aspx 上传文件页面，如图 3-9（b）所示；单击"浏览…"按钮，选择文件后，单击"上传"按钮。文件成功上传后会显示"文件 XXX 已经成功上交到服务器"的提示信息，如图 3-9（c）所示；如果没有成功上传，则会显示"提交作业出错"的提示信息，如图 3-9（d）所示；已经上传文件后，再上传文件会有如图 3-9（e）所示的信息；非法登录会显示如图 3-9（f）所示的页面显示，指导进入登录界面。

【思考】如何在提交作业后能再次提交？

【解决】删除上传文件后创建的 Cookie 即可。

（11）在网站中添加一个 DeleteUploadInfo.aspx 页面，在页面中添加 1 个 Button 控件，修改其属性，相关的页面代码如下。

```
<asp:Button ID="DelCookie" runat="server" Text="清除提交信息" onclick="DelCookie_Click" />
```

（12）添加该按钮的 Click 事件 DelCookie_Click，代码如下：

```
protected void DelCookie_Click(object sender, EventArgs e)
{//删除指定 Cookie
            if (Request.Cookies["IsUpload"] != null) //存在 Cookies["IsUpload"]，说明已经成功上传了作业
Response.Cookies["IsUpload"].Expires = DateTime.Now.AddDays(-1);
    //设置过期日期为早于当前时间
}
```

（13）打开 DeleteUploadInfo.aspx 页面，如图 3-9（g）所示，单击"清除提交信息"按

钮，会删除提交作业的 Cookie 信息。重新打开默认网页 Default.aspx 登录后就可以在该计算机上再次提交作业了。

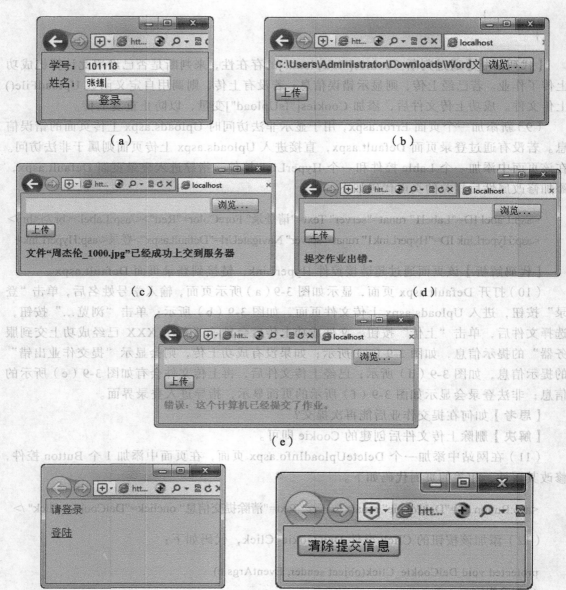

图 3-9 使用 ASP 内置对象制作文件提交程序

【上机实践】给该实例增加一个页面，实现在该页面上将上传的文件进行下载的功能。

第 4 章 ADO.NET 数据库编程

作为.NET 框架最重要的组件之一，ADO.NET 扮演着应用程序与数据交互的重要角色。ADO.NET 是一组允许.NET 开发人员使用标准的、结构化的、甚至无连接的方式与数据交互的技术。对于 ADO.NET 来说，可以处理数据源是多样的。既可以是应用程序唯一使用的创建在内存中的数据，也可以是与应用程序分离，存储在存储区域的数据（如文本文件、XML、关系数据库等）。ADO.NET 对 Microsoft SQL Server 和 XML 等数据源以及通过 OLE DB 和 XML 公开的数据源提供一致的访问。应用程序可以使用 ADO.NET 来连接到这些数据源，并检索、处理和更新所包含的数据。

本章先简单讲述 SQL Server 中的数据库建立和导入技术，然后讲述使用 ADO.NET 连接数据库、读取和操作数据库。

4.1 SQL Server 相关知识

4.1.1 新建数据库

（1）在操作系统中选择"程序"→Microsoft SQL Server 2008→SQL Server Management Studio 命令，启动 SQL Server 2008 集成开发环境。在"数据库"节点中右键，选择"新建数据库（N）..."，如图 4-1 所示。

图 4-1 新建数据库

（2）在弹出的对话框中填写数据库名称，修改主数据库和日志数据库文件存放的文件夹，如图 4-2 所示。图中创建数据库名称为"教学信息管理"，文件存放在"D:\Data"文件夹下。

4.1.2 把 MDF 文件导入 SQLServer 数据库

如果数据库文件已经存在，或者从一个计算机做好的数据库导入另一台计算机，需要用到数据导入技术，最常用的是将数据附加到 SQL Server 中，步骤如下：

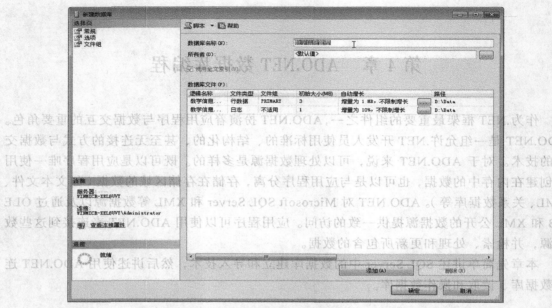

图 4-2 选择存放数据库文件的位置和名称

（1）打开 Microsoft SQL Server Management Studio，右键单击"数据库"，选择命令"附加(A)..."，如图 4-3 所示，打开如图 4-4 所示对话框。

图 4-3 附加数据库菜单

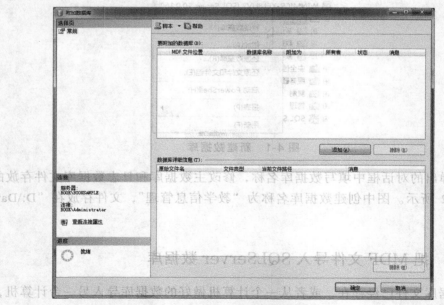

图 4-4 "附加数据库"菜单对话框

（2）在图 4-4 中单击"添加(A)…"按钮，在弹出的对话框中选择要导入的 MDF 文件的位置和文件名。

（3）单击"确定"按钮即可把 MDF 文件导入自己的数据库中。

4.1.3 把 Excel 数据表导入 SQL Server 数据库中

有时候数据存放在 Excel 文件、Access 文件中，这时候不需要重新建立数据，只需要将数据导入 SQL Server 中即可，这里以 Excel 为例，倒入步骤如下：

（1）按照前面的步骤新建一个数据库，选择好数据库文件存放的位置和要保存的主数据文件名、次要数据库文件名和日志文件名。如果在已存在的数据库中导入，这步可以跳过。

（2）在新建的数据库或已存在的数据库中单击右键，选择"任务"→"导入数据"，会打开如图 4-5 所示的"SQL 导入和导出向导"对话框。

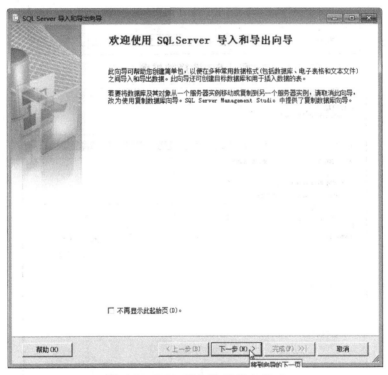

图 4-5　SQL 导入和导出向导 1

（3）在图 4-5 中，单击"下一步"进入"选择数据源"界面，如图 4-6 所示，在"数据源"下拉列表中选择要导入数据的数据类型，这里选择"Microsoft Excel"格式，单击"浏览"按钮选择要导入文件的存放位置，选择要导入的文件名，点击"确定"后，在 Excel 文件路径中会列出你要导入的文件的绝对位置。

（4）单击"下一步"进入"选择目标"界面，如图 4-7 所示，在该界面中选择导入的数据存放的数据库类型和数据库名称。这里数据库类型选择 SQL Server，数据库选择刚刚新建的"教学信息管理"数据库。

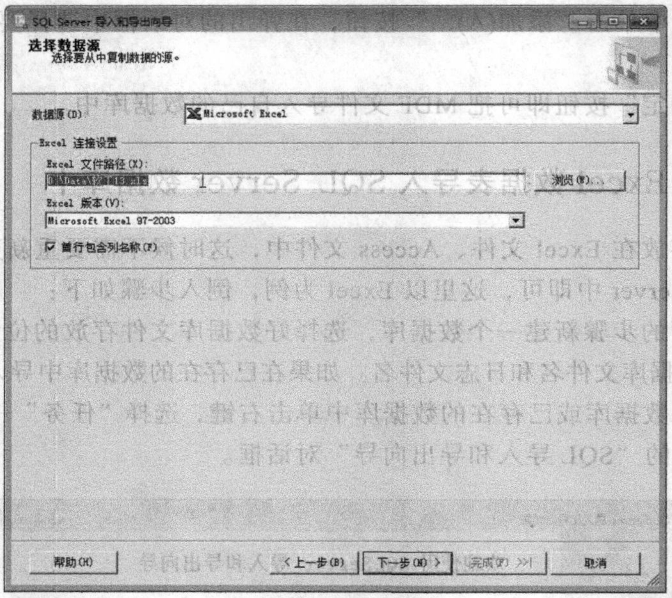

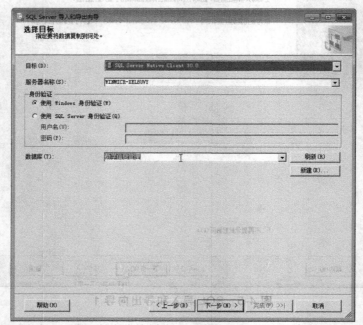

图 4-6 选择数据源

图 4-7 选择目标

（5）单击"下一步"进入"指定表复制或查询"界面，如图 4-8 所示。

（6）单击"下一步"进入"选择源表和源视图"界面，如图 4-9 所示，这里会列出要导入的 Excel 文件中所有的工作表，选择需要导入的工作表。注意到，这里列出的工作表会在 Excel 工作表名后面多加一个美元"$"符号，导入 SQL Server 后，表名后照样有这个符号。

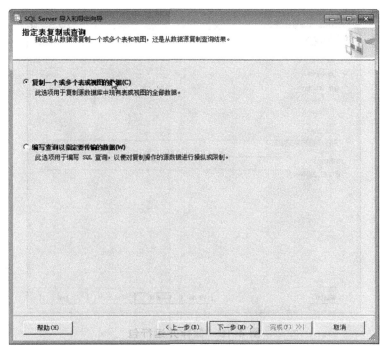

图 4-8　指定表复制或查询

图 4-9　选择源表和源视图

（7）选择需要导入的表，单击"下一步"进入"保存并运行包"界面，如图 4-10 所示。

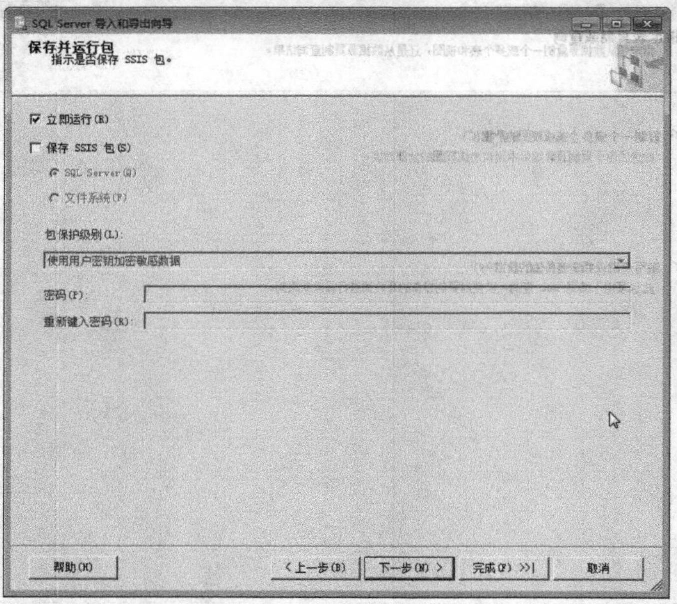

图 4-10 保存并运行包

(8)单击"下一步",立即执行导入操作,显示如图 4-11 所示界面,成功导入后将显示如图 4-11 所示的"执行成功"界面。如果导入出现问题,则会显示错误信息。

图 4-11 执行成功

【上机实践】

(1)新建一个 SQL Server 数据库"Sample"。
(2)将 Access 数据库文件"教学信息管理.mdb"的所有表导入"Sample"。
(3)将"Sample"数据库的所有表导出到 Excel 文件"Test.xls"中。

4.2 ADO.NET 概述

ADO.NET 技术提供对 Microsoft SQL Server 数据源，以及通过 OLE DB 和 XML 公开的数据源一致的访问。程序员可以使用 ADO.NET 来连接这些数据源，并检索、处理和更新所包含的数据。ADO.Net 提供非连接式和连接式两种数据访问模式。

DataSe 是 ADO.NET 的非连接（断开）结构的核心组件。DataSet 的设计目的很明确：为了实现独立于任何数据源的数据访问。因此，ADO.NET 结构可以用于多种不同的数据源，用于 XML 数据，或用于管理应用程序本地的数据。DataSet 包含一个或多个 DataTable 对象的集合，这些对象由数据行和数据列以及主键、外键、约束和有关 DataTable 对象中数据的关系信息组成。

连接式数据访问主要使用 DataReader 对象。当需要处理大量数据时，一次性将所有数据导入内存再进行处理并不是一个好的方法。使用 DataReader 对象必须用连接的方式来访问数据库，只从数据库中取得必要的数据进行处理，处理完后再从数据库中继续读入需要的数据。使用 DataReader 对象采用的是一种只读的、向前的、快速的数据库读取机制，这样可以提高应用程序的执行效率。

ADO.NET 中的多个对象模型，包括 Connection、Command、DataReader、DataAdapter、DataSet、DataTable、DataRelation 等，经常用到的对象如下：

① Connection 对象提供与数据源的连接。

② Command 对象用于返回数据、修改数据、运行存储过程以及发送或检索参数信息的数据库命令。

③ DataReader 对象通过 Command 对象提供从数据库检索信息的功能。它以只读的、向前的、快速的方式访问数据库。

④ DataAdapter 对象提供连接 DataSet 对象和数据源的桥梁，DataAdapter 对象在数据源中执行 SQL 命令，以便将数据加载到 DataSet 中，并确保 DataSet 中数据的更改与数据源保持一致。

4.3 使用 Connection 对象连接数据库

ADO.NET 使用 Connection 对象实现连接数据库的功能，它是操作数据库的基础，它是应用程序与数据库之间的唯一会话。

当连接到数据源时，首先选择一个.NET 数据提供程序。数据提供程序包含一些类，这些类能够连接到数据源，并高效地读取数据、修改数据、操纵数据以及更新数据源。微软公司提供了 4 种数据提供程序的连接对象，分别为：

① SQL Server .NET 数据提供程序的 SqlConnection 连接对象。

② OLE DB .NET 数据提供程序的 OleDbConnection 连接对象。

③ ODBC .NET 数据提供程序的 OdbcConnection 连接对象。

④ Oracle .NET 数据提供程序的 OracleConnection 连接对象。

使用 Connection 对象连接数据库，涉及要写连接字符串，这里以一个实例说明 Connection

对象连接 SQL Server、Access、和 Excel 几种数据库。

【例 4-1】Connection 对象连接数据库。

（1）创建一个名为 ConnectToDatabase 的网站及其默认主页 Default.aspx。

（2）在页面上添加一个下拉列表框，添加几个选项；添加一个"连接"按钮，页面代码如下：

```
<div align="center">
<table>
    <tr>
        <td>
            <asp:DropDownList ID="DropDownList1" runat="server">
                <asp:ListItem>SQL Server-SQL</asp:ListItem>
                <asp:ListItem>SQL Server-Windows</asp:ListItem>
                <asp:ListItem>Access-mdb</asp:ListItem>
                <asp:ListItem>Access-accdb</asp:ListItem>
                <asp:ListItem>Excel</asp:ListItem>
            </asp:DropDownList>
        </td>
    </tr>
    <tr>
        <td>
            <asp:Button ID="Button1" runat="server" OnClick="Button1_Click" Text="连接" />
        </td>
    </tr>
</table>
</div>
```

（3）打开网站的 Web 配置文件 Web.config，添加以下代码：

```
<connectionStrings>
<add name="SQLConnWin" connectionString="Data Source=.;Initial Catalog=教学信息管理;
    Integrated Security=True"
        providerName="System.Data.SqlClient" />
<add name="SQLConnSQL" connectionString="Data Source=.;Initial Catalog=教学信息管理;User
    ID=sa;Password=123456"
        providerName="System.Data.SqlClient" />
<add name="AccessConn1" connectionString="Provider=Microsoft.Jet.OLEDB.4.0;Data Source=
    |DataDirectory|教学信息管理.mdb"
        providerName="System.Data.OleDb" />
```

```
    <add    name="AccessConn2"   connectionString="Provider=Microsoft.ACE.OLEDB.12.0;Data   Source=
        |DataDirectory|\教学信息管理.accdb"
                providerName="System.Data.OleDb" />
    <add name="ExcelConn" connectionString="Provider=Microsoft.ACE.OLEDB.12.0;Data Source=
        |DataDirectory|\教学信息管理.xlsx;Extended Properties=Excel 12.0;" />
</connectionStrings>
```

【代码解析】

① 上面代码中有 5 个连接字符串，SQLConnWin 是使用 Window 身份连接 SQL Server，SQLConnSQL 是使用 SQL 身份连接 SQL Server，AccessConn1 和 AccessConn2 是分别连接 .mdb 和 .accdb 格式的 Access 数据库，ExcelConn 是连接 Excel 文件。

② 对于不同的数据库，连接字符串是不同的，SQL Server 的两种登录方式的连接字符串是不同的。使用 Window 验证登录，只需要 Integrated Security=True 即可，而使用 SQL 用户登录需要提供用户 ID（User ID）和密码（Password）。

③ 两个不同扩展名 Access 文件对应不同版本 Access 建立的文件，.mdb 是 Access2003 及之前的扩展名，.accdb 是 Access2007 及之后的扩展名，对应这两种文件，连接字符串中 Provider 的名称和版本都是不同的。对于 Excel 文件，使用和 Access 相同的版本连接，只是在后面添加 Extended Properties 字符串，如上面的"Extended Properties=Excel 12.0;"，后面的 Excel 12.0 值的版本号可以参考前面 Provider 的版本号。

④ 字符串可以手动书写，但很容易写错；也可以自动通过数据源控件生成，还可以自动添加到 Web.config 文件中，详见 4.4 节。

（4）网站中右键快捷菜单，选择"添加"→"添加 ASP.NET 文件夹"→"App_Data"，这样就添加了系统数据库文件夹 App_Data，复制文件"教学信息管理.mdb""教学信息管理.accdb"和"教学信息管理.xlsx"到该文件夹中。

（5）使用 4.1 节相关内容在 SQL Server 中附加或导入教学信息管理。

（6）添加"连接"按钮的单击事件，添加以下代码：

```
protected void Button1_Click(object sender, EventArgs e)
    {
        string ConnString = "";

        try
        {
            switch (DropDownList1.Text.ToString())
            {
                case "SQL Server-SQL":
                    ConnString = ConfigurationManager.ConnectionStrings["SQLConnSQL"].ConnectionString;
                    SqlConnection SQLConn = new SqlConnection(ConnString);
                    SQLConn.Open();
```

```
                    Response.Write("连接状态：SQL Server 连接成功。<br />");
                    Response.Write("连接字符串：" + SQLConn.ConnectionString + "<br />");
                    Response.Write("ConnectionTimeout：" + SQLConn.ConnectionTimeout.ToString() + "<br />");
                    Response.Write("DataSource：" + SQLConn.DataSource + "<br />");
                    Response.Write("ServerVersion：" + SQLConn.ServerVersion + "<br />");
                    SQLConn.Close();
                    break;
                case "SQL Server-Windows":
                    ConnString = ConfigurationManager.ConnectionStrings["SQLConnWin"].ConnectionString;
                    SqlConnection SQLConn2 = new SqlConnection(ConnString);
                    SQLConn2.Open();
                    Response.Write("连接状态：SQL Server 连接成功。<br />");
                    Response.Write("连接字符串：" + SQLConn2.ConnectionString + "<br />");
                    Response.Write("ConnectionTimeout：" +
                        SQLConn2.ConnectionTimeout.ToString() + "<br />");
                    Response.Write("DataSource：" + SQLConn2.DataSource + "<br />");
                    Response.Write("ServerVersion：" + SQLConn2.ServerVersion + "<br />");
                    SQLConn2.Close();
                    break;
                case "Access-mdb":
                    ConnString = ConfigurationManager.ConnectionStrings["AccessConn1"].ConnectionString;
                    OleDbConnection AccessConn = new OleDbConnection(ConnString);
                    AccessConn.Open();
                    Response.Write("连接状态：Access 连接成功。<br />");
                    Response.Write("连接字符串：" + AccessConn.ConnectionString + "<br />");
                    Response.Write("ConnectionTimeout：" +
                        AccessConn.ConnectionTimeout.ToString() + "<br />");
                    Response.Write("DataSource：" + AccessConn.DataSource + "<br />");
                    Response.Write("ServerVersion：" + AccessConn.ServerVersion + "<br />");
                    AccessConn.Close();
                    break;
                case "Access-accdb":
                    ConnString = ConfigurationManager.ConnectionStrings["AccessConn2"].ConnectionString;
                    OleDbConnection AccessConn2 = new OleDbConnection(ConnString);
                    AccessConn2.Open();
                    Response.Write("连接状态：Access 连接成功。<br />");
                    Response.Write("连接字符串：" + AccessConn2.ConnectionString + "<br />");
                    Response.Write("ConnectionTimeout：" +
```

```
                    AccessConn2.ConnectionTimeout.ToString() + "<br />");
                Response.Write("DataSource：" + AccessConn2.DataSource + "<br />");
                Response.Write("ServerVersion：" + AccessConn2.ServerVersion + "<br />");
                AccessConn2.Close();
                break;
            case "Excel":
                ConnString = ConfigurationManager.ConnectionStrings["ExcelConn"].ConnectionString;
                OleDbConnection ExcelConn = new OleDbConnection(ConnString);
                ExcelConn.Open();
                Response.Write("连接状态：Excel 连接成功。<br />");
                Response.Write("连接字符串：" + ExcelConn.ConnectionString + "<br />");
                Response.Write("ConnectionTimeout：" +
                    ExcelConn.ConnectionTimeout.ToString() + "<br />");
                Response.Write("DataSource：" + ExcelConn.DataSource + "<br />");
                Response.Write("ServerVersion：" + ExcelConn.ServerVersion + "<br />");
                ExcelConn.Close();
                break;
            default:
                Response.Write("请选择一个数据库。<br />");
                break;
        }
    }
    catch (Exception ex)
    {
        ///显示连接错误的消息
        Response.Write(ex.Message + "<br />");
    }
}
```

【代码解析】

① 代码中通过 ConfigurationManager 类从 Web.Config 文件中读取数据库连接字符串，ConnectionStrings["SQLConnSQL"].ConnectionString 表示获取 ConnectionStrings 节点中 SQLConnSQL 子节点的 ConnectionString 属性的值，可打开 Web.Config 文件对照理解。

② 使用获取的连接字符串，就可以使用 Connection 对象的构造函数建立 Connection 对象，不同的数据库使用不同的 Connection 对象。对于 SQL Server 数据库是 SqlConnection，Access 和 Excel 都是 OleDbConnection，对于 Oracle 是 OracleConnection。

（7）使用快捷键"Shift+Alt+F10"或"Crtl+."，自动导入需要的 using 命名空间 System.Configuration、System.Data.SqlClient 和 System.Data.OleDb，分别对应于读取

Web.config 文件的 ConfigurationManager 类、SQL Server 连接类 SqlConnection 和 Access 连接类 OleDbConnection。

（8）打开该页面，从下拉列表中选择不同的选项，单击"连接"按钮，显示如图 4-12 所示，分别对应 5 种数据库连接。

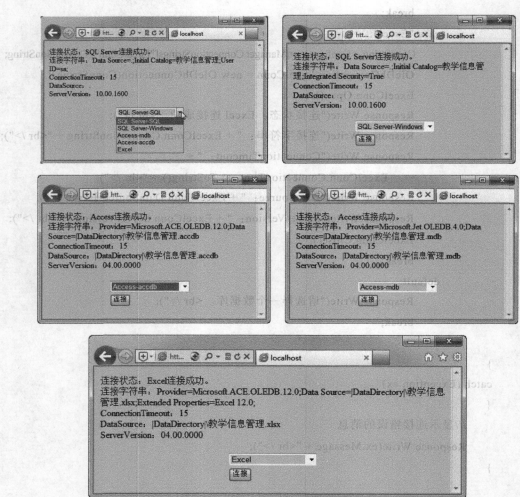

图 4-12　连接数据库

4.4　使用数据源控件连接数据库

ASP.NET 包含一些 DataSource 控件，用这些控件可以较轻松地连接数据库。这些 DataSource 控件不呈现任何用户界面，而是充当不同类型数据源与网页上界面控件之间的中间方。这里的数据源是指数据库、XML 文件或中间层业务对象等。DataSource 控件对象可以用声明的方式或者以编程的方式定义。

ASP.NET 提供以下的 DataSource 控件：

① SqlDataSource：连接 ADO.NET 托管数据提供程序，完成对 SQLServer、Oracle、OLEDB 或 ODBC 数据源的访问。

② AccessDataSource：连接 Access 数据库。

③ XmlDataSource：连接 XML 数据源文件，一般为诸如 TreeView 或 Menu 等层次结构控件提供数据。

④ SiteMapDataSource：与 ASP.NET 站点导航结合使用。

⑤ ObjectSource：连接中间层对象或数据接口对象，使用 ObjectaSouece 可以创建依赖于中间层对象来管理数据的 Web 应用程序。

⑥ LinqDataSource：通过标记在 ASP.NET 网页中使用语言集成查询（LINQ），从数据对象中检索和修改数据。

⑦ EntityDataSource：允许绑定到基于实体数据模型（EDM）的数据。

可以使用这些数据源控件辅助生成连接字符串，并可以将连接字符串写到 Web.config 网站配置文件中。

【例 4-2】SqlDataSource 控件连接数据库。

该实例使用 SqlDataSource 控件连接 SQL SERVER 数据库"教学信息管理"，并将连接字符串信息写到网站配置文件"Web.config"中。

（1）创建一个名为 UseSqlDataSource 的网站及其默认主页，从工具箱的数据中拖动一个 SqlDataSource 控件 SqlDataSource1 到默认主页中，其页面代码如下：

`<asp:SqlDataSource ID="SqlDataSource1" runat="server"></asp:SqlDataSource>`

（2）选中 SqlDataSource1，在该控件右上角可以看到一个小三角形标签，称为"智能标签"。单击智能标签，可以打开一个与上下文相关的菜单，初始图如图 4-13 所示。

图 4-13 SqlDataSource 控件及其智能标签

（3）单击"配置数据源"链接，弹出配置数据源向导对话框，如图 4-14 所示。

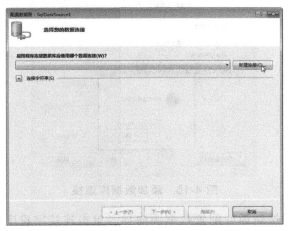

图 4-14 配置数据源向导

(4)单击"新建连接"按钮,弹出"选择数据源"对话框,如图 4-15 所示。

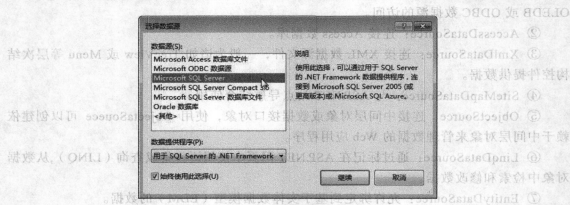

图 4-15 "选择数据源"对话框

(5)在"数据源"列表框中选择 MicrosoftSQLServer,单击"继续"按钮,弹出"添加连接"对话框,添加一个新的数据库连接,如图 4-16 所示。输入服务器名"."或"(local)",表示本机 SQL Server 服务器。选择"使用 SQLServer 身份验证",用户名为 sa,输入正确的密码,选中"保存密码"复选框。选择数据库"教学信息管理"。单击"测试连接"按钮进行测试,如果测试成功,显示"测试连接成功"的对话框。

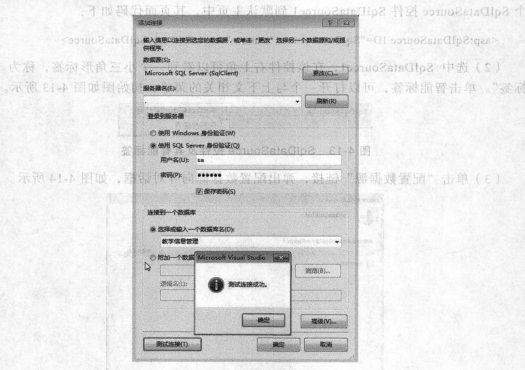

图 4-16 添加数据库连接

(6)单击"确定"按钮返回配置数据源向导。单击连接字符串前面的"+"号,会显示刚刚建立的连接对应的字符串信息,如图 4-17 所示。

图 4-17　建立好的连接字符串

（7）单击"下一步"按钮继续。向导提示"将连接字符串保存到应用程序配置文件中"，如图 4-18 所示。选中"是，将此连接另存为(Y)："复选框，单击"下一步"按钮继续。

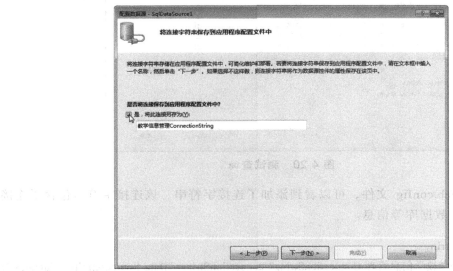

图 4-18　将连接字符串保存到应用程序配置文件中

（8）在"配置 Select 语句"对话框中使用默认选项，界面如图 4-19 所示。

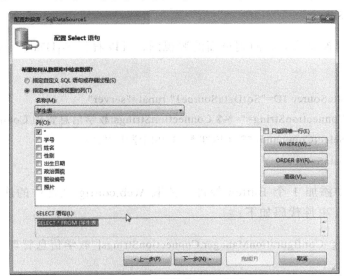

图 4-19　配置 Select 语句

（9）单击"下一步"按钮继续，在弹出的对话框中单击"测试查询"按钮，显示结果数据集，如图 4-20 所示。单击"完成"按钮，完成对数据源的配置。

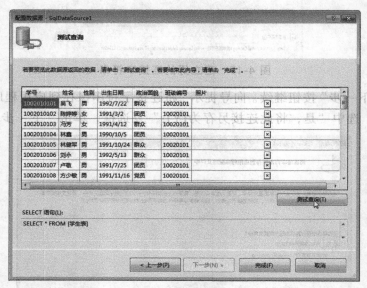

图 4-20　测试查询

（10）打开 Web.config 文件，可以看到添加了连接字符串，该连接字符串包含了连接字符串的服务器、数据库等信息。

```
<connectionStrings>
    <add name="教学信息管理 ConnectionString" connectionString="Data Source=.;Initial Catalog=教学信息管理;Persist Security Info=True;User ID=sa;Password=123456" providerName="System.Data.SqlClient" />
</connectionStrings>
```

（11）数据源配置完成后，回到页面的源视图，可以看到 SqlDataSource 控件的代码已经被修改为：

```
<asp:SqlDataSource ID="SqlDataSource1" runat="server"
    ConnectionString="<%$ ConnectionStrings:教学信息管理 ConnectionString %>"
    SelectCommand="SELECT * FROM [学生表]">
</asp:SqlDataSource>
```

（12）在页面中添加 1 个 Button 控件"读取 Web.config 文件中的连接字符串"，添加 Button 控件的 Click 事件代码如下：

```
string connString=ConfigurationManager.ConnectionStrings["教学信息管理 ConnectionString"].ConnectionString;
Response.Write("连接字符串为：" + conn);
```

（13）快捷键"Shift+Alt+F10"或"Crtl+."，自动导入需要的 using 命名空间 System.Configuration，以便使用 ConfigurationManager 类。

（14）打开 Default.aspx 查看该页面。单击"读取 Web.config 文件中的连接字符串"按钮，显示如图 4-21 所示的结果。

【上机实践】使用 SqlDataSource 控件连接数据库文件"教学信息管理.mdb""教学信息管理.accdb"和"教学信息管理.xlsx"，并将连接字符串信息写到网站配置文件"Web.config"中。

图 4-21 页面执行结果

4.5 使用 Command 对象修改数据库

4.5.1 Command 对象的常用属性和方法

使用 Connection 对象与数据源建立连接后，可使用 Command 对象对数据源执行查询、添加、删除和修改等各种操作，操作实现的方式可以使用 SQL 语句，也可以使用存储过程。根据所用的.NET Framework 数据提供程序的不同，Command 对象也可以分成 4 种，分别是 SqlCommand、OleDbCommand、OdbcCommand 和 OracleCommand，在实际的编程过程中应根据访问的数据源不同，选择相应的 Command 对象。Command 对象的常用属性如表 4-1 所示，常用方法如表 4-2 所示。

表 4-1 Command 对象的常用属性

属性	说明
CommandType	获取或设置 Command 对象要执行命令的类型，指示如何解释 CommandText 属性
CommandText	获取或设置要对数据源执行的 SQL 语句、存储过程名或表名
CommandTimeout	在终止执行命令的尝试并生成错误之前的等待时间
Connection	获取或设置此 Command 对象使用的 Connection 对象的名称
Parameters	获取 Command 对象需要使用的参数集合

表 4-2 Command 对象的常用方法

属性	说明
Cancel	尝试取消 Command 的执行
ExecuteNonQuery	执行 SQL 语句并返回受影响的行数
ExecuteReader	执行由 CommandText 所指明的 SQL 语句（一般是查询语句），将结果作为一个 DataReader 对象返回
ExecuteScalar	执行查询，并返回查询所返回的结果集中第一行第一列（字段）。忽略其他列或行
ExecuteXmlReader	执行由 CommandText 所指明的 SQL 语句（一般是查询语句），将结果作为一个 XmlReader 对象返回

Command 命令可根据指定 SQL 语句实现的功能来选择 SelectCommand、InsertCommand、UpdateCommand 和 DeleteCommand 等命令。

CommandType 属性指明 Command 对象的执行方式，有三个可选值：

① StoredProcedure：需要将 CommandText 属性设为要执行的存储过程的名称。

② TableDirect：需要将 CommandText 属性设为要访问的表的名称，执行后返回该表的所有行和列。

③ Text（默认值）：需要将 CommandText 属性设为 SQL 文本命令。

调用 ExecuteNonQuery 方法，既可以执行任何数据库 DDL 语句（如创建表、视图等），以完成对数据库结构的修改；也可以执行任何非查询 DML 语句（如 UPDATE、INSERT 或 DELETE），修改数据库中的数据。如果执行的是 UPDATE、INSERT 或 DELETE 语句，返回值为执行该命令所影响的行数；如果执行其他类型的语句，返回值为-1。

要想执行查询语句并返回结果集，使用 ExecuteReader 方法或 ExecuteXmlReader 方法。但有时如果已知所执行的查询语句仅返回一个值，调用 ExecuteScalar 方法更方便。

使用 Command 对象的 ExecuteNonQuery()方法可以直接修改数据库，将任意 UPDATE、INSERT 和 DELETE 语句以字符串形式写入 Command 对象的 CommandText 属性，再调用 Command 对象的 ExecuteNonQuery()方法即可执行这些语句，并返回数据库中受影响的行数。若执行 UPDATE、INSERT 和 DELETE 以外的其他语句则返回1。

4.5.2 使用 Command 对象在数据库创建和删除表

【例 4-3】利用 Command 对象在数据库创建和删除表。

（1）创建 1 个名为 CreateTable 的网站及其默认主页，添加 1 个 Label 控件，2 个 Button 控件，页面代码如下：

创建数据表\<hr />

\<asp:Label ID="Label1" runat="server" Text="Label1">\</asp:Label>\
\

\<asp:Button ID="CreateTable" runat="server" Text="创建 Test 表" onclick="CreateTable_Click" />

\ \<asp:Button ID="DelTable" runat="server" Text="删除 Test 表" onclick="DelTable_Click" />

（2）从工具箱中拖动 1 个 SqlDataSource 控件，使用 SqlDataSource 控件连接 SQL SERVER 数据库"教学信息管理"，并将连接字符串信息写到网站配置文件"Web.config"中。

（3）为_Default 类添加一个私有成员，用于读取文件"Web.config"中的连接字符串。

private string connectionString = ConfigurationManager.ConnectionStrings["教学信息管理 ConnectionString"].ConnectionString;

（4）修改"创建 Test 表"和"删除 Test 表"的 Click 事件处理函数代码如下：

protected void CreateTable_Click(object sender, EventArgs e)
{
SqlConnection conn = new SqlConnection(connectionString);

```csharp
            string cmdText = "Create Table Test(tID Int)";
            SqlCommand command = new SqlCommand(cmdText, conn);
            try
            {
                conn.Open();//打开连接
                int nCount = command.ExecuteNonQuery();//执行 SQL 语句
                Label1.Text = "Test 数据表创建成功";
            }
            catch (SqlException sqlex)
            {
                Response.Write(sqlex.Message + "<br />");//显示错误信息
            }
            finally
            {
                conn.Close();//关闭数据库连接
            }
        }
        protected void DelTable_Click(object sender, EventArgs e)
        {
            SqlConnection conn = new SqlConnection(connectionString);
            string cmdText = "Drop Table Test";
            SqlCommand command = new SqlCommand(cmdText, conn);
            try
            {
                conn.Open();//打开连接
                int nCount = command.ExecuteNonQuery();//执行 SQL 语句
                Label1.Text = "Test 数据表删除成功";
            }
            catch (SqlException sqlex)
            {
                Response.Write(sqlex.Message + "<br />");//显示错误信息
            }
            finally
            {
                conn.Close();//关闭数据库连接
            }
        }
```

(5) 使用快捷键 "Shift+Alt+F10" 或 "Crtl+.",自动导入需要的 using 命名空间 System.Configuration、System.Data.SqlClient。

(6) 执行默认主页 Default.aspx,单击 "创建 Test 表" 按钮,在 SQL Server Management Studio 中查看 Test 表是否存在,成功执行后,会看到新创建的表 Test,该表只有一个字段 tID。单击 "删除 Test 表" 按钮,在 SQL Server Management Studio 中查看 Test 表是否还存在。执行结果如图 4-22 所示。

图 4-22 创建和删除 Test 数据表

4.5.3 使用 Command 对象操作数据

【例 4-4】使用 Command 对象查询数据。

(1) 创建一个名为 CommandSQL 的网站及其默认主页。

(2) 从工具箱中拖动一个 SqlDataSource 控件,使用 SqlDataSource 控件连接 SQL SERVER 数据库 "教学信息管理",并将连接字符串信息写到网站配置文件 "Web.config" 中。

(3) 为_Default 类添加一个私有成员,用于读取文件 "Web.config" 中的连接字符串。

```
private string connectionString = ConfigurationManager.ConnectionStrings["教学信息管理 ConnectionString"].ConnectionString;
```

【代码解析】在类中添加一个私有成员 connectionString,并从 "Web.config" 中读取连接字符串,这样在该类中的所有事件处理函数和自定义函数就都可以用该连接字符串进行连接,省去了重复读取 Web.config 文件的操作。

(4) 在 Default.aspx 页中的 Page_Load 事件中,使用 Command 对象查询数据库表 "课程表" 的所用信息,并将其显示出来。代码如下:

```
protected void Page_Load(object sender, EventArgs e)
{
        if (!Page.IsPostBack)
        {
            //建立数据库连接
            SqlConnection myConn = new SqlConnection(connectionString);
            //打开数据库连接
            myConn.Open();
            //定义查询 SQL 语句
```

```
        string sqlStr = "select * from 课程表";
                    //初始化查询命令
        SqlCommand myCmd = new SqlCommand(sqlStr, myConn);
                    //执行查询
        SqlDataReader dr = myCmd.ExecuteReader();
                    //读取查询数据
        while (dr.Read())
            {
                Response.Write(dr[1].ToString() + "<br>");
            }
        myConn.Close();
            }
    }
```

【代码解析】首先通过连接字符串建立 SqlConnection 对象,然后根据 select 语句和此连接对象建立 SqlCommand 对象,利用该对象 ExecuteReader 方法获取一个只读的、向前的 SqlDataReader 对象,该对象只能从数据库中读取数据,而且只能从前往后读,读取的内容由前面的 select 语句决定。然后使用该 SqlDataReader 对象的 Read 方法不断地读取数据并显示到浏览器。还要记得在读取前打开连接,读取完关闭连接。在数据库操作中可能会发生异常,常用的做法是将其放在 try…catch 块中。

(5)使用快捷键"Shift+Alt+F10"或"Crtl+.",自动导入需要的 using 命名空间 System.Configuration、System.Data.SqlClient。

(6)在浏览器中查看 Default.aspx 查看该页面,显示结果如图 4-23 所示页面信息,可以看到,浏览器中显示了"课程表"的所用信息。

图 4-23 Command 对象查询课程表的显示页面

【例 4-5】使用 Command 对象添加数据。

(1)在上例 CommandSQL 网站添加一个新的页面 Default2.aspx,在该页面上分别添加一个 TextBox 控件和一个 Button 控件,并将 Button 控件的 Text 属性设为"添加"。其页面代码如下:

输入课程名称:<asp:TextBox ID="TextBox1" runat="server" Width="154px"></asp:TextBox>
 <asp:Button ID="Button1" runat="server" Text="添加" Width="73px" onclick="Button1_Click" />

(2)在 Default2.aspx.cs 中执行和上例 Default.aspx.cs 中相同的操作,添加命名空间和类私有成员。

(3)修改"添加"按钮的 Click 事件下,使用 Command 对象将文本框中的值添加到数据库中,代码如下:

protected void Button1_Click(object sender, EventArgs e)

```
        }
            if (TextBox1.Text != "")
            {
                //建立数据库连接
                SqlConnection myConn = new SqlConnection(connectionString);
                //打开数据库连接
                myConn.Open();
                //定义查询SQL语句
string sqlStr = "insert into 课程表(课程名称) values('" + TextBox1.Text + "')";
                //初始化查询命令
SqlCommand myCmd = new SqlCommand(sqlStr, myConn);
                //执行查询
                if (myCmd.ExecuteNonQuery() > 0)
                {
                    Response.Write("添加成功！");
                }
                else
                {
                    Response.Write("添加失败！");
                }
                myConn.Close();
            }
            else
            {
                Response.Write("内容不能为空！");
            }
        }
```

（4）打开页面 Default2.aspx，输入课程名称"Web 应用技术"，如图 4-24（a）所示，单击"添加"按钮，显示结果图 4-24（b）所示。

（a）输入课程名称

（b）添加课程名称成功

图 4-24 使用 Command 对象添加数据

(5)重新打开页面 Default.aspx,可以看到"Web 应用技术"课程显示在最上面。

【例 4-6】 使用 Command 对象修改数据。

(1)在上例 CommandSQL 网站中的页面 Default2.aspx,右键→复制,CommandSQL 网站,右键→粘贴,在新的页面"副本 Default2.aspx"中,右键→重命名,修改为 Default3.aspx。可以看到程序文件也自动修改为 Default3.aspx.cs。将页面中的"输入课程名称"修改为"输入新的课程名称",将"添加"按钮修改为"修改"。

(2)修改"修改"按钮的 Click 事件下,代码如下:

```
protected void Button1_Click(object sender, EventArgs e)
{
    if (TextBox1.Text != "")
    {
        //建立数据库连接
        SqlConnection myConn = new SqlConnection(connectionString);
        //打开数据库连接
        myConn.Open();
        //定义查询 SQL 语句
        string sqlStr = "update 课程表 set 课程名称='" + TextBox1.Text
            + "' where 课程名称 = 'Web 应用技术'";
        //"update tb_Class set ClassName='" + TextBox1.Text + "' where ClassID=1";
        //初始化查询命令
        SqlCommand myCmd = new SqlCommand(sqlStr, myConn);
        //执行查询
        if (myCmd.ExecuteNonQuery()> 0)
        {
            Response.Write("修改成功! ");
        }
        else
        {
            Response.Write("修改失败! ");
        }
        myConn.Close();
    }
    else
    {
        Response.Write("内容不能为空! ");
    }
}
```

【代码解析】代码中的 SQL 语句为"update 课程表 set 课程名称= '" + TextBox1.Text + "' where 课程名称 = 'Web 应用技术'"，where 语句限定了修改数据库表中的那一条记录，只有当课程名称为"Web 应用技术"的记录才会被修改，可能是一条或多条记录，会返回受影响的行数；如果没有这样的记录，则不会修改任何记录，返回 0 行受到影响。Command 对象的 ExecuteNonQuery 方法会返回受影响的行数，代码中通过 if (myCmd.ExecuteNonQuery() > 0) 来判断是否修改成功。

（3）打开页面 Default3.aspx，输入新的课程名称"算法设计与分析"，如图 4-25（a）所示，单击"修改"按钮，显示结果如图 4-25（b）所示。

（4）重新打开页面 Default.aspx，可以看到"算法设计与分析"课程显示在最上面。"Web 应用技术"课程已经被修改为"算法设计与分析"。

（a）输入新的课程名称　　　　　　　　　　（b）修改课程名称成功

图 4-25　使用 Command 对象修改数据

【例 4-7】使用 Command 对象删除数据。

（1）在上例 CommandSQL 网站中的页面 Default2.aspx 复制为 Default4.aspx。将页面中"添加"按钮修改为"删除"。

（2）修改"删除"按钮的 Click 事件下，代码如下：

```
protected void Button1_Click(object sender, EventArgs e)
{
    if (TextBox1.Text != "")
    {
        //建立数据库连接
        SqlConnection myConn = new SqlConnection(connectionString);
        //打开数据库连接
        myConn.Open();
        //定义查询 SQL 语句
        string sqlStr = "delete from 课程表 where 课程名称 ='" + TextBox1.Text + "'";
        //初始化查询命令
        SqlCommand myCmd = new SqlCommand(sqlStr, myConn);
```

```
        //执行查询
        if (myCmd.ExecuteNonQuery()> 0)
        {
            Response.Write("删除成功！");
        }
        else
        {
            Response.Write("删除失败！");
        }
        myConn.Close();
    }
    else
    {
        Response.Write("内容不能为空！");
    }
}
```

（4）打开页面 Default4.aspx，输入课程名称"算法设计与分析"，如图 4-26（a）所示，单击"删除"按钮，显示如图 4-26（b）所示的结果。

（5）重新打开页面 Default.aspx，可以看到"算法设计与分析"课程已经不复存在。

【例 4-8】使用 Command 对象调用存储过程。

存储过程可以使管理数据库和显示数据库信息等操作变得非常容易。它是 SQL 语句和可选控制流语句的预编译集合，存储在数据库内，在程序中可以通过 SqlCommand 对象来调用，其执行速度比 SQL 语句快。

（a）输入课程名称

（b）删除课程名称成功

图 4-26 使用 Command 对象删除数据

（1）在 SQL Server 中创建存储过程，用于向"课程表"中插入记录，代码如下：

USE 教学信息管理
GO
create proc InsertCourse(@CourseName varchar(50))

as
insert into 课程表(课程名称) values(@CourseName)

（1）将上例 CommandSQL 网站中的页面 Default2.aspx 复制为 Default5.aspx。

（2）修改"添加"按钮的 Click 事件下，代码如下：

```
protected void Button1_Click(object sender, EventArgs e)
{
    if (TextBox1.Text != "")
    {
        SqlConnection myConn = new SqlConnection(connectionString);//建立数据库连接
        myConn.Open(); //打开数据库连接
        SqlCommand myCmd = new SqlCommand("InsertCourse", myConn); //定义存储过程语句
        myCmd.CommandType = CommandType.StoredProcedure;
        myCmd.Parameters.Add("@CourseName", SqlDbType.VarChar, 50).Value = TextBox1.Text;
        myCmd.ExecuteNonQuery();//执行查询
        myConn.Close();
        Response.Write("调用存储过程，添加数据库成功");
    }
    else
    {
        Response.Write("文本框内容不能为空！");
    }
}
```

（4）打开页面 Default5.aspx，输入课程名称"Web 应用技术"，如图 4-27（a）所示，单击"添加"按钮，显示结果如图 4-27（b）所示。

（5）重新打开页面 Default.aspx，可以看到"Web 应用技术"课程显示在最上面。

（a）输入课程名称

（b）调用存储过程添加记录成功

图 4-27 使用 Command 对象调用存储过程

4.5.4 参数化 Command 命令

1. 参数化的好处

在实际应用中,常常需要用户在页面上输入信息,并将这些信息插入数据库中。只要允许用户输入数据,就有可能出现输入错误,并可能对 Web 应用程序创建和执行 SQL 代码产生致命的影响。为了解决这个问题,除了对输入控件进行检查之外,还可以在生成 T-SQL 命令时,不使用窗体变量而使用 SQL 参数来构造连接字符串。

SQL 参数不属于 SQL 查询的可执行脚本部分。由于错误或恶意的用户输入不会处理成可执行脚本,所以不会影响 SQL 查询的执行结果。

2. Parameters 属性和 SqlParameter 对象

要在 ADO.NET 对象模型中使用 SQL 参数,需要向 Command 对象的 Parameters 集合中添加 Parameter 对象。在使用 SQL Server.NET 数据提供程序时,要使用的 Parameter 对象的类名为 SqlParameter。SqlParameter 对象的属性如表 4-3 所示。

表 4-3 SqlParameter 对象的属性

属性	说明
ParameterName	获取或设置 SqlParameter 的名称
DbType	获取或设置参数的 SqlDbType
Direction	获取或设置一个值,该值指示参数是输入、输出、双向还是存储过程返回值参数
Value	获取或设置该参数的值

【例 4-9】实现向数据库表 Admins 添加管理员的功能。

(1)创建一个名为 UseParameters 的网站及其默认主页,设计界面如图 4-28 所示,代码如下:

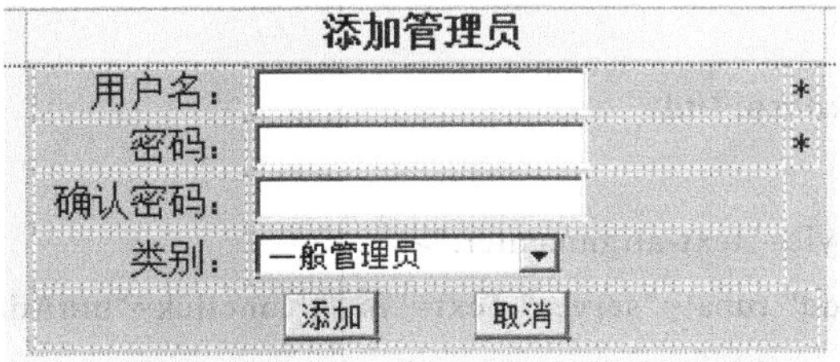

图 4-28 UseParameters 网站界面

```
<div class="middle" style="background-color:#EFFDFE;">
<table style="margin:0 auto;background-color:#D5E9F9; vertical-align:middle;width:50%;"><caption><strong>添加管理员</strong></caption>
<tr><td style="text-align:right; ">用户名:</td><td>
<asp:TextBox ID="txtName" runat="server" Width="140px"></asp:TextBox></td><td>
<asp:RequiredFieldValidator ID="RequiredFieldValidator1" runat="server" ErrorMessage="用户名
```

```
                  不能为空" Text="*" ControlToValidate="txtName"></asp:RequiredFieldValidator></td></tr>
      <tr><td style="text-align:right; ">密码：</td><td><asp:TextBox ID="txtPwd"
                  runat="server" TextMode="Password" Width="140px"></asp:TextBox></td><td>
      <asp:RequiredFieldValidator ID="RequiredFieldValidator2" runat="server" ErrorMessage="密码不
                  能为空" Text="*" ControlToValidate="txtPwd"></asp:RequiredFieldValidator></td></tr>
      <tr>
      <td style="text-align:right; ">
      确认密码：
      </td>
      <td>
      <asp:TextBox ID="txtPwd2" runat="server"    Width="139px"
                  TextMode="Password"></asp:TextBox>    </td>
      <asp:RequiredFieldValidator ID="RequiredFieldValidator3" runat="server" ErrorMessage="密码不
                  能为空" Text="*" ControlToValidate="txtPwd2"></asp:RequiredFieldValidator>
      <asp:CompareValidator ID="CompareValidator1" runat="server" ErrorMessage="两次密码不一致"
                  Text="*" ControlToCompare="txtPwd" ControlToValidate="txtPwd2"></asp:CompareValidator>
      </tr>
      <tr>
      <td style="text-align:right;">
      类别：
      </td>
      <td>
      <asp:DropDownList ID="ddlType" runat="server" Width="129px">
      <asp:ListItem Value="0">一般管理员</asp:ListItem>
      <asp:ListItem Value="1">系统管理员</asp:ListItem>
      </asp:DropDownList>
          </td>
      </tr>
      <tr><td colspan="3" style="text-align:center;">
      <asp:Button ID="btnAdd" runat="server" Text="添加" onclick="btnAdd_Click"
                  />  
      <asp:Button ID="btnClear" runat="server" Text="取消"
                  CausesValidation="false" /></td></tr>
      </table>
      </div>
```

（2）使用SqlDataSource控件连接SQL SERVER数据库"教学信息管理"，并将连接字符串信息写到网站配置文件"Web.config"中。

(3)在代码文件类中添加一个私有成员,用于存取文件"Web.config"中的连接字符串。

private string connectionString = ConfigurationManager.ConnectionStrings["教学信息管理ConnectionString"].ConnectionString;

(4)修改"添加"按钮的Click事件处理函数如下。

```
protected void btnAdd_Click(object sender, EventArgs e)
    {
        SqlConnection conn = new SqlConnection(connectionString);
        {
            conn.Open();
string cmdText = "insert into Admins values(@name,@pwd,@type,default)";
            SqlCommand cmd = new SqlCommand(cmdText, conn);
SqlParameter[] ps ={new SqlParameter("name",txtName.Text),
                                new SqlParameter("pwd",txtPwd.Text),
                                new SqlParameter("type",ddlType.SelectedValue)};
            cmd.Parameters.AddRange(ps);
            if (cmd.ExecuteNonQuery() > 0)
                Response.Write("添加成功");
            else
                Response.Write("添加失败");
        }
    }
```

(5)使用快捷键"Shift+Alt+F10"或"Crtl+.",自动导入需要的using命名空间System.Configuration、System.Data.SqlClient。

(6)打开Default.aspx页面,输入用户名、密码,选择类别,如图4-29(a)所示信息,单击"添加"按钮,显示如图4-29(b)所示的页面信息。

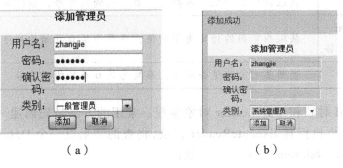

(a)　　　　　　　　(b)

图4-29 向数据库表Admins添加管理员

(7)在SQL Server Management Studio中打开Admins表,可以看到刚刚添加的记录。

4.6 使用 DataReader 对象

Command 对象的 ExecuteReader 方法返回的是一个只读数据集。只读数据集并不是一个任意的变量，不是字符型，也不是数值型。要接收这种返回的数据类型，需要用到 ADO.NET 提供的 DataReader 对象。

DataReader 对象是一个简单的数据集，用于从数据源中检索只读数据集，常用于检索大量数据。DataReader 也可以分成 SqlDataReader、OleDbDataReade 等几类。DataReader 对象提供一种只读的、向前的数据读取方式，它的特点是：

（1）只能通过 DataReader 对象读取数据，不能通过它修改数据库。

（2）一行（记录）读过之后，不能再重读一次。

DataReader 类包含的是数据集，可能有好多条记录，也可能只有一条记录。要读取每条记录的信息，或者读取每条记录中某个字段的信息，就需要用到 DataReader 类提供的一些属性和方法。DataReader 对象的常用属性如表 4-4 所示，常用方法如表 4-5 所示。

表 4-4　SqlDataReader 对象的常用属性

属　性	说　明
FieldCount	获取一行有多少列，即字段的数目
HasRows	当前 DataReader 中是否包含数据行，用于判断是否有记录满足条件
IsClosed	判断当前 DataReader 是否已关闭

表 4-5　SqlDataReader 对象的常用方法

属　性	说　明
Read	从数据集中读取一条记录，然后使 DataReader 对象前进到下一条记录
Close	关闭 DataReader 对象
GetValues	获取当前行的所有列，将结果复制到 Object 数组中。返回值为数组中 Object 的数目
GetValue	获取指定列的值，参数为从 0 开始的列序号，返回值为 Object 类型
GetBoolean、GetChar、GetFloat 和 GetInt32 等	获取指定列的指定类型的值，参数为从 0 开始的列序号
IsDBNull	返回某列的值是否为空，参数为从 0 开始的列序号

利用 Command 对象和 DataReader 对象编程，常用的方法是先创建一个执行查询功能的 Command 对象，再执行其 ExecuteReader 方法,将查询结果以一个 DataReader 对象返回。

【例 4-10】利用 DataReader 对象读取数据。

该实例完成启动后在一个下拉列表框中显示专业，单击选择不同的专业后，在一个列表框中显示该专业下所有的班级。

（1）创建一个名为 UseDataReader 的网站及其默认主页。

（2）在 Default.aspx 上使用表格布局，添加一个 DropDownList 控件用于存放专业，一个 ListBox 用于存放班级，修改各自相关属性，添加修改属性后相关的页面代码如下：

```
<table>
<tr>
<th>专业</th>
<th>班级</th>
</tr>
<tr>
<td>
<asp:DropDownList ID="DropDownList1" runat="server" Height="20px" Width="120px"
    OnSelectedIndexChanged="DropDownList1_SelectedIndexChanged" AutoPostBack="True">
</asp:DropDownList>
</td>
<td>
<asp:ListBox ID="ListBox1" runat="server" Height="200px" Width="180px"></asp:ListBox>
</td>
</tr>
</table>
```

（3）使用 SqlDataSource 控件连接 SQL SERVER 数据库"教学信息管理"，并将连接字符串信息写到网站配置文件"Web.config"中，字符串名称为 SQLConn。

（4）为 _Default 类添加一个私有成员，用于读取文件"Web.config"中的连接字符串。

```
private string connectionString = ConfigurationManager.ConnectionStrings["SQLConn"].ConnectionString;
```

（5）在代码文件中，添加自定义函数 FillSpecialty，该函数完成将专业表中的专业名称添加到下拉列表框中。

```
    Private void FillSpecialty()
    {
        SqlConnection conn = new SqlConnection(connectionString);
        try
        {
            //打开连接
            conn.Open();

            string cmdText = "";
cmdText = "select * from 专业表";
SqlCommand command = new SqlCommand(cmdText, conn);
            SqlDataReader dr = command.ExecuteReader();
```

```
            if (dr.HasRows)//专业表中有记录
            {
                while (dr.Read())
                {
                    DropDownList1.Items.Add(new ListItem(dr["专业名称"].ToString(), dr["专业编号"].ToString()));
                }
                dr.Close();
            }
        }
        catch (SqlException Sqlex)
        {
            //显示错误信息
            Response.Write(Sqlex.Message + "<br />");
        }
        finally
        {
            //关闭数据库链接
            conn.Close();
        }
    }
```

【代码解析】
① 先使用连接字符串建立 Connection 对象，然后通过 select 语句建立 Command 对象。
② 调用 Command 对象的 ExecuteReader()方法，返回一个 SqlDataReader 对象 dr。
③ 通过 dr.HasRows 判断 select 语句是否得到记录集，如果有记录，则使用 while (dr.Read())循环从记录集中读取数据，读一条记录就给 DropDownList1 控件添加一项。
④ 添加下拉列表框时，使用构造函数 new ListItem(dr["专业名称"].ToString(), dr["专业编号"].ToString())，其中第一个参数是下拉列表框的 Text 属性，用于显示，第二个参数是下拉列表框的 Value 属性。

（6）在 Default.aspx 页中的 Page_Load 事件中，添加以下代码：

```
protected void Page_Load(object sender, EventArgs e)
{
    if (!Page.IsPostBack)
    {
        FillSpecialty();
    }
}
```

（7）使用快捷键"Shift+Alt+F10"或"Crtl+."，自动导入需要的 using 命名空间 System.Configuration、System.Data.SqlClient 和 System.Data;。

（8）双击下拉列表，添加其 SelectedIndexChanged 事件，添加以下代码：

```csharp
protected void DropDownList1_SelectedIndexChanged(object sender, EventArgs e)
{
    ListBox1.Items.Clear();//添加之前先清空列表框所有项
    SqlConnection conn = new SqlConnection(connectionString);
    try
    {
        //打开连接
        conn.Open();
        string cmdText = "";
        cmdText = "select * from 班级表 where 所属专业='" + DropDownList1.SelectedItem.Text +
            "' order by 班级名称";
        SqlCommand command = new SqlCommand(cmdText, conn);
        SqlDataReader dr = command.ExecuteReader();
        if (dr.HasRows)
        {
            while (dr.Read())
            {
                ListBox1.Items.Add(new ListItem(dr["班级名称"].ToString(), dr["班级编号"].ToString()));
            }
            dr.Close();
        }
    }
    catch (SqlException Sqlex)
    {
        //显示错误信息
        Response.Write(Sqlex.Message + "<br />");
    }
    finally
    {
        //关闭数据库链接
        conn.Close();
    }
}
```

【代码解析】

① 这部分代码和自定义函数 FillSpecialty 类似，在 select 语句中根据所选下拉列表框中的专业名称，过滤班级表中的数据，然后添加读取的班级表的班级名称到 ListBox 控件中。

② 要注意在添加之前要先清除原来添加的项，否则会不断添加班级出现不需要的结果，对应的代码是 ListBox1.Items.Clear。

（9）修改下拉列表框 DropDownList 控件的 AutoPostBack 为"True"，以便能回传到服务器，触发 SelectedIndexChanged 事件发生。

（10）打开 Default.aspx 页面，启动后下拉列表框中列出了所有专业，如图 4-30（a）所示；在下拉列表框中选择不同的专业后，会触发 SelectedIndexChanged 事件发生，会从班级表中选择该专业所属的所有班级，然后将结果添加到班级列表框中，如图 4-30（b）所示，如果班级表中该专业没有班级，则列表框不显示任何内容。

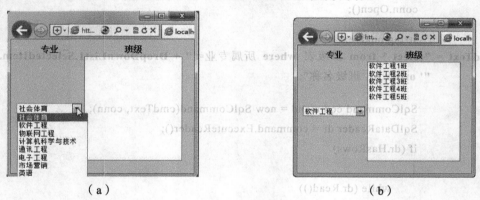

图 4-30 选择不同的专业显示该专业下所有的班级

【上机实践 1】将上例改写成使用绑定方式添加数据到下拉列表框。

【代码提示】

将 while (dr.Read()) 循环部分，修改为以下代码，这样就不使用循环达到添加专业的目的，添加班级名称与此类似。

DropDownList1.DataSource = dr;
DropDownList1.DataTextField = "专业名称";
DropDownList1.DataValueField = "专业编号";
DropDownList1.DataBind();

【上机实践 2】使用 DataReader 对象从 SQL Server 数据表中读取信息到列表框。

（1）将学生名单的 Excel 文件导入 SQL Server 数据表。

（2）使用 ADO.NET 读取该数据表，将其中的学号和姓名信息分别读取到两个列表框 ListBox1 和 ListBox2 中

（3）选择 ListBox1 或 ListBox2 时，分别在两个文本框 TextBox1 和 TextBox2 中显示选择的学生的学号和姓名。

【参考代码】

1. 页面代码

```
<div>
学号：<br />
<asp:ListBox ID="ListBox1" runat="server" Height="96px" Width="121px"
    DataTextField="学号" DataValueField="姓名" AutoPostBack="True"
    onselectedindexchanged="ListBox1_SelectedIndexChanged"></asp:ListBox>
<br />
姓名：<br />
<asp:ListBox ID="ListBox2" runat="server" DataTextField="姓名"
    DataValueField="学号" Height="82px" Width="117px" AutoPostBack="True"

onselectedindexchanged="ListBox2_SelectedIndexChanged"></asp:ListBox>
<br />
选择的学号：<br />
<asp:TextBox ID="TextBox1" runat="server"></asp:TextBox>
<br />
选择的姓名：<br />
<asp:TextBox ID="TextBox2" runat="server"></asp:TextBox>
 </div>
```

2. 文件代码

```
public partial class _Default : System.Web.UI.Page
{
    private string connectionString =
        ConfigurationManager.ConnectionStrings["SQLConnectionString"].ConnectionString;
    protected void Page_Load(object sender, EventArgs e)
    {
        if (!Page.IsPostBack)
        {
            FillData();
        }
    }
    private void FillData()
    {
        SqlConnection conn = new SqlConnection(connectionString);
        string cmdText = "SELECT * FROM stu1";
```

```csharp
SqlCommand command = new SqlCommand(cmdText, conn);
try
{
    conn.Open();
    SqlDataReader dr = command.ExecuteReader();
    while (dr.Read())
    {
        ListBox1.Items.Add(new ListItem(dr["学号"].ToString(), dr["姓名"].ToString()));
        ListBox2.Items.Add(new ListItem(dr["姓名"].ToString(), dr["学号"].ToString()));
    }
    dr.Close();
}
catch (SqlException sqlex)
{
    Response.Write(sqlex.Message + "<br>");
}
finally
{
    conn.Close();
}
}
protected void ListBox1_SelectedIndexChanged(object sender, EventArgs e)
{
    TextBox1.Text = ListBox1.SelectedItem.Text;
    TextBox2.Text = ListBox1.SelectedItem.Value;
}
protected void ListBox2_SelectedIndexChanged(object sender, EventArgs e)
{
    TextBox2.Text = ListBox2.SelectedItem.Text;
    TextBox1.Text = ListBox2.SelectedItem.Value;
}
}
```

4.7 使用 DataAdapter 对象和 DataSet 对象

1. DataAdapter 对象

DataAdapter 被称为适配器，它是 DataSet 对象和数据库之间联系的桥梁（所以被称为数据桥梁），用于在数据库和 DataSet 对象之间交换数据：可以将数据从数据库中检索、填充 DataSet 对象中的表；也可以将用户对 DataSet 对象做出的更改写回数据库。DataAdapter 可以在任意数据库和 DataSet 之间移动数据。在 .NET Framework 中主要使用 2 种 DataAdapter 对象，即 OleDbDataAdapter 和 SqlDataAdapter。OleDbDataAdapter 对象适用于 OLE DB 数据源；SqlDataAdapter 对象适用于 SQL Server 数据库。DataAdapter 通过映射 Fill 和 Update 这 2 个方法来提供这一桥接器。

DataAdapter 需要通过打开的 Connection 对象才能读写数据库，因此需要为 DataAdapter 指明相关的 Connection 对象。但不需要显式地打开数据连接，当调用 DataAdapter 对象的 Fill 事件时，连接会自动打开。DataAdapter 对象的常用属性如表 4-6 所示，常用方法如表 4-7 所示。

表 4-6 DataAdapter 对象的常用属性

属性	说明
SelectCommand	获取或设置用于在数据源中选择记录的命令
InsertCommand	获取或设置用于将新记录插入数据源中的命令
UpdateCommand	获取或设置用于更新数据源中记录的命令
DeleteCommand	获取或设置用于从数据集中删除记录的命令

表 4-7 DataAdapter 对象的常用方法

方法	说明
Fill	将数据从数据库中检索、填充 DataSet 对象中的表
Update	把用户对 DataSet 对象做出的更改写回数据库

2. DataSet 对象

DataSet 是 ADO.NET 的中心概念，它是支持 ADO.NET 断开式、分布式数据方案的核心对象。Data 对象是创建在内存中的集合对象，它可以包含任意数量的数据表，以及所有表的约束、索引和关系，相当于在内存中的一个小型关系数据库。

一个 DataSet 对象内可以包含 0 个或多个"表"，每个表为一个 DataTable 对象，这些表的集合由 Tables 属性表示。表与表之间的联系（主要是外键联系）也构成一个集合，由 Relations 属性表示。DataTable 表示内存驻留数据的单个表，由行的集合（属性名为 Rows）、列的集合（属性名为 Columns）以及约束的集合（属性名为 Constraints）来定义表的架构。每行数据由一个 DataRow 对象表示、每列数据由一个 DataColum 对象表示、每个约束由一个 DataRelation 对象表示。

无论真正的数据库是何种类型，DataSet 都会提供一致的关系编程模型。可以在 DataSet 对象上进行读取操作，也可以进行插入、删除和修改等操作，并最终可将修改的内容反映到原始数据库中。DataSet 可以表示包括表、约束和表间联系在内的整个数据集。

在应用程序中，DataSet 可以看作数据库的一个本地对象，应用程序通过数据适配器 DataAdapter 与 DataSet 进行数据交换，然后 DataSet 本身再与数据库进行数据操作。

【例 4-11】利用 DataAdapter 对象和 DataSet 对象填充和更新数据库中的数据。

该实例完成启动后在一个下拉列表框中显示专业，这里使用 DataAdapter 对象和

DataSet 对象绑定到下拉列表框；单击"添加"按钮添加一个专业到数据库表中。

（1）创建一个名为 UseDataSet 的网站及其默认主页。添加一个 DropDownList 控件用于存放专业，添加一个"添加"按钮用于添加一条记录并更新到数据库表。添加修改属性后相关的页面代码如下：

```
<asp:DropDownList ID="DropDownList1" runat="server" Height="20px" Width="180px">
</asp:DropDownList> 
<asp:Button ID="Button1" runat="server" Text="添加" />
```

（2）使用 SqlDataSource 控件连接 SQL SERVER 数据库"教学信息管理"，并将连接字符串信息写到网站配置文件"Web.config"中，字符串名称为 SQLConn。

（3）为 _Default 类添加一个私有成员 connectionString，用于读取文件"Web.config"中的连接字符串；一个私有的 DataSet 对象，用于存放数据集对象；一个私有的 SqlDataAdapter 对象，用于存放适配器对象。

```
private string connectionString = ConfigurationManager.ConnectionStrings["SQLConn"].ConnectionString;
private DataSet ds;
private SqlDataAdapter da;
```

（4）添加自定义函数 FillSpecialty，该函数完成将专业表中的专业名称添加到下拉列表框中，函数中使用 DataAdapter 对象和 DataSet 对象绑定到下拉列表框，代码如下：

```
private void FillSpecialty()
{
    SqlConnection conn = new SqlConnection(connectionString);
    try
    {
        string sqlSpecialty = "select * from 专业表";
        //使用 SQL 语句建立适配器 SqlDataAdapter 对象，从数据库中读取数据
        da = new SqlDataAdapter(sqlSpecialty, conn);
        ds = new DataSet();   //创建数据集对象
        //通过适配器对象的 Fill 放到填充专业表数据给数据集对象
        //第一个参数为要填充的 DataSet 对象，第二个参数为 DataSet 对象的表名，可以
        不同于 select 语句中的表名
        da.Fill(ds, "Specialty");
        //DataSet 对象的每个表为一个 DataTable 对象
        DataTable dt = ds.Tables["Specialty"];
        //将数据集中的"Specialty"表绑定到 DropDownList1 控件中
        DropDownList1.DataSource = dt;
```

```csharp
            DropDownList1.DataTextField = dt.Columns["专业名称"].ToString();//文本字段
            DropDownList1.DataValueField = dt.Columns["专业编号"].ToString();//值字段
            DropDownList1.DataBind();
        }
        catch (SqlException Sqlex)
        {
            //显示错误信息
            Response.Write(Sqlex.Message + "<br />");
        }
        finally
        {
            //关闭数据库链接
            conn.Close();
        }
    }
```

（4）在 Default.aspx 页中的 Page_Load 事件中，添加以下代码：

```csharp
protected void Page_Load(object sender, EventArgs e)
{
    if (!Page.IsPostBack)
    {
        FillSpecialty();
    }
}
```

（5）使用快捷键"Shift+Alt+F10"或"Crtl+."，自动导入需要的 using 命名空间 System.Configuration、System.Data.SqlClient。

（6）双击"添加"按钮，添加其 Click 事件，添加以下代码，完成添加一条记录给 DataSet 数据集对象，然后将 DataSet 对象的数据进行 Update，更新到数据表中。

```csharp
protected void Button1_Click(object sender, EventArgs e)
{
    SqlConnection conn = new SqlConnection(connectionString);
    try
    {
        string sqlSpecialty = "select * from 专业表";
        da = new SqlDataAdapter(sqlSpecialty, conn);
        ds = new DataSet();   //创建数据集对象
        da.Fill(ds, "Specialty");
```

```csharp
            //DataSet 对象的每个表为一个 DataTable 对象
    DataTable dt = ds.Tables["Specialty"];
            //使用 DataTable 对象的 NewRow 方法新建一行,每一行数据由一个 DataRow 对象表示
    DataRow dr = dt.NewRow();
            //通过 DataRow 对象添加一条记录
    dr["专业编号"]= "188";
        dr["专业名称"] ="商务英语";
        dr["所属学院"] = "外国语学院";
        //添加新记录到 DataTable 对象的行集合 Rows 中
    dt.Rows.Add (dr);
            //更新到数据库里
            //必须先创建 SqlCommandBuilder 对象,并和 SqlDataAdapter 关联
    SqlCommandBuilder build = new SqlCommandBuilder(da);
        da.Update(ds, "Specialty");

        //将数据集中的"Specialty"表绑定到 DropDownList1 控件中
        DropDownList1.DataSource = dt;
        DropDownList1.DataTextField = dt.Columns["专业名称"].ToString();//文本字段
        DropDownList1.DataValueField = dt.Columns["专业编号"].ToString();//值字段
        DropDownList1.DataBind();
    }
    catch (SqlException Sqlex)
    {
        //显示错误信息
        Response.Write(Sqlex.Message + "<br />");
    }
    finally
    {
        //关闭数据库链接
        conn.Close();
    }
}
```

【代码解析】

① 先使用 DataTable 对象的 NewRow 方法新建一行,然后给该行数据的每列赋值,当然也可以只给出部分值,这要看数据库表中该字段是否可以为空。

② 将该行数据添加到 DataTable 对象的行集合 Rows 中,最后调用适配器对象的 Update 方法实现将数据更新到数据库表。

③ 更新数据后再绑定数据到下拉列表框控件中,这样就可以及时显示更新的数据。

④ 代码中 SqlCommandBuilder 对象的建立语句是不可缺少的,否则会提示缺少 Insert

命令的错误。SqlCommandBuilder 对象与 SqlDataAdapter 对象关联，可以方便地对数据库进行更新。只要指定 Select 语句就可以自动生成 insert、update、delete 语句。但要注意一点，在生成 SqlDataAdapter 对象的 Select 语句中要包括主键列，否则将无法自动生成 insert、update、delete 语句。

（8）打开 Default.aspx 页面，启动后下拉列表框中列出了所有专业，如图 4-31（a）所示，单击"添加"按钮后添加一个新专业"商务英语"到数据库中的专业表中，单击专业下拉列表可以看到"商务英语"已经在列表框中显示了，如图 4-31（b）所示。

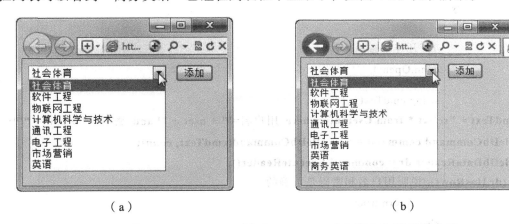

图 4-31　利用 DataAdapter 对象和 DataSet 对象填充和更新专业表

【上机实践】修改第 3 章 3.8 节的综合应用 2（例 3-12），添加身份验证。

（1）登录时通过读取数据库来验证用户登录的合法性，用户必须输入数据库表中存在的用户名和密码，才能进入登录页面。

（2）提交作业成功后，将学号、姓名、IP 地址的信息保存到数据库表中。

4.8　综合应用 1——数据库实现登录验证

【例 4-12】使用 Command 对象和 DataReader 对象实现多用户登录验证。

对例 3-8 用户登录实现功能进行完善，在例 3-8 中只能有一个用户登录，只有当用户名为 zhangjie、密码为 123456 时才能正确登录。该例修改为多用户登录，登录时通过验证数据表中是否存在该用户，如果存在再判断输入的用户名、密码和数据库中该用户的信息是否一致，如果一致则认为登录合法；不存在该用户或密码不一致都认为是非法用户，给出提示信息。

（1）复制 Login 的网站的所有文件。

（2）新建 Access 数据库 User.accdb，新建一个表 UserInfo，包含用户 ID（主键，自动编号）、用户名（文本）和密码（文本）三个字段，添加几条记录。

（3）添加系统文件夹 APP_Data，将 Access 数据库 User.accdb 复制到该文件夹中。

（4）使用 SqlDataSource 控件连接 SQL SERVER 数据库"教学信息管理"，并将连接字符串信息写到网站配置文件"Web.config"中，字符串名称为 AccessConn。

（5）在 Default.aspx.cs 文件中，添加一个自定义函数 islegalUser，用于判断给定的参数是否和数据库表中的记录一致。

```
private bool islegalUser(string user,string psw)//根据给定的参数判断是否是合法用户
{
    string connectionString = ConfigurationManager.ConnectionStrings["AccessConn"].ConnectionString;
    OleDbConnection conn = new OleDbConnection(connectionString);
    try
    {
        //打开连接
        conn.Open();
        string cmdText = "";
        cmdText = "select * from UserInfo where 用户名='" + user + "' and 密码='" + psw + "'";
        OleDbCommand command = new OleDbCommand(cmdText, conn);
        OleDbDataReader dr = command.ExecuteReader();
        if (dr.HasRows)//说明用户名和密码是正确的
            return true;
        else
            return false;
    }
    catch (OleDbException OleDbex)
    {
        //显示错误信息
        Response.Write(OleDbex.Message + "<br />");
        return false;
    }
    finally
    {
        //关闭数据库链接
        conn.Close();
    }
}
```

【代码解析】根据输入的参数 user 和 psw，在 Select 语句的 where 子句中添加过滤，用过滤的 select 语句建立 Command 对象，然后使用 ExecuteReader 方法返回 DataReader 对象 dr，根据 dr.HasRows 的真假就可以判断参数 user 和 psw 的记录在数据库表中是否存在。

（6）使用快捷键"Shift+Alt+F10"或"Crtl+."，自动导入需要的 using 命名空间 System.Configuration 和 System.Data.OleDb。

（7）修改"确定"按钮的单击事件的代码，将代码 if (name == "zhangjie" && pwd == "123456")修改为 if (islegalUser(name,pwd))，其他地方不变。

（8）打开 Default.aspx 页面，输入在 UserInfo 表中不存在的用户，或者用户名、密码和表中的数据不一致，都会弹出如图 4-32（a）所示的对话框；输入表中存在的任意一行的用户名和密码，都会正确登录，显示该用户的登录信息，如图 4-32（b）所示。

（a）

（b）

图 4-32　多用户登录

4.9　综合应用 2——数据库实现点名和提问系统

【例 4-13】分别使用 SQL Server 数据库、Access 数据库、Excel 数据库实现点名和提问系统。

（1）创建 1 个名为 CallRoll 的网站，添加 1 个新的网页 CallRoll1.aspx。

（2）使用 HTML 表格布局，在页面上增加 2 个 TextBox 控件分别用于存放学号和姓名，1 个 Image 控件用于存放图像，2 个 Button 控件分别用于点名和提问，个 DropDownList 控件用于存放班级号，个 TextBox 用于存放序号，设置各个控件的相关属性，相关的页面代码如下：

```
<table>
<tr><th align="center">学号</th>
<th align="center">姓名</th></tr>
<tr><td><asp:TextBox ID="TextBox1" runat="server" Font-Bold="True" Font-Size="30pt"
        ForeColor="Blue" Height="66px" Width="293px"
        Style="text-align: center"></asp:TextBox></td>
<td><asp:TextBox ID="TextBox2" runat="server" Font-Bold="True" Font-Size="30pt"
        ForeColor="Blue" Height="68px"
        Width="207px" Style="text-align: center"></asp:TextBox></td></tr>
<tr><td><asp:TextBox ID="SerialText" runat="server" Width="35px">1</asp:TextBox>
</td></tr>
<tr><td colspan="2" style="text-align: center">
<asp:Image ID="Image1" runat="server" Width="214px" Height="246px" /></td></tr>
<tr><td style="text-align: center"><asp:Button ID="Button1"
```

```
                    runat="server" OnClick="Button1_Click" Text="点名"Font-Size="X-Large" /></td>
    <td style="text-align: center"><asp:Button ID="Button2" runat="server"
                    OnClick="Button2_Click" Text="提问"Font-Size="X-Large" /></td></tr>
</table>
```

（3）在网站上右键，选择"新建文件夹"，重命名文件夹为"Images"，复制准备好的图像文件到此文件夹。将文件名修改为"学号"+"姓名"+".jpg"。添加系统文件夹 App_Data，添加文件"教学信息管理.accdb"和"教学信息管理.xlsx"到此文件夹。

（4）使用 SqlDataSource 控件连接 SQL SERVER 数据库"教学信息管理"，并将连接字符串信息写到网站配置文件"Web.config"中，字符串名称为 SQLConn。再添加连接 Access 数据库文件教学信息管理.accdb 的字符串 AccessConn 和连接 Excel 文件教学信息管理.xlsx 的连接字符串 AccessConn。Web.config 文件中会增加以下代码：

```
<connectionStrings>
  <add name="SQLConn" connectionString="Data Source=.;Initial Catalog=教学信息管理;User ID=sa;Password=123456" providerName="System.Data.SqlClient" />
  <add name="AccessConn" connectionString="Provider=Microsoft.ACE.OLEDB.12.0;Data Source=|DataDirectory|\教学信息管理.accdb" providerName="System.Data.OleDb" />
  <add name="ExcelConn" connectionString="Provider=Microsoft.ACE.OLEDB.12.0;Data Source=|DataDirectory|\教学信息管理.xlsx;Extended Properties=Excel 12.0;"
    providerName="System.Data.OleDb" />
</connectionStrings>
```

（5）在类中添加私有 static 变量 serialnum，使用 static 以便每次单击"点名"按钮时序号能不断增加，不会重复赋初值。添加一个私有变量 connectionString，从 Web.config 文件中读取连接字符串。

```
private string connectionString = ConfigurationManager.ConnectionStrings["SQLConn"].ConnectionString;
private static int serialnum = 0;
```

（6）添加自定义函数 FillClass，用于从学生表中取出班级编号，并绑定到下拉列表框 DropDownList1 中。

```
private void FillClass()
{
    SqlConnection conn = new SqlConnection(connectionString);
    try
    {
        string sqlClass = "select distinct 班级编号 from 学生表";
        //使用 SQL 语句建立适配器 SqlDataAdapter 对象，从数据库中读取数据
        SqlDataAdapter da = new SqlDataAdapter(sqlClass, conn);
```

```csharp
            DataSet ds = new DataSet();    //创建数据集对象
            //通过适配器对象的Fill放到填充专业表数据给数据集对象
            //第一个参数为要填充的DataSet对象，第二个参数为DataSet对象的表名，可以
              不同于select语句中的表名
            da.Fill(ds, "Class");

            //DataSet对象的每个表为一个DataTable对象
            DataTable dt = ds.Tables["Class"];
            //将数据集中的"Class"表绑定到DropDownList1控件中
            DropDownList1.DataSource = dt;
            DropDownList1.DataTextField = dt.Columns["班级编号"].ToString();//文本字段
            DropDownList1.DataValueField = dt.Columns["班级编号"].ToString();//值字段
            DropDownList1.DataBind();
        }
        catch (SqlException Sqlex)
        {
            //显示错误信息
            Response.Write(Sqlex.Message + "<br />");
        }
        finally
        {
            //关闭数据库链接
            conn.Close();
        }
    }
```

（7）使用快捷键"Shift+Alt+F10"或"Crtl+."，自动导入需要的 using 命名空间 System.Configuration、System.Data 和 System.Data.SqlClient。

（8）添加"点名"按钮的 Click 事件代码如下：

```csharp
protected void Button1_Click(object sender, EventArgs e)
    {
        serialnum = serialnum + 1;
        SerialText.Text = serialnum.ToString();
        string cmdText = "SELECT * FROM 学生表 where 班级编号='"
            + DropDownList1.Text + "'";
        int RecCount = CalRecordCount(cmdText);// 返回数据集的记录数目
        if (serialnum > RecCount)
```

```
            }
                Response.Write("<script>alert('所有的人都已将点完了')</script>");
                Button1.Enabled = false;
                return;
            }
            SqlConnection conn = new SqlConnection(connectionString);
            DisplayData(cmdText, conn, serialnum);
        }
```

（9）用到的自定义函数 DisplayData(cmdText, conn, serialnum)，根据给定的 SQL 语句和要显示的第几个学生的序号，从学生表中读取到该学生的信息，将学号、姓名和图像分别显示到页面中，代码如下：

```
        private void DisplayData(string cmdText, SqlConnection conn, int whichrecord)
        {
            SqlCommand command = new SqlCommand(cmdText, conn);
            try
            {
                //打开连接
                conn.Open();

                //执行查询
                SqlDataReader dr = command.ExecuteReader();

                //while (dr.Read())
                for (int i = 1; i <= whichrecord; i++)//循环读取到该学生
                {
                    dr.Read();
                }
                //向列表中添加 Item 项
                TextBox1.Text = dr["学号"].ToString();
                TextBox2.Text = dr["姓名"].ToString();

                Image1.ImageUrl = "~/Images/" + dr["学号"].ToString()
                    + dr["姓名"].ToString() + ".jpg";

                dr.Close();
            }
            catch (SqlException sqlex)
```

```
        {
            //显示错误信息
            Response.Write(sqlex.Message + "<br />");
        }
        finally
        {
            //关闭数据库链接
            conn.Close();
        }
    }
```

（10）用到的自定义函数 CalRecordCount(string cmdText)，根据给定的 SQL 语句计算有多少条记录满足条件，这个函数在"提问"按钮产生随机数时也会用到，代码如下：

```
private int CalRecordCount(string cmdText)// 返回数据集的记录数目
    {
        int RecCount = 0;
        SqlConnection conn = new SqlConnection(connectionString);
        SqlCommand command = new SqlCommand(cmdText, conn);
        try
        {
            //打开连接
            conn.Open();
            //执行查询
            SqlDataReader dr = command.ExecuteReader();
            while (dr.Read())
            {
                RecCount = RecCount + 1;
            }
            dr.Close();
            return RecCount;
        }
        catch (SqlException sqlex)
        {
            //显示错误信息
            Response.Write(sqlex.Message + "<br />");
            return 0;
```

```
        }
        finally
        {
            //关闭数据库链接
            conn.Close();
        }
    }
```

（11）添加"提问"按钮的 Click 事件，根据满足条件的记录数，产生随机数，显示该随机数处的学生信息，代码如下：

```
protected void Button2_Click(object sender, EventArgs e)
{
    SqlConnection conn = new SqlConnection(connectionString);
    string cmdText = "SELECT * FROM 学生表 where 班级编号='" + DropDownList1.Text + "'";
    int RecCount = CalRecordCount(cmdText);// 返回数据集的记录数目
    Random random = new Random();
    int count = random.Next(1, RecCount) + 1;
    SerialText.Text = count.ToString();
    DisplayData(cmdText, conn, count);
}
```

（12）添加下拉列表框的 SelectedIndexChanged 事件，选择后变成另外一个班，应该重新开始，让序号从 0 开始，代码如下：

```
protected void DropDownList1_SelectedIndexChanged(object sender, EventArgs e)
{
    serialnum = 0;
    SerialText.Text = serialnum.ToString();
}
```

（13）修改 Page_Load 事件代码，完成第一次页面显示时，填充班级下拉列表框，让序号从 0 开始，调用"提问"按钮的 Click 事件，启动后随机显示一张图片。

```
if (!Page.IsPostBack)
{
    FillClass();
    serialnum = 0;
    Button2_Click(sender, e);
}
```

（14）打开 CallRoll1.aspx 页面，显示如图 4-33 所示页面，单击"点名"按钮，会从第一个人开始显示，单击一次显示一个人员的信息和图像，全部人员点完名时会显示提示信息对话框。点击"提问"按钮，会从所有人员中随机抽取出一个人员的信息显示。

（15）复制 CallRoll1.aspx 为 CallRoll2.aspx（复制、粘贴、重命名），在 CallRoll2.aspx 页面中连接 Access 实现相同功能。打开 CallRoll2.aspx.cs，替换 System.Data.SqlClient 为 System.Data.OleDb；替换 Sql 字符串为 OleDb，可以替换掉连接 SQL 的数据库对象为连接 Access 数据库的对象；替换连接字符串 SqlConn 为 AccessConn。打开 CallRoll2.aspx 页面，可以看到效果是相同的，只是读取的是 Access 数据库而已。

（16）复制 CallRoll2.aspx 为 CallRoll3.aspx，在 CallRoll3.aspx 页面中连接 Excel 实现相同功能。打开 CallRoll3.aspx.cs，替换连接字符串 AccessConn 为 ExcelConn；替换 select 语句中的"学生表"为"[学生表$]"。打开 CallRoll3.aspx 页面，可以看到与直接使用 Excel 连接具有相同的效果，如图 4-33 所示。

图 4-33　点名系统

第 5 章 ASP.NET 数据控件

ASP.NET 提供了许多种数据服务器控件，用于在 Web 页面中显示数据库中表的数据。如 GridView、DataList、ListView、Repeater 和 DetailsView 控件等，这些控件搭配 DataSource 控件可以很轻松地完成数据的查询、添加、修改、删除和显示任务，而且几乎不用写代码，从而使编程更加快捷和方便。

5.1 GridView 控件

GridView 控件可称之为数据表格控件，它以表格的形式显示数据源中的数据，其中每列表示一个字段，每行表示一条记录。使用 Grid View 控件，可以绑定多种不同数据源中的数据，并以表格的形式显示在页面中。这些数据源可以是数据库、XML 文件或者公开数据的业务对象。使用 GridVicrw 控件时，可以在不编写代码的情况下，对视图中的数据进行分页、排序、选择操作，还可以对这些数据进行编辑、删除等操作。

5.1.1 常用属性和事件

GridView 控件包括很多属性和事件，要在程序中对其进行控制，需要了解该控件的属性、方法和事件。常用的属性如表 5-1 所示，常用的方法如表 5-2 所示，常用的事件如表 5-3 所示。

表 5-1 GridView 控件常用的属性

属 性	说 明
AllowPaging	是否启用分页功能，默认为 false
PageSize	GridView 控件在每页上所显示记录的数目
PageCount	获取在 GridView 控件中显示数据源记录所需的页数
AllowSorting	是否启用排序功能，默认为 false
SortDirection	正在排序的列的排序方向
SorlExpression	正在排序的列关联的排序表达式
AutoGenerateColumns	是否为数据源中的每个字段自动创建绑定字段，默认为 true
AutoGenerateDeleteButton	每个数据行是否都带有"删除"按钮，默认为 false
AutoGenerateEditButton	每个数据行是否都带有"编辑"按钮，默认为 false
AutoGenerateSelectButton	每个数据行是否都带有"选择"按钮，默认为 false
Columns	DataControlField 对象的集合，表示 GridView 控件中的字段集

续表 5-1

属性	说明
DataKeyNames	一个数组,该数组包含了显示在 GridView 控件中项的主键字段名称
DataKeys	该值为一个 DataKey 对象集合,这些对象表示 GridView 控件中的每一行数据的主键字段值
DataSource	要绑定到的 DataSource 对象
DataSourceID	要绑定到的 DataSource 控件的 ID
EmptyDataText	绑定到不包含任何记录的数据源时,所呈现在空数据行中的文本
SelectedIndex	在 GridView 控件中选中行的索引
SelectedRow	在 GridView 控件中选中的行

表 5-2 GridView 控件常用的方法

方法	说明
DataBind	将数据源绑定到 GridView 控件
DeleteRow	从数据源中删除位于指定索引位置的记录
UpdateRow	使用行的字段值更新位于指定行索引位置的记录
Sort	根据指定的排序表达式和方向对 GridView 控件进行排序

表 5-3 GridView 控件常用的事件

事件	说明
DataBinding	在 GridView 绑定到数据源之前发生
DataBound	在 GridView 绑定到数据源之后发生
PageIndexChanged	单击某个页导航按钮时发生,在 GridView 控件处理分页操作之后发生
PageIndexChanging	单击某个页导航按钮时发生,在 GridView 控件处理分页操作之前发生
RowDataBound	在 GridView 控件中将数据行绑定到数据时发生
RowCancelingEdit	单击编辑模式中某一行的"取消"按钮以后,在该行退出编辑模式之前发生
RowCreated	在 GridView 控件中创建行时发生
RowDeleted	单击某一行的"删除"按钮,在 GridView 控件删除该行之后发生
RowDeleting	单击某一行的"删除"按钮,在 GridView 控件删除该行之前发生
RowEdited	单击某一行的"编辑"按钮,在 GridView 控件进入编辑模式之后发生
RowEditing	单击某一行的"编辑"按钮,在 GridView 控件进入编辑模式之前发生
RowUpdated	单击某一行的"更新"按钮,在 GridView 控件对该行进行更新之后发生
RowUpdating	单击某一行的"更新"按钮,在 GridView 控件对该行进行更新之前发生
SelectedIndexChanged	单击某一行的"选择"按钮,在 GridView 控件对相应的选择操作进行处理之后发生

续表 5-3

事 件	说 明
SelectedIndexChanging	单击某一行的"选择"按钮，在 GridView 控件对相应的选择操作进行处理之前发生
Sorted	单击列排序的超链接时，在 GridView 控件对相应的排序操作进行处理之后发生
Sorting	单击列排序的超链接时，在 GridView 控件对相应的排序操作进行处理之前发生

5.1.2 数据绑定

数据表格控件 GridView 控件可以方便地显示数据，数据可以从数据源控件中获取，通过设置或指定 DataSource 或 DataSourceID 就可以绑定 GridView 控件和数据源控件。也可以使用代码绑定到 ADO.NET 查询结果，查询结果对象可以是 DataReader、DataSet 或 DataTable。下面通过两个实例分别加以介绍。

【例 5-1】绑定到 SqlDataSource 数据源控件。

绑定到数据源控件，可以先创建数据源，再创建 GridView 控件来使用该数据源。也可以先创建 GridView 控件，再专门为其创建新的数据源对象。

（1）创建一个名为 UseGridView 的网站及其默认主页。

（2）参考 4.4 节，添加一个 SqlDataSource 控件，连接 SQL SERVER 数据库"教学信息管理"并查询"学生表"的信息，并将连接字符串信息写到网站配置文件"Web.config"中，字符串名称为 SQLConn，相关的页面代码如下：

```
<asp:SqlDataSource ID="SqlDataSource1" runat="server"
ConnectionString="<%$ ConnectionStrings:SQLConn %>"
SelectCommand="SELECT * FROM [学生表]"></asp:SqlDataSource>
```

（3）从工具箱中拖一个 GridView 控件到页面上来，单击 GridView 控件右上角的智能标签，会弹出"GridView 任务"对话框，很多操作通过该对话框就可以完成。这里单击"选择数据源："右边的下拉列表，选择"SqlDataSource1"。这步操作其实是指定了 GridView 控件的 DataSourceID 属性，即指定了 GridView 控件的数据源控件为 SqlDataSource1，这样 GridView 控件显示的信息就是 SqlDataSource1 中的查询结果。设置后自动生成以下的页面代码：

```
<asp:GridView ID="GridView1" runat="server"
AutoGenerateColumns="False" DataSourceID="SqlDataSource1">
<Columns>
<asp:BoundField DataField="学号" HeaderText="学号" SortExpression="学号" />
<asp:BoundField DataField="姓名" HeaderText="姓名" SortExpression="姓名" />
```

```
        <asp:BoundField DataField="性别" HeaderText="性别" SortExpression="性别" />
        <asp:BoundField DataField="出生日期" HeaderText="出生日期" SortExpression="出生日期" />
        <asp:BoundField DataField="政治面貌" HeaderText="政治面貌" SortExpression="政治面貌" />
        <asp:BoundField DataField="班级编号" HeaderText="班级编号" SortExpression="班级编号" />
    </Columns>
</asp:GridView>
```

【代码解析】

① 从生成的代码可以看出，GridView 控件使用 SqlDataSource1 中对学生表的查询结果，对学生表的每个字段生成一列，放置在<Columns>和</Columns>标签之间。每 1 列都是 BoundField 列，指定了每一列的标题和排序表达式均为学生表的字段名。

② GridView 控件共包括 7 种类型的列，分别为 BoundField（普通数据绑定列）、CheckBoxField(复选框数据绑定列)、CommandField(命令数据绑定列)、ImageField（图片数据绑定列）、HyperLinkField（超链接数据绑定列）、ButtonField（按钮数据绑定列）和 TemplateField（模板数据绑定列）。

（4）打开 Default.aspx 页面，显示如图 5-1 所示页面，页面中显示了所有学生的信息。

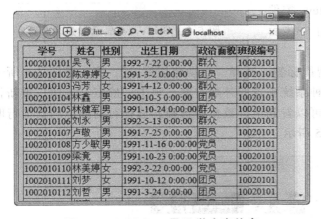
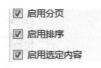

图 5-1 GridView 显示学生表信息　　　　图 5-2 启用分页、排序和选择功能

（5）再次打开 GridView 控件的智能标签，将"启用分页""启用排序"和"启用选定内容"都选中，如图 5-2 所示，启用后，GridView 控件的页面代码变化如下：

```
<asp:GridView ID="GridView1" runat="server" AllowPaging="True"
    AllowSorting="True" AutoGenerateColumns="False"
        DataSourceID="SqlDataSource1">
<Columns>
<asp:CommandField ShowSelectButton="True" />
<asp:BoundField DataField="学号" HeaderText="学号" SortExpression="学号" />
<asp:BoundField DataField="姓名" HeaderText="姓名" SortExpression="姓名" />
<asp:BoundField DataField="性别" HeaderText="性别" SortExpression="性别" />
<asp:BoundField DataField="出生日期" HeaderText="出生日期" SortExpression="出生日期" />
```

```
    <asp:BoundField DataField="政治面貌" HeaderText="政治面貌" SortExpression="政治面貌" />
    <asp:BoundField DataField="班级编号" HeaderText="班级编号" SortExpression="班级编号" />
  </Columns>
</asp:GridView>
```

【代码解析】可以看出，选择"启用分页""启用排序"和"启用选定内容"后，页面中对应地增加了 AllowPaging="True"、AllowSorting="True"和<asp:CommandField ShowSelectButton="True" />，即修改了分页属性和排序属性，添加了一个 CommandField（命令数据绑定列），让选择按钮显示出来。

（6）再次打开 Default.aspx 页面，显示如图 5-3 所示页面，页面中进行了分页，单击不用的页标签可以切换到不同的页。每页显示 10 条记录，如果要修改每页显示记录数，可以在属性窗口中修改 PageSize 属性值。单击上面第一行的列名，下面的数据会据此进行排序重新显示结果。单击左边的"选择"按钮，可以选择该行数据，但因为没有设置 GridView 控件的格式，因此暂时看不出效果，经过下一步后会显示出效果。

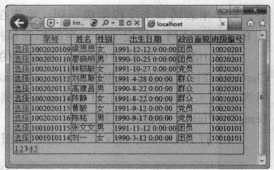

图 5-3 GridView 显示学生表信息

（7）再次打开 GridView 控件的智能标签，选择"自动套用格式"，弹出如图 5-4 所示的对话框。在左侧的列表框中选择一种系统预置的外观方案，单击"确定"按钮。重新打开页面，单击左边的"选择"按钮，可以看到该行数据被选择，选择行的颜色和其他行明显不同，文字也进行了加粗，如图 5-5 所示。

图 5-4 自动套用格式

图 5-5 自动套用格式后选择数据效果

【例 5-2】绑定到 ADO.NET 查询结果。

GridView 控件既可以通过 DataSource 控件访问数据库,也可以绑定到 ADO.NET 查询结果,其中查询结果对象可以是 DataReader、DataSet 或 DataTable。绑定的代码为:

GridView 控件.DataSource=查询结果对象;
GridView 控件.DataBind();

(1)在上例的基础上,为 UseGridView 网站添加一个新的页面 Default2.aspx,添加一个 GridView 控件,修改其 AutoGenerateColumns 属性为 True,自动套用一种格式。添加两个按钮"绑定到 DataReader"和"绑定到 DataSet"。

(2)添加"绑定到 DataReader"按钮的 Click 事件代码如下:

```
protected void Button1_Click(object sender, EventArgs e)
   {
       string connectionString = ConfigurationManager.ConnectionStrings["SQLConn"].
          ConnectionString;
       SqlConnection conn = new SqlConnection(connectionString);
       try
       {
           //打开连接
           conn.Open();

           string cmdText = "";
           cmdText = "select * from 学生表";
           SqlCommand command = new SqlCommand(cmdText, conn);
           SqlDataReader dr = command.ExecuteReader();
   //指定 GridView1 控件的数据源
           GridView1.DataSource = dr;
```

```
        //调用 DataBind 方法进行绑定
        GridView1.DataBind();
    }
    catch (SqlException Sqlex)
    {
        Response.Write(Sqlex.Message + "br />");//显示错误信息
    }
    finally
    {
        conn.Close();//关闭数据库链接
    }
}
```

（3）添加"绑定到 DataSet"按钮的 Click 事件代码如下：

```
protected void Button2_Click(object sender, EventArgs e)
{
    string connectionString = ConfigurationManager.ConnectionStrings["SQLConn"].
        ConnectionString;
    SqlConnection conn = new SqlConnection(connectionString);
    try
    {
        string sqlStudent = "select * from 学生表";
        SqlDataAdapter da = new SqlDataAdapter(sqlStudent, conn);
        DataSet ds = new DataSet();    //创建数据集对象
        da.Fill(ds, "Student");

        //指定 GridView1 控件的数据源
        GridView1.DataSource = ds;
        //调用 DataBind 方法进行绑定
        GridView1.DataBind();
    }
    catch (SqlException Sqlex)
    {
        Response.Write(Sqlex.Message + "br />");//显示错误信息
    }
    finally
    {
        conn.Close();//关闭数据库链接
    }
}
```

           }
      }

（4）打开 Default2.aspx 页面，单击"绑定到 DataReader"和"绑定到 DataSet"按钮，都可以将学生表的信息显示到页面中，如图 5-6 所示。

图 5-6 GridView 控件绑定到 ADO.NET 查询结果显示数据

（5）在图 5-6 中，左边也有一个选择按钮，可以选择一行数据。但是这个按钮不能像上例那样生成。由于在设计期没有数据绑定到 GridView，所以它的智能标签中不会出现如图 5-2 所示的"启用分页""启用排序"和"启用选定内容"的复选框，所以无法用这种方式添加"选择"按钮。这里使用另外一种方式添加：打开 GridView 右上角智能标签，选择"编辑列..."，弹出字段对话框，如图 5-7 所示，在"可用字段"列表中会列出所有的字段，单击 CommandField，在展开的选项中选择"选择"，单击"添加"按钮，这样"选择"字段就会显示在"选定的字段"列表中。单击"确定"按钮返回，可以看到 GridView 控件左边已经添加了"选择"按钮。

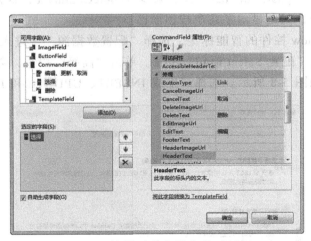

图 5-7 编辑列弹出的字段对话框

要想像上例一样实现分页和排序功能，需要到属性窗口修改 GridView 控件的 AllowPaging 和 AllowSorting 属性为 True。但是，打开页面，单击按钮后，会出现"数据源不支持服务器端的数据分页"的错误提示，取消分页只进行排序，单击标题排序时"GridView1"激发了未处理的事件"Sorting"的错误提示。

这说明，对于 GridView 这样封装良好的控件，使用数据绑定方法，排序、分页、数据修改等功能都会受到影响。对于一些不像 GridView 这样封装完整的控件，如 DataList 等，使用数据绑定方法则会获得更大的灵活性和更强的功能。

5.1.3 编辑和删除数据

通过 GridView 还可以对数据进行编辑，在默认情况下，GridView 控件以只读模式显示数据。如果要使用该控件对数据进行编辑，此时需要让该控件在另一种模式下工作。

在编辑模式下，该控件会显示一个像 TextBox 和 CheckBox 控件一样的可编辑控件。要让 GridView 控件执行编辑和删除操作，就需要对它的列属性进行编辑，添加一个列来显示"编辑"和"删除"按钮。下面例子演示如何实现"编辑"和"删除"这样的功能。

【例 5-3】编辑和删除数据。

（1）在上例基础上，复制 Default.aspx，粘贴并重命名为 Default3.aspx。

（2）打开 GridView 右上角智能标签，选择"编辑列..."，弹出字段对话框，如图 5-7 所示，在"可用字段"列表中会列出所有的字段，单击 CommandField，展开的选项中选择"编辑、更新、取消"，单击"添加"按钮，这样"编辑、更新、取消"字段就会显示在"选定的字段"列表中；同样添加"删除"按钮。单击"确定"按钮返回，可以看到 GridView 控件右边已经添加了"编辑"和"删除"按钮。打开运行 Default3.aspx 页面，单击"编辑"，选定行会处于编辑状态，可以对每个字段进行修改，右边的"编辑"按钮变成了"更新"和"取消"两个按钮。

（3）修改一个字段的值，单击"更新"按钮，或者直接单击"删除"按钮，都会出现错误提示，提示缺少 UpdateCommand 或者缺少 DeleteCommand，这是因为我们还没有给数据源生成这些指令，只是显示了几个按钮而已。

（4）选择 GridView 控件的智能标签，选择"配置数据源..."进入数据源配置的步骤，单击"下一步"到达"配置 Select 语句"步骤。单击"高级"按钮，会弹出"高级 SQL 生成选项"对话框，如图 5-8 所示。选择"生成 INSERT、UPDATE 和 DELETE 语句"复选

图 5-8 "高级 SQL 生成选项"对话框

框，单击"确定"退出对话框。如果图 5-8 中的复选框不能选，看下面提示可知，要么选择的表没有主键，要么生成数据源查询时没有选择主键字段，返回修改好数据库表或者查看 select 语句是否主键字段。

（5）完成对 SqlDataSource1 数据源的配置之后，在源视图中可以看到，其源代码已经改为：

<asp:SqlDataSource ID="SqlDataSource1"
runat="server" ConnectionString="<%$ ConnectionStrings:SQLConn %>"
SelectCommand="SELECT * FROM [学生表]"
DeleteCommand="DELETE FROM [学生表] WHERE [学号] = @学号"
InsertCommand="INSERT INTO [学生表] ([学号], [姓名], [性别], [出生日期], [政治面貌], [班级编号], [照片]) VALUES (@学号, @姓名, @性别, @出生日期, @政治面貌, @班级编号, @照片)" UpdateCommand="UPDATE [学生表] SET [姓名] = @姓名, [性别] = @性别, [出生日期] = @出生日期, [政治面貌] = @政治面貌, [班级编号] = @班级编号, [照片] = @照片 WHERE [学号] = @学号">

<DeleteParameters>
<asp:Parameter Name="学号" Type="String" />
</DeleteParameters>
<InsertParameters>
<asp:Parameter Name="学号" Type="String" />
<asp:Parameter Name="姓名" Type="String" />
<asp:Parameter Name="性别" Type="String" />
<asp:Parameter Name="出生日期" Type="DateTime" />
<asp:Parameter Name="政治面貌" Type="String" />
<asp:Parameter Name="班级编号" Type="String" />
<asp:Parameter Name="照片" Type="Object" />
</InsertParameters>
<UpdateParameters>
<asp:Parameter Name="姓名" Type="String" />
<asp:Parameter Name="性别" Type="String" />
<asp:Parameter Name="出生日期" Type="DateTime" />
<asp:Parameter Name="政治面貌" Type="String" />
<asp:Parameter Name="班级编号" Type="String" />
<asp:Parameter Name="照片" Type="Object" />
<asp:Parameter Name="学号" Type="String" />
</UpdateParameters>
</asp:SqlDataSource>

【代码解析】可以看出，重新配置数据源后增加了三条命令：DeleteCommand、InsertCommand 和 UpdateCommad，命令中类似"@学号，@姓名"的表示参数，这些参数可以看成是一种变量。后面的<DeleteParameters>、<InsertParameters>和<UpdateParameters>内部，给出了各删除、插入和更新命令的参数设置，定义了每个参数的名称和类型。

（6）打开运行 Default3.aspx 页面，修改一个字段的值，如图 5-9 所示；单击"更新"按钮，可以看到数据修改成功，如图 5-10 所示；单击"删除"按钮，该条记录会被删除。

（7）如果要改变按钮的外观，可以在图 5-7 中，选中要修改的字段，譬如"编辑、更新、取消"字段，在右边修改 ButtonType 属性，默认是"Link"以链接样式显示，运行时表现为超链接。若修改为"Button"，则以按钮样式显示，运行时表现为按钮；若修改为"Image"，则以图形样式显示，运行时表现为左边图形右边文字。

图 5-9　记录修改前

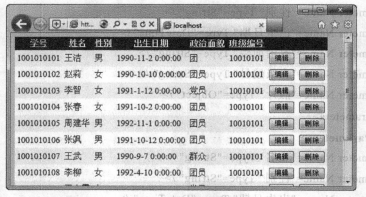

图 5-10　记录修改后

5.1.4　SqlDataSource 控件中使用 where 语句

【例 5-4】SqlDataSource 控件中使用 where 语句。

该实例使用 SqlDataSource 控件中 where 语句配置，实现显示选择班级下拉列表时，在 GridView 中显示该班级的所有学生。使用数据库中的班级表和学生表，两个表中通过班级编号进行关联，下拉列表中显示班级名称，通过选择的班级名称找到对应的班级编号，然后再根据班级编号进行过滤显示。

（1）在上例基础上，为 UseGridView 网站添加一个新的页面 Default4.aspx，添加一个

DropDownList 控件，修改其 AutoPostBack 属性为 True，添加一个 GridView 控件，自动套用一种格式。

（2）选择 DropDownList 控件右上角智能标签，选择"选择数据源"，打开"数据源配置向导"对话框，如图 5-11 所示，选择"新建数据源"，弹出"选择数据源类型"对话框，如图 5-12 所示，选择一种数据源，这里选择"SQL 数据库"，数据源 ID 使用默认值 SqlDataSource1，单击"确定"按钮后，进入数据连接向导。

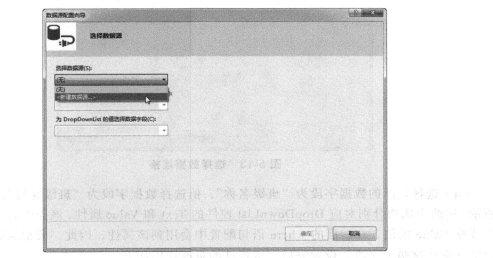

图 5-11　数据源配置向导对话框

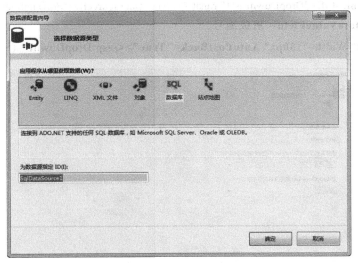

图 5-12　选择数据源类型

（3）选择 SQLConn，如图 5-13 所示。这个连接是在 Default.aspx 页面设计时，使用 SQLDataSource 控件写到 Web.config 文件中的，所以可以看到该连接。如果没有，则单击"新建连接"，步骤参考例 4-14。单击"下一步"，在"配置 Select 语句"界面中选择"班级表"，选择"班级编号"和"班级名称"，单击"下一步"，再单击"完成"，这样新数据源 SqlDataSource1 就建立好了。

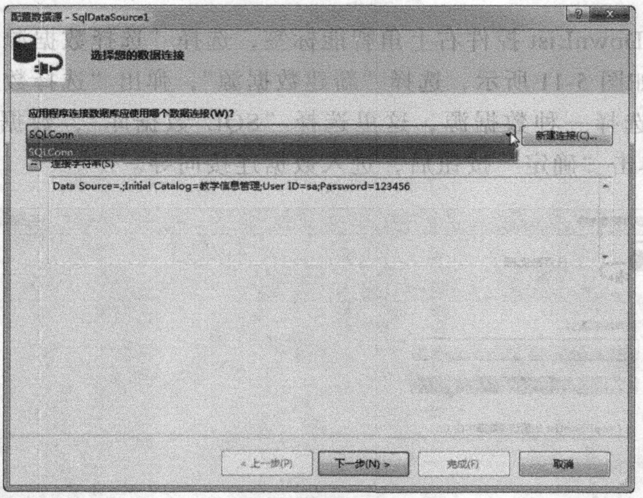

图 5-13 选择数据连接

（4）选择显示的数据字段为"班级名称"，值选择数据字段为"班级编号"，如图 5-14 所示。这两个选项分别对应 DropDownList 控件的 Text 和 Value 属性，该控件的 SelectValue 是获取 Value 的值，在后面的 where 语句配置中会用到该属性，因此，要根据数据表的字段情况选择这两个字段。设置完后，该控件的页面代码如下：

<asp:DropDownList ID="DropDownList1" runat="server" DataSourceID="SqlDataSource1" **DataTextField=**"班级名称" **DataValueField=**"班级编号"

Height="40px" Width="130px" **AutoPostBack="True"**></asp:DropDownList>

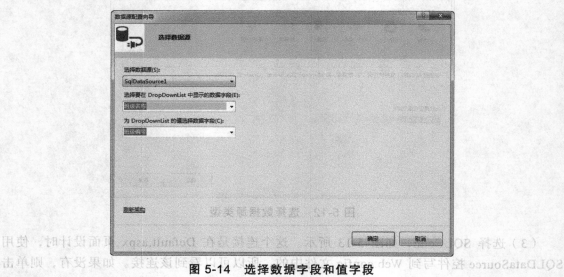

图 5-14 选择数据字段和值字段

（5）以相同的方式为 GridView 控件建立数据源 SqlDataSource2，在"配置 Select 语句"

界面中选择"学生表"的所有字段。单击"WHERE"按钮,弹出"添加 WHERE 子句"对话框。在"列"处选择班级编号,在"源"处选择 Control(控件),在右侧参数属性的"控件 ID"列表中选择 DropDownList1,如图 5-15 所示,单击"添加"按钮,可以看到 WHERE 子句列表中增加了"[班级编号]=@班级编号   DropDownList1.SelectValue",表示 where 子句的班级编号等于下拉列表框的选择值。单击"确定"按钮完成 where 子句的配置。配置完以后,SqlDataSource2 控件的页面代码如下:

```
<asp:SqlDataSource ID="SqlDataSource2" runat="server"
    ConnectionString="<%$ ConnectionStrings:SQLConn %>"
    SelectCommand="SELECT * FROM [学生表] WHERE ([班级编号] = @班级编号)">
    <SelectParameters>
        <asp:ControlParameter ControlID="DropDownList1" Name="班级编号"
            PropertyName="SelectedValue" Type="String" />
    </SelectParameters>
</asp:SqlDataSource>
```

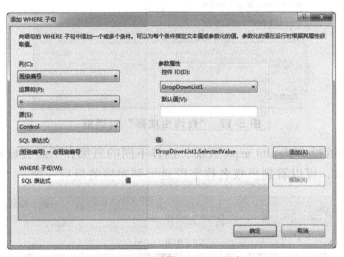

图 5-15 配置 where 子句

【代码解析】代码中修改了 SelectCommand 指令,where 语句中使用 @班级编号作为参数值,参数的定义在 <SelectParameters> 部分,指定了来自 DropDownList1 控件的 SelectedValue 属性值。

(6)打开运行 Default4.aspx 页面,选择不同的班级,下面会显示该班级的所有学生,如图 5-16 所示,如果该班级没有学生,下面什么都不显示。

图 5-16 选择不同班级显示该班级的所有学生

（7）由于学生表中只有班级编号，如果要想显示班级名称到表格中，可以重新配置数据源控件。选择 SqlDataSource2 的智能标签，选择"配置数据源"，在"配置 Select 语句"步骤选择"指定自定义 SQL 语句或存储过程"，单击"下一步"按钮。在"定义自定义语句或存储过程"步骤中单击"查询生成器"，进入"查询生成器"对话框，右击最上面的部分，在弹出的快捷菜单中选择"添加表"，如图 5-17 所示。添加"班级表"到列表中。然后勾选"班级表"中的"班级名称"字段。单击"确定"按钮关闭"查询生成器"对话框。继续完成数据源的配置。完成后如果系统提问"是否刷新 GridView1 的字段和键"，选择"是"。

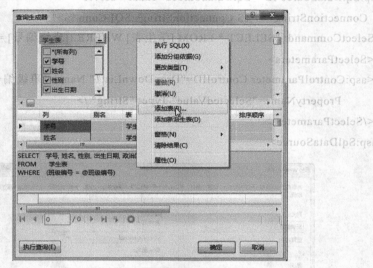

图 5-17 "查询生成器"对话框

（8）重新打开运行 Default4.aspx 页面，选择不同的班级，下面会显示该班级的所有学生，如图 5-18 所示，可以看到班级名称字段显示到表格的最后一列。

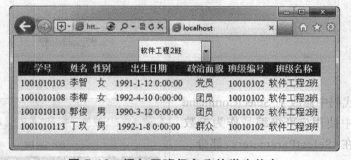

图 5-18 添加了班级名称的学生信息

【上机实践 1】在 SqlDataSource 的 where 语句中使用 Session 变量。实现在登录页面中创建 Session 变量，在显示信息页面中根据登录页面创建的 Session 变量，修改 where 语句实现过滤。

（1）新建网站 WhereSession，添加页面 Login.aspx，页面中添加控件用于登录，登录后使用 Session 变量 UseName 保存用户名。相应页面的相关代码如下：

```
<div align="center">
<table>
<tr>
<td align="right">用户名：</td>
<td align="left">
<asp:TextBox ID="txtName" runat="server" />
<asp:RequiredFieldValidator ID="RequiredName" runat="server"
            ControlToValidate="txtName" ErrorMessage="用户名不能为空"
            ForeColor="Red"></asp:RequiredFieldValidator>
</td>
</tr>
<tr>
<td align="right">密 码：</td>
<td align="left">
<asp:TextBox ID="txtPassword" runat="server" TextMode="Password" />
<asp:RequiredFieldValidator ID="RequiredNumber" runat="server"
            ControlToValidate="txtPassword" ErrorMessage="密码不能为空"
            ForeColor="Red"></asp:RequiredFieldValidator>
</td>
</tr>
<tr>
<td colspan="2" align="center">
<asp:Button ID="LoginBtn" runat="server" Text="登录"
            OnClick="LoginBtn_Click" Font-Size="Medium"></asp:Button>
 
<asp:Button ID="Button2" runat="server" Font-Size="Medium" Text="重置"
            OnClick="ResetBtn_Click" />
</td>
</tr>
</table>
</div>
```

（2）对应的代码文件 Login.aspx.cs 的代码如下，完成使用 Session 变量 UseName 记录用户名文本框中输入的值。

```
protected void LoginBtn_Click(object sender, EventArgs e)
    {
Session["UseName"] = Server.HtmlEncode(txtName.Text.Trim());
        Response.Redirect("StuInfo.aspx");
    }
```

```
protected void ResetBtn_Click(object sender, EventArgs e)
{
    txtPassword.Text = "";
    txtName.Text = "";
}
```

(3)添加页面 StuInfo，添加控件 GridView，添加新的数据源 SQLConn，在配置数据源的"配置 Select 语句"步骤中，单击"WHERE"按钮，在列中选择"学号"，运算符中选择"="，源中选择"Session"，在会话字段中输入"UseName"（这个是上面步骤在 Login.aspx 页面中创建的用于保存用户名的 Session 变量），如图 5-19 所示。单击"添加"，在 Where 子句部分会显示"[学号]=@学号   Session("UserName")"，表示 where 子句的学号等于会话变量 Session("UserName")的值。

(4)查看数据源对应的代码如下，可以看到添加了 SelectParameters 参数，使用 asp:SessionParameter 对象。

```
<asp:SqlDataSource ID="SqlDataSource1" runat="server" ConnectionString="<%$ ConnectionStrings:SQLConn %>"
SelectCommand="SELECT * FROM [学生表] WHERE ([学号] = @学号)">
<SelectParameters>
<asp:SessionParameter Name="学号" SessionField="UseName" Type="String" />
</SelectParameters>
</asp:SqlDataSource>
```

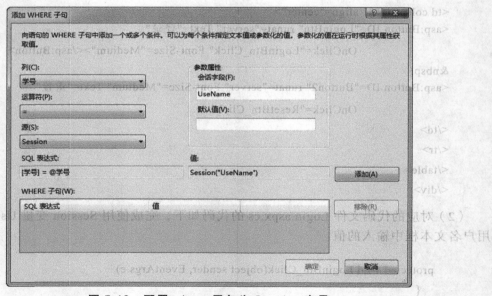

图 5-19　配置 where 子句为 Session 变量

(5)在浏览器中打开 Login.aspx，输入学生表中的一个学号到用户名，如图 5-20 所示，单击"登录"按钮后，会显示如图 5-21 所示页面，显示该学生的详细信息。

图 5-20 输入学生表中的一个学号到用户名

图 5-21 显示输入学号学生的详细信息

【上机实践 2】设置 SqlDataSource 的 where 语句查询学生表中政治面貌没有填写的所有学生信息。

【提示】where 中使用 IS NULL。

【问题】SQL Server 中如何设置某个字段为 NULL？

类似下列代码：update　学生表　set 政治面貌 = null　where 政治面貌 like ''

5.1.5　将 GridView 中数据导出到 Excel 并设置其格式

显示在 GridView 中的数据，经常需要导出到 Excel 报表中进行进一步处理，这需要通过设置 Response 对象的 ContentType 属性为输出文件的类型来实现。

【例 5-5】GridView 数据导出到 Excel 并进行格式化。

（1）新建一个网站，将其命名为 GridViewtoExcel，默认主页为 Default.aspx。

（2）网站中右键添加系统数据库文件夹 App_Data，复制数据库"教学信息管理.mdb"到该文件夹中。

（3）在 Default.aspx 页面中添加一个 GridView 控件，新建数据源，绑定显示数据库表"教师表"到该 GridView 控件中。

（4）再添加一个 Button 控件，用来将 GridView 控件中数据导出为 Excel 文件，并进行格式化处理操作。

（5）自定义一个方法 ToExcel(System.Web.UI.Control ctl, string FileName)，用来将控件中的数据导出到 FileName 指定的文件中。该方法有 ctl 和 FileName 两个参数，其中，ctl 表示显示数据的控件名称，这里为 GridView 控件，FileName 表示要输出的文件名，该方法的关键代码如下：

```
public void ToExcel(System.Web.UI.Control ctl, string FileName)
{
          HttpContext.Current.Response.Charset = "UTF-8";
          HttpContext.Current.Response.ContentEncoding = System.Text.Encoding.Default;
          HttpContext.Current.Response.ContentType = "application/ms-excel";
          HttpContext.Current.Response.AppendHeader("Content-Disposition", "attachment;filename=" +
HttpUtility.UrlEncode(FileName, System.Text.Encoding.UTF8).ToString());
          ctl.Page.EnableViewState = false;
          System.IO.StringWriter tw = new System.IO.StringWriter();
```

```
            HtmlTextWriter hw = new HtmlTextWriter(tw);
            ctl.RenderControl(hw);
            HttpContext.Current.Response.Write(tw.ToString());
            HttpContext.Current.Response.End();
        }
```

（6）双击添加 Button 控件的 Click 事件，添加调用 ToExcel(System.Web.UI.Control ctl, string FileName)方法。

```
        protected void Button1_Click(object sender, EventArgs e)
        {
            ToExcel(GridView1,"教师表.xls");
        }
```

（7）打开运行 Default.aspx 页面，显示如图 5-22 所示页面，单击"导出到 Excel"按钮时，会出现类似""/GridViewtoExcel"应用程序中的服务器错误。"的错误信息，这是由于没有重载 VerifyRenderingInServerForm (Control control)方法，该方法用来确认在运行时为指定的 ASP.NET 服务器控制呈现<form runat= "server">标记。在代码页添加如下代码，用于重载 VerifyRenderingInServerForm (Control control)方法。

```
        public override void VerifyRenderingInServerForm(Control control)
        {
        }
```

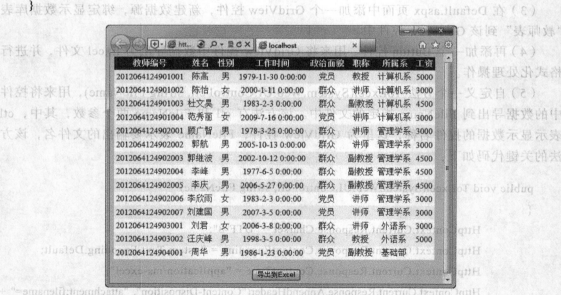

图 5-22 导出 GridView 控件数据到 Excel

（8）再次执行该应用程序，单击"导出到 Excel"按钮时，此时不再显示上面错误，会弹出"文件下载"对话框，单击对话框中的"保存"按钮右边的下拉条，单击"另存为"

按钮,选择文件夹后按"保存"按钮,GridView 控件中的数据会保存为 Excel 文件中。

(9)在文件夹中打开文件"教师表.xls",会弹出文件格式与文件扩展名指定的格式不一致的对话框,单击"是"打开后,可以看到教师编号的格式变成指数的格式,需要在 Excel 文件中重新设置该列格式才可以正确显示。

(10)也可以在导出前将格式设置成需要的格式,就不需要导出后再重新修改 Excel 文件的格式了。对 GridView 控件单元格中的内容进行格式化处理,主要是通过触发其 RowDataBound 事件来实现的,该事件在 GridView 控件中每行数据绑定时触发。在 GridView 控件的 RowDataBound 事件中,通过给指定单元格添加格式化字符串样式实现字符串的处理操作。在事件中添加以下代码,用以将第 0 列对应的教师编号设置为"文本"格式,将第 3 列对应的工作时间设置为只有年月日。

```
protected void GridView1_RowDataBound(object sender, GridViewRowEventArgs e)
{
    if (e.Row.RowType == DataControlRowType.DataRow)
    {
        e.Row.Cells[0].Attributes.Add("style", "vnd.ms-excel.numberformat:@");
        e.Row.Cells[3].Attributes.Add("style", "vnd.ms-excel.numberformat:yyyy-mm-dd");
    }
}
```

【代码解析】

代码中 e.Row.Cells[0].Attributes.Add()方法的第二个参数表示该列的格式,常用的有以下几种格式。

① 文本:vnd.ms-excel.numberformat:@。
② 日期:vnd.ms-excel.numberformat:yyyy/mm/dd。
③ 数字:vnd.ms-excel.numberformat:#,##0.00。
④ 货币:vnd.ms-excel.numberformat: ¥ #,##0.00。
⑤ 百分比:vnd.ms-excel.numberformat: #0.00%。

(11)再次打开运行 Default.aspx 页面,导出 Excel 文件"教师表.xls",打开后就是需要的格式了。

5.2 DetailsView 控件

DetailsView 控件可以以表格的形式每次显示数据库表中一条记录的信息,表格中的每一行,就是数据记录中的一个字段。使用 DetailsView 控件还可以执行编辑、删除和插入等操作。

DetailsView 控件的数据显示特性,注定了其具备分页行为,即每页显示一条数据记录。要启用这种分页行为,可以通过设置其 AllowPaging 属性为 True 来实现。

【例 5-6】DetailsView 控件操作单个记录的细节。

该实例实现单击上面表格中的学生信息,在下面的DetailsView控件中显示选择的学生的详细信息,并可以对详细信息进行修改和删除。

(1)创建一个名为UseDetailsView的网站及其默认主页。

(2)在页面上添加一个GridView控件,让其显示学生表的信息,启用分页、排序和选定内容,自动套用一种格式。连接的数据源是SqlDataSource1,保存到Web.config文件中的连接是SQLConn。

(3)添加一个DetailsView控件,自动套用一种格式。选择右上角智能标签,选择"新建数据源",在弹出的对话框中选择"SQL数据库",单击"确定"按钮进入数据源配置步骤,选择SQLConn后单击"下一步"到达"配置Select语句"步骤。选择"学生表",单击WHERE按钮,弹出"添加WHERE子句"对话框。在"列"处选择"学号",在"源"处选择Control(控件),在右侧参数属性的"控件ID"列表中选择GridView1,如图5-23所示,单击"添加"按钮,可以看到WHERE子句列表中增加了"[学号]=@学号GridView1.SelectValue",表示where子句为学号等于GridView1表格的选择值。单击"确定"按钮完成WHERE子句的配置。

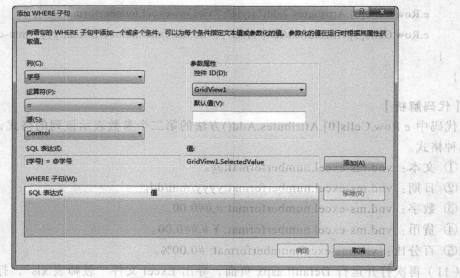

图5-23 配置where子句

(4)单击"高级"按钮,选择"生成INSERT、UPDATE和DELETE语句"复选框,单击"确定"退出对话框。继续完成数据源的其他配置。选择DetailsView控件右上角智能标签,勾选"启用分页""启用编辑"和"启用删除";再单击DetailsView控件右上角智能标签,选择"编辑字段",在"字段"对话框中选定字段中选择"CommandField",在右边将命令字段的ButtonType属性修改为Button。

(5)打开运行Default.aspx页面,显示如图5-24所示页面,单击记录前面的选择按钮,选择一行记录后,在下面的DetailsView控件中显示了选择记录的详细信息,如图5-25所示。单击DetailsView控件的"编辑"按钮,显示如图5-26所示的页面,该条记录处于编辑状态,每个字段显示到编辑框中,修改后单击"更新"会保存,单击"取消"撤销修改。

图 5-24 DetailsView 控件显示前

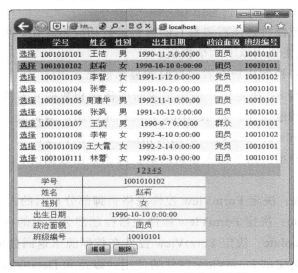

图 5-25 DetailsView 控件显示后

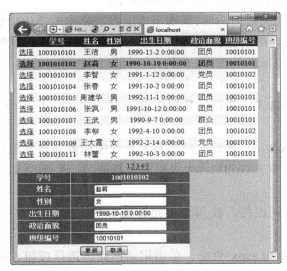

图 5-26 DetailsView 控件的编辑状态

5.3 FormView 控件

FormView 控件与 DetailsView 控件相似，每次只显示一条数据记录。两者的差别在于：DetailsView 控件使用表格来布局，而 FormView 控件却没有预定义布局。开发人员可以自己定义模板，模板中可以定义窗体格式，还可以绑定控件和表达式。该控件完全使用模板，因此，它可以提供更好的数据外观。

FormView 控件显示绑定数据源控件中的一个数据项，并可以添加、编辑和删除数据。它比较独特的地方是在定制模板中显示数据，可以更多地控制数据的显示和编辑方式。当配置好数据源之后，再向控件的模板区域内添加一个控件后，在该控件所显示的智能标记中，就可执行"编辑 DataBindings"命令，在打开的对话框中进行字段的绑定工作。

使用 FormView 控件时，还需要对它的内容进行相应格式化，可以通过修改模板来实现。FormView 控件主要使用以下六个模板：

① ItemTemplate：控制用户查看数据时的显示情况。

② EditItemTemplate：决定用户编辑记录时的格式和数据元素的显示情况。在这个模板内，用户可以使用其他控件，如 TextBox 元素，允许用户编辑值。

③ InsertItemTemplate：与编辑一条记录相似，这个模板控制用户在末端数据源中添加一条新记录时字段的显示。由于输入了新的值，应该根据数据的要求允许用户自由输入文本或限制某些值。

④ FooterTemplate：决定 FormView 控件表格页脚部分显示的内容。

⑤ HeaderTemplate：决定 FormView 控件表格标题部分显示的内容。

⑥ EmptyDataTemplate：决定 FormView 控件在数据源未返回数据时要呈现的内容。

下面通过一个实例演示 FormView 控件的使用，以及和 DetailsView 控件的区别。

【例 5-7】FormView 控件操作单个记录的细节。

该实例和例 5-6 实现类似的功能，实现单击上面表格中的学生信息，在下面的 FormView 控件中显示所选学生的详细信息，并可以对详细信息进行修改和删除。

（1）创建一个名为 UseFormView 的网站及其默认主页。

（2）在页面上添加一个 GridView 控件，让其显示学生表的信息，启用分页、排序和选定内容，自动套用一种格式。新建的数据源是 SqlDataSource1，保存到 Web.config 文件中的连接名为 SQLConn。

（3）添加一个 FormView 控件，使用右上角智能标签新建数据源 SqlDataSource2，配置 WHERE 子句为学号等于 GridView1 表格的选择值；生成 INSERT、UPDATE 和 DELETE 语句。

（4）选择 FormView 控件，使用右上角智能标签，自动套用一种格式，勾选"启动分页"。

（5）打开运行 Default.aspx 页面，单击记录前面的选择按钮，选择一行记录后，在下面的 FormView 控件中显示了选择记录的详细信息，如图 5-27 所示。

图 5-27　FormView 控件显示

（6）使用模板显示修改详细页的外观。选择 FormView 控件，使用右上角智能标签，选择"编辑模板"，下拉列表框中选择"ItemTemplate"，进行数据项模板的编辑，这里以修改学号字段的颜色并加粗为例。选择 ItemTemplate 模板的"[学号 Label]"，在属性窗口中修改 ForeColor 为 Red，修改 Font-Bold 为 True；修改下面的编辑、删除和新建按钮对象，将原来的 LinkButton 对象改为 Button 对象；修改页面元素为表格布局，修改后的 ItemTemplate 模板代码如下。

```
<ItemTemplate>
<table align="center" border="1">
<tr><th>学号:</th>
<td style="text-align: center">
<asp:Label ID="学号 Label" runat="server" Font-Bold="True" ForeColor="Red"
            Text='<%# Eval("学号") %>' /></td>
<th>姓名:</th>
<td><asp:Label ID="姓名 Label" runat="server" Text='<%# Bind("姓名") %>' /></td>
</tr>
<tr><th>性别:</th><td>
<asp:Label ID="性别 Label" runat="server" Text='<%# Bind("性别") %>' /></td>
<th>出生日期:</th>
<td><asp:Label ID="出生日期 Label" runat="server" Text='<%# Bind("出生日期") %>' /></td></tr>
<tr><th>政治面貌:</th>
<td><asp:Label ID="政治面貌 Label" runat="server" Text='<%# Bind("政治面貌") %>' /></td>
```

```
                <th >班级编号:</th>
                <td><asp:Label ID="班级编号 Label" runat="server" Text='<%# Bind("班级编号") %>' /></td>
            </tr>
            <tr>
                            <td colspan="4">
<asp:Button ID="EditButton" runat="server" CausesValidation="False"
                CommandName="Edit" Text="编辑" />
 <asp:Button ID="DeleteButton" runat="server" CausesValidation="False"
                CommandName="Delete" Text="删除" />
 <asp:Button ID="NewButton" runat="server" CausesValidation="False"
                CommandName="New" Text="新建" />
            </td>
                            </tr>
        </table>
</ItemTemplate>
```

（7）重新打开运行 Default.aspx 页面，单击记录前面的选择按钮，选择一行记录后，在下面的 FormView 控件中显示了被选记录的详细信息，如图 5-28 所示。可以看到，记录已经使用表格显示，学号已经加粗且显示红色字体，原来的每行显示一个字段改为每行显示两个字段，下面的链接改为按钮。

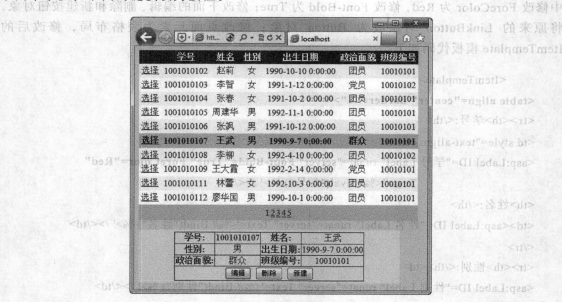

图 5-28 FormView 控件修改模板后显示

【上机实践】修改上例中的 EditItemTemplate 模板，将链接改为按钮，修改出生日期为短日期格式，将性别改为单选按钮选择，修改为表格布局。

【提示】（1）选择"编辑模板"，下拉列表框中选择"EditItemTemplate"。

（2）"表格"菜单，插入表，将文字和控件拖到对应表格单元格中，实现表格布局。

（3）修改按钮同上。选定出生日期后面的编辑框智能标签，选择"编辑 DataBindings"，弹出的对话框中左边选择 Text，右边选择绑定到"出生日期"，格式选择"短日期-{0:d}"。

（4）性别单元格，删除 TextBox 控件，拖放工具箱中"RadioButtonList"到该处。选择 RadioButtonList 控件的智能标签，选择"编辑项"，添加"男"和"女"两个选项，Text 和 Value 取相同值，RepeatDirection 属性为"Horizontal"。标签中选择"编辑 DataBindings"，弹出的对话框中左边选择 SelectValue，右边选择绑定到"性别"，勾选"双向数据绑定"。

（5）显示详细信息后，单击"编辑"按钮，会显示 EditItemTemplate 模板的效果，如图 5-29 所示。

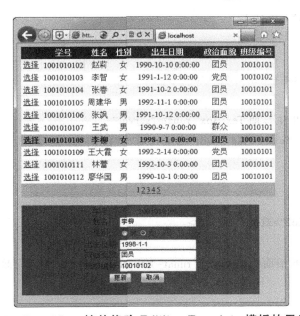

图 5-29　FormView 控件修改 EditItemTemplate 模板的显示效果

修改后 EditItemTemplate 模板代码如下：

　　\<EditItemTemplate>
\<table align="center">
\<tr>
\<td class="auto-style2">学号:\</td>
\<td>
\<asp:Label ID="学号 Label1" runat="server" Text='<%# Eval("学号") %>' />\</td>
\</tr>
\<tr>
\<td class="auto-style2">姓名:\</td>
\<td>
\<asp:TextBox ID="姓名 TextBox" runat="server" Text='<%# Bind("姓名") %>' />

```
<td class="auto-style3">性别:</td>
<td class="auto-style3">
<asp:RadioButtonList ID="RadioButtonList1" runat="server"
         RepeatDirection="Horizontal" SelectedValue='<%# Bind("性别") %>'>
<asp:ListItem>男</asp:ListItem>
<asp:ListItem>女</asp:ListItem>
</asp:RadioButtonList></td>
</tr>
<tr>
<td class="auto-style2">出生日期:</td>
<td>
<asp:TextBox ID="出生日期 TextBox" runat="server"
         Text='<%# Bind("出生日期", "{0:d}") %>' />
</td>
</tr>
<tr>
<td class="auto-style2">政治面貌:</td>
<td>
<asp:TextBox ID="政治面貌 TextBox" runat="server" Text='<%# Bind("政治面貌") %>' />
</td>
</tr>
<tr>
<td class="auto-style2">班级编号:</td>
<td>
<asp:TextBox ID="班级编号 TextBox" runat="server" Text='<%# Bind("班级编号") %>' />
</td>
</tr>
<tr>
<td class="auto-style2" colspan="2">
<asp:Button ID="UpdateButton" runat="server" CausesValidation="True"
         CommandName="Update" Text="更新" />
  
<asp:Button ID="UpdateCancelButton" runat="server" CausesValidation="False"
         CommandName="Cancel" Text="取消" />
</td>
```

      </tr>
    </table>
  </EditItemTemplate>

5.4 ListView 控件

ListView 控件用于显示数据，它提供了编辑、删除、插入、分页与排序等功能，ListView 控件可以理解为 GridView 控件与 DataList 控件的融合体，它具有 GridView 控件编辑数据的功能，同时又具有 DataList 控件灵活布局的功能。

通过 ListView 控件的 DataSourceID 属性，可以将 ListView 控件绑定到数据源控件。如果为数据源控件设置了数据的编辑和删除等功能，则可以使用 ListView 控件内置的排序、分页、插入、删除和更新操作等功能，对数据进行常规操作。还可以使用 ListView 控件所提供的 DataSource 属性，将 ADO.NET 数据集以及内存中的集合等数据绑定到 ListView 中。

如果要对 ListView 的布局、样式和选项等进行配置，可单击右上角智能标签选择"配置 ListView"命令，来打开"配置 ListView"对话框，可在该对话框中进行简单的预定义布局设置。同时，ListView 还提供了可自由定制的模板项，可通过在"ListView 任务"菜单上的当前视图下拉列表中，选择相应的模板项进行模板的编辑。

和 FormView 控件类似，使用 ListView 控件时，也可以修改模板显示来格式化显示的外观。ListView 控件主要使用以下几个模板：

① LayoutTemplate：标识定义控件的主要布局的根模板。它包含一个占位符对象，例如表行 div 或 span 元素。此元素将由 ItemTemplate 模板或 GroupTemplate 模板中定义的内容替换，还可能包含一个 DataPager 对象。

② ItemTemplate：标识要为各个项显示的数据绑定内容。

③ ItemSeparatorTemplate：标识要在各个项之间呈现的内容。

④ GroupTemplate：标识组布局的内容。它包含一个占位符对象，例如表单元格(td)、div 或 span。该对象将由其他模板（例如 ItemTemplate 和 EmptyItemTemplate 模板）中定义的内容替换。

⑤ GroupSeparatorTemplate：标识要在项组之间呈现的内容。

⑥ EmptyItemTemplate：标识在使用 GroupTemplate 模板时为空项呈现的内容。

⑦ EmptyDataTemplate：标识在数据源未返回数据时要呈现的内容。

⑧ SelectedItemTemplate：标识为区分所选数据项与显示的其他项，而为该所选项呈现的内容。

⑨ AlternatingItemTemplate：标识为便于区分连续项，而为交替项呈现的内容。

⑩ EditItemTemplate：标识要在编辑项时呈现的内容。对于正在编辑的数据项，将呈现 EditItemTemplate 模板以替代 ItemTemplate 模板。

⑪ InsertItemTemplate：标识要在插入项时呈现的内容。将在 ListView 控件显示的项的开始或末尾处呈现 InsertItemTemplate 模板，以替代 ItemTemplate 模板。

【例 5-8】使用 ListView 控件显示数据。

该实例使用 ListView 控件实现对学生表的显示，通过修改控件属性以不同形式显示。

（1）创建一个名为 UseListView 的网站及其默认主页。

（2）在页面上添加一个 ListView 控件，使用右上角智能标签新建数据源 SqlDataSource1，让其显示学生表的信息，保存到 Web.config 文件中的连接名为 SQLConn；生成 INSERT、UPDATE 和 DELETE 语句。

（3）选择 ListView 控件右上角智能标签，选择"配置 ListView"，弹出配置 ListView 对话框，如图 5-30 所示。选择一种布局和样式，单击"确定"按钮关闭对话框。切换到源视图，可以看到已经生成了上面所述的几个模板。

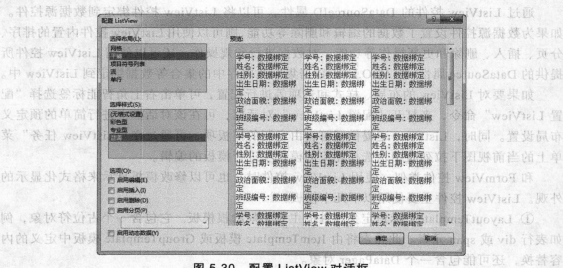

图 5-30　配置 ListView 对话框

（4）打开运行 Default.aspx 页面，每个学生的信息平铺显示，如图 5-31 所示。

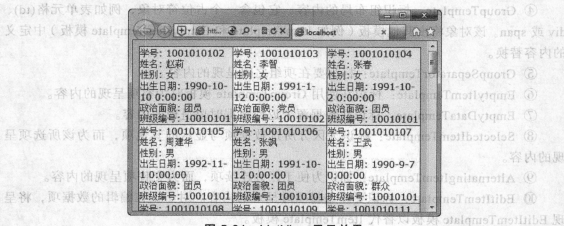

图 5-31　ListView 显示效果

（5）选择 ListView 控件智能标签，选择"配置 ListView"，在对话框中勾选"启用编辑""启用删除"和"启用分页"选项，可以看到右边预览窗口中显示了"删除"和"编辑"按钮，

188

下面显示了"第一页""上一页"等导航按钮,点击"确定"后打开网页就可以对每个学生的信息进行编辑和删除操作了,单击"下一页"按钮会导航显示下一页信息,如图 5-32 所示。

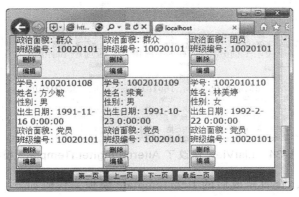

图 5-32 ListView 添加了编辑删除分页功能

(6)选择 ListView 控件智能标签,在当前视图右边的下拉列表框中列出了所有的模板。选择不同的模板可对该模板进行修改,修改方法和 FormView 类似。这里也可以将"ItemTemplate"模板中学号字段的颜色修改为红色、字体加粗,修改出生日期为短日期格式,性别改为单选按钮显示,操作方法和 FormView 的操作类似。

(7)打开运行 Default.aspx 页面,部分按照修改的模板显示,但是部分没有,如图 5-33 所示。

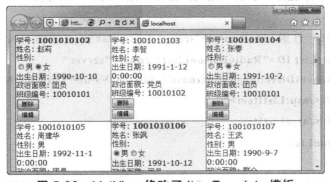

图 5-33 ListView 修改了 ItemTemplate 模板

(8)要解决上面问题,还需要配置 AlternatingItemTemplate 模板,以同样的方式配置加粗、短日期和性别单选按钮显示,为了区分将颜色修改为蓝色。重新打开运行 Default.aspx 页面,显示结果如图 5-34 所示。

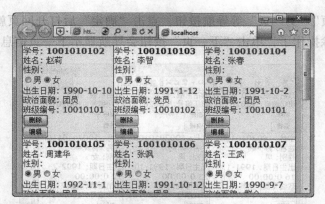

图 5-34 ListView 修改了 AlternatingItemTemplate 模板

（9）进入源视图，查看修改后的 ItemTemplate 模板，代码如下：

```
<ItemTemplate>
<td runat="server" class="auto-style1" style="background-color: #E0FFFF;color: #333333;">学号：
<asp:Label ID="学号Label" runat="server" Font-Bold="True" ForeColor="Red"
        Text='<%# Eval("学号") %>' />
<br />姓名：
<asp:Label ID="姓名Label" runat="server" Text='<%# Eval("姓名") %>' />
<br />性别：
<%--<asp:Label ID="性别Label" runat="server" Text='<%# Eval("性别") %>' />--%>
<asp:RadioButtonList ID="RadioButtonList1" runat="server"
        RepeatDirection="Horizontal" SelectedValue='<%# Bind("性别") %>'>
<asp:ListItem>男</asp:ListItem>
<asp:ListItem>女</asp:ListItem>
</asp:RadioButtonList>
出生日期：
<asp:Label ID="出生日期Label" runat="server" Text='<%# Eval("出生日期", "{0:d}") %>' />
<br />政治面貌：
<asp:Label ID="政治面貌Label" runat="server" Text='<%# Eval("政治面貌") %>' />
<br />班级编号：
<asp:Label ID="班级编号Label" runat="server" Text='<%# Eval("班级编号") %>' />
<br />
<asp:Button ID="DeleteButton" runat="server" CommandName="Delete" Text="删除" />
<br />
<asp:Button ID="EditButton" runat="server" CommandName="Edit" Text="编辑" />
<br />
</td>
</ItemTemplate>
```

（10）在源视图中，查看修改后的 AlternatingItemTemplate 模板，代码如下：

```
<AlternatingItemTemplate>
<td runat="server" style="background-color: #FFFFFF;color: #284775;">学号:
<asp:Label ID="学号 Label" runat="server" Text='<%# Eval("学号") %>'
         Font-Bold="True" ForeColor="Blue" />
<br />姓名:
<asp:Label ID="姓名 Label" runat="server" Text='<%# Eval("姓名") %>' />
<br />性别:
<asp:RadioButtonList ID="RadioButtonList1" runat="server"
            RepeatDirection="Horizontal" SelectedValue='<%# Bind("性别") %>'>
<asp:ListItem>男</asp:ListItem>
<asp:ListItem>女</asp:ListItem>
</asp:RadioButtonList>
出生日期:
<asp:Label ID="出生日期 Label" runat="server" Text='<%# Eval("出生日期", "{0:d}") %>' />
<br />政治面貌:
<asp:Label ID="政治面貌 Label" runat="server" Text='<%# Eval("政治面貌") %>' />
<br />班级编号:
<asp:Label ID="班级编号 Label" runat="server" Text='<%# Eval("班级编号") %>' />
<br />
<asp:Button ID="DeleteButton" runat="server" CommandName="Delete" Text="删除" />
<br />
<asp:Button ID="EditButton" runat="server" CommandName="Edit" Text="编辑" />
<br />
</td>
</AlternatingItemTemplate>
```

【上机实践】 修改上例中的 EditItemTemplate 模板，将出生日期修改为短日期格式，将性别改为单选按钮选择，整体修改为表格布局。

第 6 章 用户控件

用户控件(User Controls)是 ASP.NET 的重要内容，用户控件基本的应用就是把网页中经常用到的、且使用频率较高的功能封装到一个模块中，以便在其他页面中使用，从而提高代码的重用性和程序开发的效率。用户控件的应用始终融会着一个高层的设计原则，即"模块化设计，模块化应用"的原则。

6.1 用户控件的特点

用户控件与 ASP.NET 页面非常相似，用户控件是用户使用现有的 Web 服务器控件和标记，组合成各种程序需要的复合控件，其工作原理非常类似于 ASP.NET 网页。此类控件只需要定义一次，便可以在当前网站的不同界面使用，这就方便了开发人员的操作。在运行时，用户控件将被编译，能单独进行缓存，并且用户控件由 ASP.NET 对象模型支持，开发人员可以像访问普通控件一样使用用户控件。

用户控件（.ascx 文件）与完整的 ASP.NET 网页窗体（.aspx 文件）相似，同样具有用户界面和代码，开发人员可以采取与创建 ASP.NET 页相似的方式创建用户控件，然后向其中添加所需的标记和子控件。用户控件同 ASP.NET 网页窗体一样，可以对包含的内容进行操作（包括执行数据绑定等任务）。

用户控件与 ASP.NET 网页有以下区别：
- 用户控件的文件扩展名为.ascx。
- 用户控件中没有@Page 指令，而是包含@Control 指令。
- 用户控件不能作为独立文件运行，而必须像处理任何控件那样，将它们添加到 ASP.NET 页。
- 用户控件中的 HTML 标记体系不必完整，可以不包括 html、body 或 form 标签。

6.2 用户控件的创建和使用

这里以一个实例来说明用户控件的创建，添加用户控件的属性和方法，以及如何添加用户控件到 ASP.NET 网页。

【例 6-1】会员登录功能的用户控件。

该实例创建和使用一个具有会员登录功能的用户控件，步骤如下：

（1）创建一个名为 UserControlLogin 的网站。

（2）在网站上右键→添加→添加新项→Web 用户控件，修改文件名为 Login.ascx，单击"添加"按钮。

（3）切换到设计视图，在"表"菜单中选择"插入表"，修改参数插入一个 3 行 3 列的表格作为页面布局。第一行添加用户名文字、一个 TextBox 控件和一个 RequiredFieldValidator 控件；第二行添加密码文字、一个 TextBox 密码控件和一个 RequiredFieldValidator 控件；第三行，选中第一个和第二个单元格，"表"菜单中选择"修改"→"合并单元格"，合并前两个单元格。添加"登录"按钮和"重置"按钮。设置其他属性，形成的页面代码如下：

```
<%@ Control Language="C#" AutoEventWireup="true" CodeFile="Login.ascx.cs" Inherits="Login" %>

<table >
<tr>
<th>用户名：</th>
<td><asp:TextBox ID="txtUserName" runat="server"Width ="150"></asp:TextBox></td>
<td ><asp:RequiredFieldValidator ID="RequiredFieldValidator1"
        runat="server" ControlToValidate="txtUserName"
         ErrorMessage="请输入用户名"
        Font-Bold="True" ForeColor="Red"></asp:RequiredFieldValidator></td></tr>
<tr>
<th>密码：</th>
<td ><asp:TextBox ID="txtPwd" runat="server" TextMode="Password"
        Width ="150"></asp:TextBox></td>
<td ><asp:RequiredFieldValidator ID="RequiredFieldValidator2"
        runat="server" ControlToValidate="txtPwd"
        ErrorMessage="请输入密码" Font-Bold="True" ForeColor="Red">
        </asp:RequiredFieldValidator></td>
</tr>
<tr>
<th colspan="2">
<asp:Button ID="Button1" runat="server" Text="登录"  />
    <asp:Button ID="Button2" runat="server" Text="重置"  />
</th>
<td> </td>
</tr>
</table>
```

【代码解析】最上面代码中可以看到用户控件使用@Control 指令，而不是@Page 指令。

（4）添加"登录"按钮和"重置"按钮的 Click 事件处理函数，代码如下：

```
protected void Page_Load(object sender, EventArgs e)
{
    txtUserName.Focus();
```

```
}
protected void Button1_Click(object sender, EventArgs e)
{
if (txtUserName.Text == "zhangjie" && txtPwd.Text =="123456")
        {
Page.ClientScript.RegisterStartupScript(Parent.GetType(), "", "alert('登录成功');", true);
        }
    }
    protected void Button2_Click(object sender, EventArgs e)
    {
        txtPwd.Text = "";
        txtUserName.Text = "";
    }
```

【代码解析】窗体加载时,让用户名编辑框获得焦点;当用户名输入"zhangjie",密码输入"123456"时,单击"登录"按钮显示登录成功;单击"重置"按钮完成清空编辑框的作用。

(5)将用户控件以拖放的方式直接添加到网页上。添加默认主页 Default.aspx,切换到设计视图,从"解决方案资源管理器"窗口中拖放用户控件 Login.ascx 到页面中。切换到源视图,可以看到,在页面头部@Page 下面自动添加了代码<%@ Register src="Login.ascx" tagname="Login" tagprefix="uc1" %>,该代码用于声明 Login.ascx 用户控件:tagprefix 表示标签前缀;tagname 表示标签名;src 表示用户控件的位置。在页面 div 部分自动增加了代码 <uc1:Login ID="Login1" runat="server" />,该代码用于引用用户控件,使用"tagperix:tagright"的形式,中间用冒号隔开。

(6)打开运行默认主页 Default.aspx,不输入任何信息,单击登录,会显示如图 6-1 所示页面;输入正确的用户名和密码,点击"登录"按钮,则会显示如图 6-2 所示页面;若用户名和密码错误,则不显示任何信息。

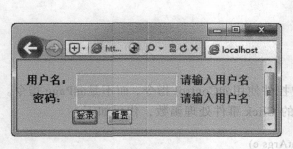

图 6-1　页面使用用户控件-不输入信息登录

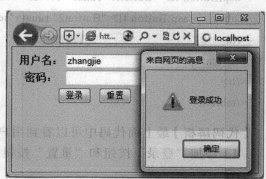

图 6-2　页面使用用户控件-输入正取信息登录

6.3 添加用户控件的属性访问内部控件

可以在用户控件中添加各种服务器控件,在用户控件中,程序开发人员也可以自行定义各种属性和方法。可以在用户控件中公开属性,这样一来,页面就可以通过访问和设置用户控件的属性与用户控件进行交互。当使用用户控件时,可以通过设计这些用户控件属性来灵活地使用用户控件。

当用户控件创建完成后,将其添加到网页时,用户控件中的内部控件不能直接被访问,但可以通过设置属性,利用 get 访问与 set 访问器来读取、设置控件的属性。

【例 6-2】 用户控件属性的添加和使用。

(1) 继续上例,在用户控件中添加两个属性,分别用于设置或获取两个编辑框 TextBox 控件的 Text 属性值。在 Login.ascx.cs 文件中添加如下代码:

```
public string uName
    {
        get {return txtUserName.Text;}
        set { txtUserName.Text = value; }
    }
public string uPassword
    {
        get { return txtPwd.Text; }
        set { txtPwd.Text = value; }
    }
```

【代码解析】 属性是一个或两个代码块,表示一个 get 访问器和一个 set 访问器。当读取属性时,执行 get 访问器的代码块;当向属性分配一个新值时,执行 set 访问器的代码块。不具有 set 访问器的属性被视为只读属性;不具有 get 访问器的属性被视为只写属性;同时具有这两个访问器的属性是读写属性。

(2) 进入 Default.aspx 中,选中添加到该页面的用户控件,查看属性窗口,可以看到属性窗口中多出来刚刚定义的两个属性 uName 和 uPassword。在 Page_Load 事件中添加代码修改这两个属性的值,代码如下:

```
protected void Page_Load(object sender, EventArgs e)
    {
if (!Page.IsPostBack)
        {
            Login1.uName = "zhangjie";//修改属性值
            Login1.uPassword = "123456";
            //读取属性值
            Response.Write("用户名:" + Login1.uName + "<br/>" + "密码:" + Login1.uPassword);
```

        }
    }

（3）打开 Default.aspx 页面，显示如图 6-3 所示界面，页面加载时执行 Page_Load 事件，设置了用户控件的两个属性，给用户控件赋值，然后将两个属性值读出来。因此，上面会显示修改的两个属性的值，用户名编辑框中会显示修改的 uName 属性。密码编辑框的 TextMode 属性为 "Password"，密码编辑框刷新后里面的内容会自动消失。

图 6-3　使用用户控件属性访问控件内部的 Web 控件

6.4　将 Web 网页转化为用户控件

用户控件与 Web 网页的设计几乎完全相同，可以直接将 web 网页转化成用户控件，而无须再重新设计。

将 Web 网页转化成用户控件，需要进行以下操作：

（1）在.aspx（Web 网页的扩展名）文件的 HTML 视图中，删除<html>、<head>、<form>等标记。

（2）将@Page 指令修改为@Control，并将 CodeFile 属性修改成以.ascx.cs 为扩展名的文件。例如，原 Web 网页中的代码如下：

<%@ Page Language="C#" AutoEventWireup="true" CodeFile="Default.aspx.cs" Inherits="_Default" %>

需要修改为：

<%@ Control Language="C#" AutoEventWireup="true" CodeFile="Calendar.ascx.cs" Inherits="_Default" %>

（3）在"解决方案资源管理器"窗口中，重命名文件.aspx 为.ascx，代码文件会自动修改。
（4）在后台代码中，修改 System.Web.UI.Page 为 System.Web.UI.UserControl。

【例 6-3】将 Web 网页转化为用户控件。

在 2.5.1 节中，例 2-14 使用日历控件选择日期，本例将已经做好的 Web 页面转化成用户控件。

（1）创建一个名为 Web2UserControl 的网站。
（2）复制例 2-14 中的网页文件 Default.aspx 和 Default.aspx.cs 到网站中。
（3）删除 Default.aspx 文件的<html>、<head>、<body>、<form>和<div>标记。删除"出

生日期："文字，以便用户控件不会显示专门用于出生日期的选择，也可选择开始日期、结束日期等选择日期的各种场合。

（4）将@Page 指令修改为@Control；将 CodeFile 属性由 Default.aspx.cs 修改成 Calendar.ascx.cs。

（5）在"解决方案资源管理器"窗口中，修改 Default.aspx 为 Calendar.ascx，代码文件 Default.aspx.cs 会自动修改为 Calendar.ascx.cs。

（6）在 Calendar.ascx.cs 文件中，修改页面类的父类 System.Web.UI.Page 为 System.Web.UI.UserControl。

（7）添加一个默认网页 Default.aspx，拖动用户控件 Calendar.ascx 到页面中，测试该用户控件的效果。可以看到效果和例 2-14 完全相同，可以通过 Calendar 控件实现选择日期的功能。但本例是使用用户控件来实现的，如果其他 web 页面需要输入日期，就可以直接拖动该用户控件来实现。

6.5 综合应用

该实例通过创建三个用户控件，实现页面的顶部、底部和左侧显示，完成页面的设计和布局。三个自定义用户控件分别是 top.ascx、foot.ascx 和 left.ascx，下面分别加以介绍。

【例 6-4】用户控件的设计和页面布局。

（1）创建一个名为 UserControl 的网站及其默认网页 Default.aspx。

（2）添加用户控件 top.ascx，使用表格嵌套布局页面，在单元格中添加图片和超链接，形成的页面代码如下：

```
<%@ Control Language="C#" AutoEventWireup="true" CodeFile="top.ascx.cs" Inherits="top" %>
<table id="Table1" width="978" height="187" border="0" cellpadding="0" cellspacing="0">
<tr>
<td width="978" height="150" align="center">
<img src="Images/banner.jpg" />
</td>
</tr>
<tr>
<td width="978" height="37" background="Images/top.jpg">
<table width="98%" border="0" align="center" cellpadding="0" cellspacing="0">
<tr>
<td align="center"><a href="Default.aspx"><span class="STYLE5">首页</span></a></td>
<td align="center" class="red"><a href="news_list.aspx"><span class="STYLE5"><strong>新闻中心</strong></span></a></td>
<td align="center" class="red"><a href="project_list.aspx"><span class="STYLE5"><strong>比赛项目</strong></span></a></td>
```

```
            <td align="center" class="red"><a href="baoming.aspx"><span class="STYLE5"><strong>在线
报名</strong></span></a></td>
            <td align="center" class="red"><a href="about.aspx?id=1"><span class="STYLE5"><strong>运
动会介绍</strong></span></a></td>
            <td align="center" class="red"><a href="admin/login.aspx" target="_blank"><span class="STYLE5">
<strong>后台管理</strong></span></a></td>
        </tr>
    </table>
    </td>
    </tr>
</table>
```

（3）用户控件 top.ascx 在页面中的效果如图 6-4 所示。

图 6-4　用户控件 top.ascx 在页面中的效果

（4）添加用户控件 foot.ascx，使用表格嵌套布局页面，在单元格中添加图片和超链接，形成的页面代码如下：

```
<%@ Control Language="C#" AutoEventWireup="true" CodeFile="foot.ascx.cs" Inherits="foot" %>
<table id="Table18" width="978" height="119" border="0" cellpadding="0" cellspacing="0">
    <tr>
        <td>
            <img src="Images/foot1.jpg" width="978" height="19" alt=""></td>
    </tr>
    <tr>
        <td width="978" height="72"
            style="background-color: #FFFFFF">
            <table width="100%" height="100%" border="0" cellpadding="0" cellspacing="0">
```

```
<tr>
<td align="center"><strong>版权所有：玉林师范学院运动会管理系统</strong></td>
</tr>
<tr>
<td align="center"><strong>欢迎使用本系统</strong></td>
</tr>
</table>
</td>
</tr>
<tr>
<td height="28">
<img src="Images/foot2.jpg" width="978" height="18" alt=""></td>
</tr>
</table>
```

（5）用户控件 foot.ascx 在页面中的效果如图 6-5 所示。

图 6-5 用户控件 foot.ascx 在页面中的效果

（6）添加用户控件 left.ascx，使用表格布局，添加图片背景、图像、日历控件、下拉列表控件和自定义的用户登录控件 Login.ascx，代码如下：

```
<%@ Control Language="C#" AutoEventWireup="true" CodeFile="left.ascx.cs" Inherits="left" %>
<%@ Register Src="~/Login.ascx" TagPrefix="uc1" TagName="Login" %>

<table id="Table3" border="0" cellpadding="0" cellspacing="0" height="691" width="220">
<tr>
<td>
<table id="Table4" border="0" cellpadding="0" cellspacing="0" height="240" width="220">
<tr>
<td background="Images/left1.jpg" height="29" width="220">
<table border="0" cellpadding="0" cellspacing="0" height="19" width="100%">
<tr>
<td width="12%"> 
</td>
```

```html
            <td    width="88%">日历
        </td>
    </tr>
</table>
        </td>
    </tr>
    <tr>
        <td>
<table id="Table5" border="0" cellpadding="0" cellspacing="0" height="211" width="220">
    <tr>
        <td background="Images/left3.jpg" height="193" width="220">
<table border="0" cellpadding="0" cellspacing="0" height="100%" width="100%">
    <tr>
        <td width="5%"> 
        </td>
        <td>
<asp:Calendar ID="Calendar1" runat="server" BackColor="#FFFFCC" BorderColor="#FFCC66"
    BorderWidth="1px"
    DayNameFormat="Shortest" Font-Names="Verdana" Font-Size="8pt"
    ForeColor="#663399"
    Height="211px" ShowGridLines="True" Width="190px">
    <SelectedDayStyle BackColor="#CCCCFF" Font-Bold="True" />
    <SelectorStyle BackColor="#FFCC66" />
    <TodayDayStyle BackColor="#FFCC66" ForeColor="White" />
    <OtherMonthDayStyle ForeColor="#CC9966" />
    <NextPrevStyle Font-Size="9pt" ForeColor="#FFFFCC" />
    <DayHeaderStyle BackColor="#FFCC66" Font-Bold="True" Height="1px" />
    <TitleStyle BackColor="#990000" Font-Bold="True" Font-Size="9pt" ForeColor="#FFFFCC" />
</asp:Calendar>
        </td>
        <td width="5%"> 
        </td>
    </tr>
</table>
        </td>
    </tr>
    <tr>
        <td>
```

```html
            <img alt="" height="8" src="Images/left4.jpg" width="220" />
           </td>
          </tr>
         </table>
        </td>
       </tr>
      </table>
     </td>
    </tr>
    <tr>
     <td>
      <table id="Table6" border="0" cellpadding="0" cellspacing="0" height="157" width="220">
       <tr>
        <td background="Images/left1.jpg" height="29" width="220">
         <table border="0" cellpadding="0" cellspacing="0" height="19" width="100%">
          <tr>
           <td width="12%"> 
           </td>
           <td width="88%">用户登录
           </td>
          </tr>
         </table>
        </td>
       </tr>
       <tr>
        <td>
         <uc1:Login runat="server" ID="Login" />
        </td>
       </tr>
      </table>
     </td>
    </tr>
    <tr>
     <td>
      <table id="Table8" border="0" cellpadding="0" cellspacing="0" height="147" width="220">
       <tr>
        <td background="Images/1_02_01_01_01.jpg" height="29" width="220">
         <table border="0" cellpadding="0" cellspacing="0" height="19" width="100%">
```

```html
<tr>
<td width="12%"> 
</td>
<td width="88%">站内搜索
</td>
</tr>
</table>
</td>
</tr>
<tr>
<td height="118">
<table id="Table9" border="0" cellpadding="0" cellspacing="0" height="118" width="220">
<tr>
<td background="Images/left3.jpg" height="100" width="220">
<table border="0" cellpadding="0" cellspacing="0" height="100%" width="100%">
<tr>
<td width="5%"> 
</td>
<td width="90%">
<table border="0" cellpadding="0" cellspacing="0" height="100" width="100%">
<tr>
<td width="19%">标题
</td>
<td align="left" width="81%">
<asp:TextBox ID="keywords" runat="server"></asp:TextBox>
</td>
</tr>
<tr>
<td>类别
</td>
<td align="left"> 
<asp:DropDownList ID="cid" runat="server">
<asp:ListItem Value="1">新闻中心</asp:ListItem>
<asp:ListItem Value="2">项目信息</asp:ListItem>
</asp:DropDownList>
</td>
</tr>
<tr>
```

```
<td> 
</td>
<td align="left">
<asp:Button ID="Button3" runat="server" Text="查询" OnClick="Button3_Click" />
</td>
</tr>
</table>
</td>
<td width="5%"> 
</td>
</tr>
</table>
</td>
</tr>
<tr>
<td height="8">
<img alt="" height="8" src="Images/left4.jpg" width="220" />
</td>
</tr>
</table>
</td>
</tr>
</table>
</td>
</tr>
</table>
```

图6-6 用户控件 left.ascx 在页面中的效果

（7）用户控件 left.ascx 在页面中的效果如图 6-6 所示。

（8）在默认页面 Default.aspx 的上面、左边和下边分别拖动添加 top.ascx、left.ascx 和 foot.ascx，使用这三个用户控件实现页面布局，打开运行该页面，显示如图 6-7 所示页面。

（9）可以看到，一个页面中三个用户控件分别占据了上边、下边和左边，空白地方放置一页的需要显示内容。如果对需要的页面都使用三个用户控件，这样整个网站给人的感觉是浑然一体的，只是中间在变化。用户控件如果结合下一章的母版页，效果会更好，使用更方便。

【上机实践 1】设计一个用户登录自定义用户控件，如图 6-8 所示。该控件用于多用户登录，从"教学信息管理"数据库中的"Users"表中查询登录是否合法,不合法给出提示信息,合法登录后显示登录信息到图 6-8 下面用户登录信息中。图中使用两个 Table:一个是用户登录;一个是用户登录信息、每次只显示一个,没有登录显示上面部分,登录后显示下面部分。

图 6-7　用户控件 top.ascx、foot.ascx 和 left.ascx 在页面布局中的效果

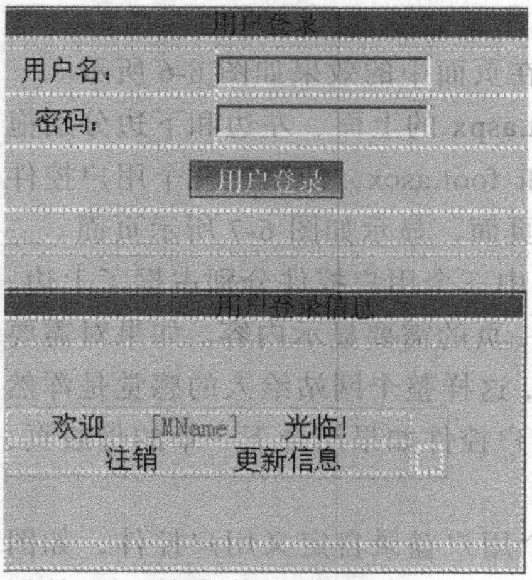

图 6-8　用户控件 UserLogin.ascx 的设计

（1）文件 UserLogin.ascx 的参考代码如下：

```
<%@ Control Language="C#" AutoEventWireup="true" CodeFile="UserLogin.ascx.cs" Inherits="UserControl_MemberLogin" %>
<link href="css/css.css" rel="stylesheet" type="text/css">
<style type="text/css">
<!--
    body
    {
        margin-left: 0px;
        margin-top: 0px;
        margin-right: 0px;
        margin-bottom: 0px;
    }
-->
</style>
<table cellpadding="0" cellspacing="0" id="table1" runat="server" style="width: 315px; border-right: #0099ff 0.2mm solid; border-top: #0099ff 0.2mm solid; border-left: #0099ff 0.2mm solid; border-bottom: #0099ff 0.2mm solid;" height="174">
<tr>
<td style="height: 16px; width: 316px;" align="center" bgcolor="#3399cc">用户登录</td>
</tr>
<tr>
<td height="90" valign="top" style="width: 316px">
<table cellpadding="0" cellspacing="0" height="123" style="width: 277px">
<tr>
<td style="height: 133px">
<table cellpadding="0" cellspacing="0" height="120" style="width: 314px">
<tr>
<td align="center" class="huicu" height="29" style="width: 87px">用户名：</td>
<td align="left" width="70">
<asp:TextBox ID="txtMName" runat="server" Width="120px"></asp:TextBox></td>
</tr>
<tr>
<td align="center" class="huicu" style="width: 87px">密码：</td>
<td align="left">
<asp:TextBox ID="txtMPwd" runat="server" Width="120px" TextMode="Password"></asp:TextBox></td>
</tr>
```

```
            <tr>
                <td align="center" colspan="2">
                <a href="#"></a>
                <asp:ImageButton ID="ImageButton1" runat="server" ImageUrl="~/images/an2.gif" OnClick=
                "ImageButton1_Click" />
                </td>
            </tr>
            <tr>
                <td align="center" colspan="2" style="height: 19px"> 
                </td>
            </tr>
            </table>
            </td>
        </tr>
        </table>
        </td>
    </tr>
    </table>

    <table cellpadding="0" cellspacing="0" id="table2" runat="server" class="huicu" visible="false"
    style="width: 314px; border-right: #0099ff 0.2mm solid; border-top: #0099ff 0.2mm solid;
    border-left: #0099ff 0.2mm solid; border-bottom: #0099ff 0.2mm solid;" height="174">
        <tr>
            <td style="height: 16px; width: 348px;" align="center" bgcolor="#3399cc">   用户登
            录信息</td>
        </tr>
        <tr>
            <td height="16" valign="top" style="width: 348px"> <table cellpadding="0" cellspacing="0"
            height="123" style="width: 311px">
                <tr>
                    <td style="text-align: center">
                    <table style="width: 266px">
                        <tr>
                            <td style="text-align: center" class="huicu"> 欢迎 <asp:Label ID="MName" runat="server"
                            ForeColor="#FF8000" Width="107px"></asp:Label>光临！</td>
                        </tr>
                        <tr>
                            <td style="text-align: center; height: 16px;" class="huicu">
```

```
<asp:LinkButton ID="lbtnLogout" runat="server" Font-Underline="False" ForeColor="Black" OnClick="lbtnLogout_Click" Width="96px">注销</asp:LinkButton>

<asp:HyperLink ID="hlinkEdit" runat="server" Font-Underline="False" ForeColor="Black" NavigateUrl="EditMInfo.aspx" Width="90px">更新信息</asp:HyperLink></td>
<td style="height: 16px"></td>
</tr>
</table>
</td>
</tr>
</table>
</td>
</tr>
<tr>
<td height="6" style="width: 348px"></td>
</tr>
</table>
```

（2）文件 UserLogin.ascx.cs 的参考代码如下：

```
public partial class UserControl_MemberLogin : System.Web.UI.UserControl
{
    SqlConnection sqlconn = new SqlConnection(ConfigurationManager.ConnectionStrings["SQLConn"].ConnectionString);
    protected void Page_Load(object sender, EventArgs e)
    {
        if (!IsPostBack)
        {
            if (Session["users"] != null)
            {
                table2.Visible = true;
                table1.Visible = false;
                MName.Text = Session["users"].ToString();
            }
        }
    }
    protected void lbtnLogout_Click(object sender, EventArgs e)
    {
        table2.Visible = false;
```

```
            table1.Visible = true;
            txtMName.Text = "";
            txtMPwd.Text = "";
            FormsAuthentication.SignOut();//清除验证信息
            HttpContext.Current.Session.Clear();//清除 Session 内容
            HttpContext.Current.Session.Abandon();//取消当前会话
        }
        protected void ImageButton1_Click(object sender, ImageClickEventArgs e)
        {
            sqlconn.Open();
            SqlCommand sqlcom = new SqlCommand("select * from users where username = @MemberName and password = @MemberPwd", sqlconn);
            sqlcom.CommandType = CommandType.Text;
            sqlcom.Parameters.Add("@MemberName", SqlDbType.VarChar, 20).Value = txtMName.Text.Trim();
            sqlcom.Parameters.Add("@MemberPwd", SqlDbType.VarChar, 20).Value = txtMPwd.Text.Trim();
            SqlDataReader rd = sqlcom.ExecuteReader();
            if (rd.Read())
            {
                table2.Visible = true;
                table1.Visible = false;
                MName.Text = txtMName.Text;
                Session["users"] = txtMName.Text.Trim();
                Session["password"] = rd["password"].ToString();
            }
            else
            {
                Response.Write("<script>alert('您输入的用户名或密码错误，请重新输入！');location='javascript:history.go(-1)';</script>");
            }
        }
    }
```

【上机实践 2】设计一个用户注册自定义用户控件，如图 6-9 所示。填写的信息添加到"教学信息管理"数据库中的"Users"表中。

（1）文件 UserRegister.ascx 的参考代码如下：

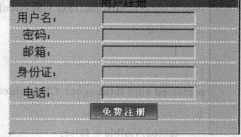

图 6-9 用户控件 UserRegister.ascx 的设计

```
<%@ Control Language="C#" AutoEventWireup="true" CodeFile="UserRegister.ascx.cs" Inherits="UserControl_UserRegister" %>
<link href="css/css.css" rel="stylesheet" type="text/css">
<style type="text/css">
<!--
    body
    {
        margin-left: 0px;
        margin-top: 0px;
        margin-right: 0px;
        margin-bottom: 0px;
    }
-->
</style>
<table cellpadding="0" cellspacing="0" id="table1" runat="server" style="width: 315px; border-right: #0099ff 0.2mm solid; border-top: #0099ff 0.2mm solid; border-left: #0099ff 0.2mm solid; border-bottom: #0099ff 0.2mm solid;" height="174">
<tr>
<td style="height: 16px; width: 316px;" align="center" bgcolor="#3399cc">用户注册</td>
</tr>
<tr>
<td height="90" valign="top" style="width: 316px">
<table cellpadding="0" cellspacing="0" height="123" style="width: 277px">
<tr>
<td style="height: 133px">
<table cellpadding="0" cellspacing="0" height="120" style="width: 314px">
<tr>
<td align="center" class="huicu" height="29" style="width: 87px">用户名：</td>
<td align="left" width="70">
<asp:TextBox ID="txtMName" runat="server" Width="120px"></asp:TextBox></td>
</tr>
<tr>
<td align="center" class="huicu" style="width: 87px">密码：</td>
<td align="left">
<asp:TextBox ID="txtMPwd" runat="server" Width="120px" TextMode="Password"></asp:TextBox></td>
</tr>
<tr>
<td align="center" class="huicu" height="29" style="width: 87px">邮箱：</td>
```

```
            <td align="left" width="70">
                <asp:TextBox ID="email" runat="server" Width="120px"></asp:TextBox></td>
        </tr>
        <tr>
            <td align="center" class="huicu" height="29" style="width: 87px">身份证：</td>
            <td align="left" width="70">
                <asp:TextBox ID="mobie" runat="server" Width="120px"></asp:TextBox></td>
        </tr>
        <tr>
            <td align="center" class="huicu" height="29" style="width: 87px">电话：</td>
            <td align="left" width="70">
                <asp:TextBox ID="tel" runat="server" Width="120px"></asp:TextBox></td>
        </tr>
        <tr>
            <td align="center" colspan="2">
                <a href="#"></a>
                <asp:ImageButton ID="ImageButton1" runat="server" ImageUrl="~/images/an3.gif" OnClick="ImageButton1_Click" />
            </td>
        </tr>
        <tr>
            <td align="center" colspan="2" style="height: 19px"> 
            </td>
        </tr>
    </table>
            </td>
        </tr>
    </table>
            </td>
        </tr>
    </table>
```

（2）文件 UserRegister.ascx.cs 的参考代码如下：

public partial class UserControl_UserRegister : System.Web.UI.UserControl
{
    SqlConnection sqlconn = new SqlConnection(ConfigurationManager.ConnectionStrings["SQLConn"].ConnectionString);
    protected void Page_Load(object sender, EventArgs e)

```csharp
        {
        }
        protected void ImageButton1_Click(object sender, ImageClickEventArgs e)
        {
            try
            {
                sqlconn.Open();
                SqlCommand cmd = new SqlCommand();
                cmd.Connection = sqlconn;//对象实例化
                cmd.CommandText = "insert into users(username,password,mobie,email,tel) values(@username,@password,@mobie,@email,@tel)";

                cmd.Parameters.Add("@username", SqlDbType.VarChar);
                cmd.Parameters.Add("@password", SqlDbType.VarChar);
                cmd.Parameters.Add("@mobie", SqlDbType.VarChar);
                cmd.Parameters.Add("@email", SqlDbType.VarChar);
                cmd.Parameters.Add("@tel", SqlDbType.VarChar);

                cmd.Parameters["@username"].Value = this.txtMName.Text;
                cmd.Parameters["@password"].Value = this.txtMPwd.Text;
                cmd.Parameters["@mobie"].Value = this.mobie.Text;
                cmd.Parameters["@email"].Value = this.email.Text;
                cmd.Parameters["@tel"].Value = this.tel.Text;

                cmd.ExecuteNonQuery();
                sqlconn.Close();
                Response.Write("<script language='javascript'>alert('添加成功');location.href='Default.aspx'</script>");
            }
            catch
            {
                Response.Write("<script language='javascript'>alert('添加失败');location.href='Register.aspx'</script>");
            }
        }
}
```

第 7 章 母版页技术

在浏览页面的时候经常看到，有些网站的所有顶端和底端内容都是相同的，实现这种效果有很多种方法，在技术发展的不同阶段有着不同的实现方法，从 Frame 框架，到用户控件，直到 ASP.NET 中提出新功能——母版页。母版页是网站统一界面的基础，可以在同一站点的多个页面中共享使用同一内容，用户可以使用母版页建立一个通用的版面布局。

7.1 母版页基础

使用 ASP.NET 母版页可以为应用程序中的页创建一致的布局。单个母版页可以为应用程序中的所有页（或一组页）定义所需的外观和标准行为。然后可以创建包含要显示的内容的各个内容页。当用户请求内容页时，这些内容页与母版页合并，并将母版页的布局与内容页的内容组合在一起输出。

7.1.1 母版页的工作原理

母版页实际由两部分组成，即母版页本身有一个或多个内容页。母版页是具有扩展名 .master（如 MySite.master）的 ASP.NET 文件，它具有可以包括静态文本、HTML 元素和服务器控件的预定义布局。母版页由特殊的 @ Master 指令识别，该指令替换了用于普通.aspx 页的@ Page 指令。母版页包括一个或多个 ContentPlaceHolder 控件。这些占位符控件定义可替换出现内容的区域，在内容页中定义可替换内容。

开发者可以通过创建各个内容页来定义母版页的占位符控件的内容，这些内容页为绑定到特定母版页的 ASP.NET 页。通过包含指向要使用的母版页的 MasterPageFile 属性，在内容页的@ Page 指令中来绑定。在内容页中，它通过添加 Content 控件并将这些控件映射到母版页上的 ContentPlaceHolder 控件来创建内容。创建 Content 控件后，就可以向这些控件添加文本和控件。在内容页中，添加 Content 控件外的任何内容（除服务器代码的脚本块外）都将导致错误。在 ASP.NET 页中执行的所有任务都可以在内容页中执行。

开发者可以创建多个母版页来为站点的不同部分定义不同的布局，并可以为每个母版页创建一组不同的内容页。

母版页和内容页不必位于同一文件夹中。只要内容页的@ Page 指令中的 MasterPageFile 属性解析为一个.master 页，ASP.NET 就可以将内容页和母版页合并为一个单独的、已呈现的页。

ASP.NET 无法修改不是服务器控件元素上的 URL。例如，如果在母版页上使用一个 img 元素并将其 src 属性设置为一个 URL，则 ASP.NET 不会修改该 URL。在这种情况下，URL 会在内容页的上下文中进行解析并创建相应的 URL。

一般来说，在母版页上使用元素时，建议用户使用服务器控件，即使是对不需要服务器代码的元素也是如此。例如，不使用 img 元素，而使用 Image 服务器控件。这样，ASP.NET 就可以正确解析 URL，而且可以避免用户移动母版页或内容页时可能引发的维护问题。

7.1.2 母版页的优点

使用母版页，可以为 ASP.NET 应用程序页面创建一个通用的外观。开发人员可以利用母版页创建一个单页布局，然后将其应用到多个内容页中。母版页具有如下优点：

① 使用母版页可以集中处理页的通用功能，以便可以只在一个位置上进行更新。

② 使用母版页可以方便地创建一组控件和代码，并将结果应用于一组页。例如，可以在母版页上使用控件来创建一个应用于所有页的菜单。

③ 通过控制占位符控件的呈现方式，母版页使用户可以在细节上控制最终页的布局。

④ 母版页提供一个对象模型，使用该对象模型可以在各个内容页上自定义母版页。

7.1.3 母版页运行机制

在运行时，母版页是按照下面的步骤处理的。

（1）用户通过输入内容页的 URL 来请求某页。

（2）获取该页后，读取@Page 指令。如果该指令引用一个母版页，那么也读取该母版页。如果这是第一次请求这两个页，则两个页都要进行编译。

（3）将包含更新内容的母版页合并到内容页的控件树中。

（4）各个 Content 控件的内容合并到母版页中相应的 ContentPlaceHolder 控件中。

（5）在浏览器中显示得到的合并页。

从用户的角度来看，合并的母版页和内容页是一个单独而离散的页，该页的 URL 是内容页的 URL。从编程的角度来看，这两个页用作各自控件的独立容器，在内容页中可以从代码中引用公共母版页成员。

7.2 建立母版页和内容页

7.2.1 建立母版页

母版页中包含的是页面的公共部分，因此，在创建母版页之前，必须判断哪些内容是页面的公共部分。

【例 7-1】建立母版页。

该实例创建一个母版页，在母版页中添加一部分内容。

（1）创建一个名为 UserMaster 的网站。

（2）在网站 UserMaster 上单击右键，在弹出的快捷菜单中选择"添加新项"命令，打开"添加新项"对话框，选择"母版页"选项，默认名为 MasterPage.master，单击"添加"按钮即可创建一个新的母版页。

（3）双击打开"MasterPage .master"文件，切换到源视图，可以看到，母版页中有两个ContentPlaceHolder服务器控件，这是允许改变的内容部分。一个在页面的head中，其id为"head"，一个在页面的body中，其id为"ContentPlaceHolder1"。初始代码如下：

```
<%@ Master Language="C#" AutoEventWireup="true"
CodeFile="MasterPage.master.cs" Inherits="MasterPage" %>
<!DOCTYPE html>

<html xmlns="http://www.w3.org/1999/xhtml">
<head runat="server">
    <meta http-equiv="Content-Type" content="text/html; charset=utf-8"/>
    <title></title>
    <asp:ContentPlaceHolder id="head" runat="server">
    </asp:ContentPlaceHolder>
</head>
<body>
    <form id="form1" runat="server">
    <div>
        <asp:ContentPlaceHolder id="ContentPlaceHolder1" runat="server">
        </asp:ContentPlaceHolder>
    </div>
    </form>
</body>
</html>
```

（4）在网站中添加一个文件夹"Images"，复制已经制作好的LOGO图像文件"jsjxy.jpg"到该文件夹中。

（5）在<form>和<div>之间添加一个Image控件，Width属性为100%，修改其ImageUrl属性指向要显示LOGO图像。

（6）切换到设计视图，"表"菜单→"插入表"，插入一个一行两列的表格，左边单元格中插入一个日历控件，自动套用一种格式；切换到源视图，将"ContentPlaceHolderl"控件拖到右边单元格中。

（7）在</div>和</form>之间加入以下代码，用于在页面底部显示版权信息。

```
<div>
<p align="center">
地址：广西玉林市教育中路299号邮编：537000<br />
Copyright&copy;玉林师范学院 | 技术支持：计算机科学与工程学院
</p>
```

</div>

（8）经过以上步骤，形成的母版页的源代码如下，显示效果如图7-1所示。

```
<%@ Master Language="C#" AutoEventWireup="true"
CodeFile="MasterPage.master.cs" Inherits="MasterPage" %>

<!DOCTYPE html>

<html xmlns="http://www.w3.org/1999/xhtml">
<head runat="server">
<meta http-equiv="Content-Type" content="text/html; charset=utf-8" />
<title></title>
<asp:ContentPlaceHolder ID="head" runat="server">
</asp:ContentPlaceHolder>
<style type="text/css">
        .auto-style1
        {
            width: 100%;
        }
        .auto-style2
        {
            width: 10%;
        }
</style>
</head>
<body>
<form id="form1" runat="server">
<asp:Image ID="Image1" runat="server" Height="80px" ImageUrl="~/Images/jsjxy.jpg" Width="100%" />
<div>
<table class="auto-style1">
<tr>
<td class="auto-style2">
<asp:Calendar ID="Calendar1" runat="server" BackColor="#FFFFCC" BorderColor="#FFCC66" BorderWidth="1px" DayNameFormat="Shortest" Font-Names="Verdana" Font-Size="8pt" ForeColor="#663399" Height="200px" ShowGridLines="True" Width="220px">
<DayHeaderStyle BackColor="#FFCC66" Font-Bold="True" Height="1px" />
<NextPrevStyle Font-Size="9pt" ForeColor="#FFFFCC" />
<OtherMonthDayStyle ForeColor="#CC9966" />
```

```
<SelectedDayStyle BackColor="#CCCCFF" Font-Bold="True" />
<SelectorStyle BackColor="#FFCC66" />
<TitleStyle BackColor="#990000" Font-Bold="True" Font-Size="9pt" ForeColor="#FFFFCC" />
<TodayDayStyle BackColor="#FFCC66" ForeColor="White" />
</asp:Calendar>
</td>
<td>
<asp:ContentPlaceHolder ID="ContentPlaceHolder1" runat="server">
</asp:ContentPlaceHolder>
</td>
</tr>
</table>
</div>
<div>
<p align="center">
地址：广西玉林市教育中路 299 号邮编：537000<br />
        Copyright&copy;玉林师范学院 | 技术支持：计算机科学与工程学院
</p>
</div>
</form>
</body>
</html>
```

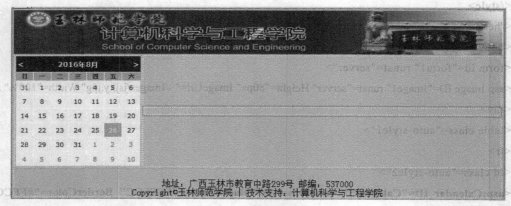

图 7-1 母版页显示效果

7.2.2 建立内容页

创建完母版页后，下一步就要创建内容页。内容页的创建与 Web 窗体的创建基本相似，只是注意在创建时勾选"选择母版页"复选框。

【例 7-2】建立内容页。

(1) 在网站 UserMaster 上单击右键,在弹出的快捷菜单中选择"添加新项"命令,打开"添加新项"对话框。

(2) 选中对话框右下角的"选择母版页"复选框,然后选择"Web 窗体"项,并为其命名,这里使用默认文件名 Default.aspx。

(3) 单击"添加"按钮,此时打开"选择母版页"对话框,让用户选择要应用哪个母版页。在其中选择一个母版页,这里选择 MasterPage.master 母版,单击"确定"按钮,即可创建一个新的内容页。形成的页面代码如下:

<%@ Page Title="" Language="C#" **MasterPageFile="~/MasterPage.master"** AutoEventWireup="true" CodeFile="Default3.aspx.cs" Inherits="Default3" %>

<asp:Content ID="Content1" ContentPlaceHolderID="head" Runat="Server">
</asp:Content>
<asp:Content ID="Content2" ContentPlaceHolderID="ContentPlaceHolder1" Runat="Server">
</asp:Content>

【代码解析】MasterPageFile="~/MasterPage.master"指定了母版文件的信息,两个 asp:Content 分别用于设置页面标题和页面内容,ContentPlaceHolderID 属性和母版页中 ContentPlaceHolder 控件的 id 属性是对应的,如果找不到会显示错误提示。

(4) 在浏览器中打开 Default.aspx 页面,显示效果如图 7-1 所示。在该页面中没有添加任何控件和代码,全部使用的是母版页的内容。

(5) 在页面标题部分添加文字"欢迎使用本系统",在页面内容部分添加一个 GridView 控件,快捷方式添加数据源连接数据库表"教师表",自动套用一种格式,设置后的页面代码如下:

<%@ Page Title="" Language="C#" MasterPageFile="~/MasterPage.master" AutoEventWireup="true" CodeFile="Default.aspx.cs" Inherits="_Default" %>

<asp:Content ID="Content1" ContentPlaceHolderID="head" runat="Server">
欢迎使用本系统
</asp:Content>
<asp:Content ID="Content2" ContentPlaceHolderID="ContentPlaceHolder1" runat="Server">
<asp:GridView ID="GridView1" runat="server" AutoGenerateColumns="False" DataKeyNames="教师编号" DataSourceID="SqlDataSource1" CellPadding="4" ForeColor="#333333" GridLines="None">
<AlternatingRowStyle BackColor="White" />
<Columns>
<asp:BoundField DataField="教师编号" HeaderText="教师编号" ReadOnly="True" SortExpression= "教师编号" />
<asp:BoundField DataField="姓名" HeaderText="姓名" SortExpression="姓名" />
<asp:BoundField DataField="性别" HeaderText="性别" SortExpression="性别" />

```
        <asp:BoundField DataField="工作时间" HeaderText="工作时间" SortExpression="工作时间" />
        <asp:BoundField DataField="政治面貌" HeaderText="政治面貌" SortExpression="政治面貌" />
        <asp:BoundField DataField="职称" HeaderText="职称" SortExpression="职称" />
        <asp:BoundField DataField="所属系" HeaderText="所属系" SortExpression="所属系" />
        <asp:BoundField DataField="工资" HeaderText="工资" SortExpression="工资" />
    </Columns>
    <FooterStyle BackColor="#990000" Font-Bold="True" ForeColor="White" />
    <HeaderStyle BackColor="#990000" Font-Bold="True" ForeColor="White" />
    <PagerStyle BackColor="#FFCC66" ForeColor="#333333" HorizontalAlign="Center" />
    <RowStyle BackColor="#FFFBD6" ForeColor="#333333" />
    <SelectedRowStyle BackColor="#FFCC66" Font-Bold="True" ForeColor="Navy" />
    <SortedAscendingCellStyle BackColor="#FDF5AC" />
    <SortedAscendingHeaderStyle BackColor="#4D0000" />
    <SortedDescendingCellStyle BackColor="#FCF6C0" />
    <SortedDescendingHeaderStyle BackColor="#820000" />
</asp:GridView>
<asp:SqlDataSource ID="SqlDataSource1" runat="server" ConnectionString="<%$ ConnectionStrings:SQLConn %>" SelectCommand="SELECT * FROM [教师表]"></asp:SqlDataSource>
</asp:Content>
```

（6）在浏览器中打开 Default.aspx 页面，显示效果如图 7-2 所示。可以看到，内容页

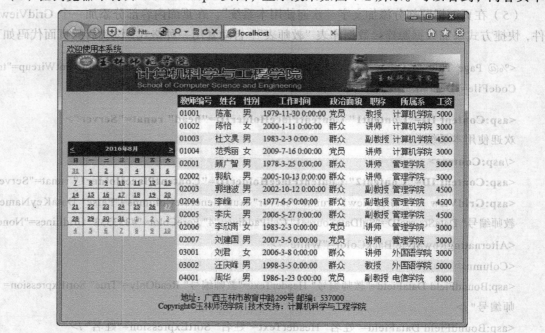

图 7-2 内容页显示效果

将母版页中的内容原原本本复制了一份,然后在可以修改的页面标题和页面内容部分添加了属于自己的信息。

7.3 嵌套母版页

所谓嵌套,就是一个套一个,大的容器套装小的容器。嵌套母版页就是指创建一个大母版页,在其中包含另外一个小的母版页,就是让一个母版页可以引用另外的母版页。利用嵌套的母版页,可以创建组件化的母版页。

例如,可以通过母版页来创建一个用于定义站点外观的总体母版页,然后,根据不同的功能又可以定义各自的子母版页,这些子母版页引用了网站的总母版页,并相应定义各自的内容外观。

【例7-3】嵌套母版页。

本实例在上例基础上,实现一个嵌套母版页,实现在主模板页基础上添加几个链接形成子母版页,在子母版页中添加占位控件 ContentPlaceHolder,以便使用该子母版页的内容页一个占位符,从而能在该处修改、添加自己的信息。

(1)在 UserMaster 网站中,修改母版页 MasterPage.master,在日历控件下添加一行,复制添加一个占位控件 ContentPlaceHolder,ID 修改为 ContentPlaceHolderLeft;原来的内容占位控件 ContentPlaceHolder1 所在的单元格与新行单元格合并。修改后的页面代码如下:

```
    <div>
<table class="auto-style1">
<tr>
<td class="auto-style2">
<asp:Calendar ID="Calendar1" runat="server" BackColor="#FFFFCC" BorderColor="#FFCC66"
……
</asp:Calendar>
</td>
<td rowspan="2">
<asp:ContentPlaceHolder ID="ContentPlaceHolder1" runat="server">
</asp:ContentPlaceHolder>
</td>
</tr>
<tr>
<td class="auto-style2">
<asp:ContentPlaceHolder ID="ContentPlaceHolderLeft" runat="server">
</asp:ContentPlaceHolder>
</td>
</tr>
```

        </table>
    </div>

(2) 再添加一个新的母版页 MasterPage2.master, 添加时, 选中 "选择母版页" 复选框。形成的页面代码如下, 包含三个 asp:Content, 对应 MasterPage.master 母版中的三个占位控件 ContentPlaceHolder。

```
<%@ Master Language="C#" MasterPageFile="~/MasterPage.master" AutoEventWireup="true" CodeFile="MasterPage2.master.cs" Inherits="MasterPage2" %>
<asp:Content ID="Content1" ContentPlaceHolderID="head" Runat="Server">
</asp:Content>
<asp:Content ID="Content2" ContentPlaceHolderID="ContentPlaceHolder1" Runat="Server">
</asp:Content>
<asp:Content ID="Content3" ContentPlaceHolderID="ContentPlaceHolderLeft" Runat="Server">
</asp:Content>
```

(3) 在 Content2 中添加一个一行一列的表格, 复制添加一个占位控件 ContentPlaceHolder, ID 修改为 ContentPlaceHolder3。这一步是为了给使用该子母版页的内容页一个占位符, 以便内容页能在该处修改、添加自己的信息。如果没有该占位符, 内容页在该处没法修改任何内容。添加后的代码如下:

```
<asp:Content ID="Content2" ContentPlaceHolderID="ContentPlaceHolder1" runat="Server">
    <table class="auto-style1">
        <tr>
            <td>
                <asp:ContentPlaceHolder ID="ContentPlaceHolder3" runat="server">
                </asp:ContentPlaceHolder>
            </td>
        </tr>
    </table>
</asp:Content>
```

(4) 复制三个图像文件 77.png、88.png 和 99.png 到 Images 文件夹中。在 Content3 中添加一个三行一列的表格, 每行添加一个 HyperLink 控件, 分别设置 ImageUrl 显示三个图像, 设置 NavigateUrl 指向不同的 Url 地址。修改后的代码如下:

```
<asp:Content ID="Content3" ContentPlaceHolderID="ContentPlaceHolderLeft" runat="Server">
    <table class="auto-style1" style="text-align: center">
        <tr>
            <td>
```

```
        <asp:HyperLink ID="HyperLink1" runat="server" ImageUrl="~/Images/77.png"
            NavigateUrl="http://210.36.247.7/cxjd/">大学生创新基地</asp:HyperLink>
</td>
</tr>
<tr>
<td>
<asp:HyperLink ID="HyperLink2" runat="server" ImageUrl="~/Images/88.png"
            NavigateUrl="http://210.36.247.7/shiyan/">计算机实验教学中心</asp:HyperLink>
</td>
</tr>
<tr>
<td>
<asp:HyperLink ID="HyperLink3" runat="server" ImageUrl="~/Images/99.png"
            NavigateUrl="http://210.36.247.7/jsjxy/">在线报名系统</asp:HyperLink></td>
</tr>
</table>
</asp:Content>
```

（5）添加一个新的页面 Default2.aspx，在"选择母版页"对话框中选择 MasterPage2.master 母版页。这样，内容页的母版页是 MasterPage2.master，而 MasterPage2.master 的母版页是 MasterPage.master 母版，内容页中就包含了两级母版页的内容。但是，Default2.aspx 中不能修改两个母版页所占位置的任何内容，能修改的只有子母版页给出的占位符 ContentPlaceHolder3，代码如下：

```
<%@ Page Title="" Language="C#" MasterPageFile="~/MasterPage2.master" AutoEventWireup="true"
    CodeFile="Default2.aspx.cs" Inherits="Default2" %>
<asp:Content ID="Content1" ContentPlaceHolderID="ContentPlaceHolder3" Runat="Server">
</asp:Content>
```

（6）在<asp:Content>部分添加一个 Label 控件和一个 Button 控件"点我试试"，双击添加其 Click 事件，添加以下代码用于修改 Label 控件的属性。

```
protected void Button1_Click(object sender, EventArgs e)
{
    Label1.Text = "这个地方可以添加内容页控件和信息";
    Label1.Font.Size = 20;
    Label1.ForeColor = System.Drawing.Color.Blue;
}
```

（7）在浏览器中打开 Default2.aspx 页面，显示效果如图 7-3 所示。页面中包含了主母版页、子母版页和页面本身三部分信息。

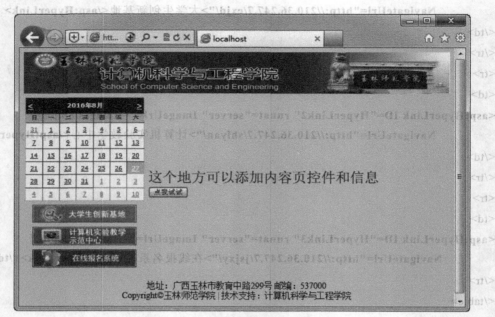

图 7-3 嵌套母版页显示效果

7.4 访问母版页的控件、属性和方法

7.4.1 使用 Master.FindControl 方法访问母版页上的控件

在内容页中，Page 对象具有一个公共属性 Master，它是内容页和母版页之间的唯一联系点。该属性能够实现对相关母版页基类 MasterPage 的引用。母版页中的 MasterPage 相当于普通 ASP.NET 页面中的 Page 对象，因此，可以使用 MasterPage 对象实现对母版页中各个子对象的访问，但由于母版页中的控件是受保护的，不能直接访问，所以必须使用 MasterPage 对象的 FindControl 方法实现。FindControl 公有方法可以获取母版页上的控件，以帮助开发人员从内容页调用母版页的数据。

在.NET 中，先加载内容页，再加载母版页。值得注意的是，使用 Master.FindControl 方法修改母版页上的控件，只是修改了在内容页中显示的母版页的副本，对母版页的原始信息没有影响。要修改母版页的原始信息，需要在母版页的页面文件.master 或代码文件.master.cs 中修改。

【例 7-4】使用 Master.FindControl 方法访问母版页上的控件。

本实例在上例基础上，在一个新页面中使用 Master.FindControl 方法访问母版页上的 Image 控件，修改母版页最上面显示的 LOGO。

（1）在 UserMaster 网站中，添加一个新的页面 Default3.aspx，使用母版页 MasterPage.master。

（2）在 Images 文件夹中添加一个新的图像文件 wcxy.jpg。

（3）在 Default3.aspx 的代码文件中，修改 Page_Load 事件，代码如下：

```
protected void Page_Load(object sender, EventArgs e)
    {
    Image img = (Image)Page.Master.FindControl("Image1");
        img.ImageUrl = "~/Images/wcxy.jpg";
    }
```

【代码解析】通过 Master.FindControl("Image1")获取母版页的 Image1 控件，强制类型转换为 Image 类型并赋给对象 img，然后修改 img 对象的 ImageUrl 属性达到修改图形的目的。

（4）在 Default3.aspx 中，添加一个三行一列的表格用于布局，在第一行添加一个 Label 控件 Label1，在第三行添加一个 Button 控件 Button1，添加 Button1 的 Click 事件，添加以下代码：

```
protected void Button1_Click(object sender, EventArgs e)
    {
    Calendar calendar = (Calendar)Page.Master.FindControl("Calendar1");
        Label1.Text = calendar.SelectedDate.ToShortDateString();
        Label1.ForeColor = System.Drawing.Color.Blue;
        Label1.Font.Size = 20;
    }
```

【代码解析】通过 Master.FindControl("Calendar1")获取母版页的 Calendar 控件，强制类型转换为 Calendar 类型并赋给对象 calendar，然后获取 calendar 对象的当前日期并显示到 Label 控件中。

（5）在浏览器中打开 Default3.aspx 页面，显示效果如图 7-4 所示。可以看到上面的 LOGO 已经修改了，而这部分是母版页上的控件。在日历控件上选择一个日期，单击右边的"Master.FindControl 方法访问母版页上的控件"按钮，在上面的 Label 控件中会显示选择的日期，同时修改了字体颜色和字号，日历控件 Calendar 也是母版页中的控件。

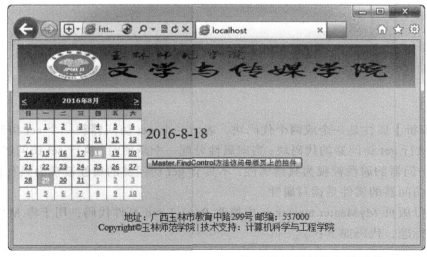

图 7-4　使用 Master.FindControl 方法访问母版页上的控件

（6）打开母版页MasterPage.master，可以看到上面的图像并没有修改。这说明上面代码只是修改了在内容页中显示的母版页的副本，对母版页的原始信息并没有影响。

7.4.2 引用@MasterType指令访问母版页上的属性和方法

Page对象的Master属性也可以访问母版页中的属性和方法。但是，要引用母版页中的属性和方法，首先需要在内容页中使用MasterType指令，将内容页的Master属性强类型化，即通过MasterType指令创建与内容页相关的母版页的强类型引用。另外，在设置MasterType指令时，必须设置VirtualPath属性以便指定与内容页相关的母版页存储地址。即需要在内容页的程序代码文件中，在@Page指令下面部分增加以下类似代码：

```
<%@ MasterType virtualPath="~/MyMaster.master" %>
```

其中的MasterType指令就是创建对此母版页的强类型引用，而virtuaIPath则指明了需要强类型引用的母版页文件名。

【例7-5】引用@MasterType指令访问母版页上的属性和方法。

（1）在UserMaster网站中，添加一个母版页MyMaster.master，添加一个新的页面Default4.aspx，使用母版页MyMaster.master。

（2）在母版页MyMaster.master.cs中定义一个String类型的公共属性MText，代码如下：

```
private string mText = "玉林师范学院计算机科学与工程学院";
public string MText
{
    get
    {
        return mText;
    }
    set
    {
        mText = value;
    }
}
```

【代码解析】属性是一个或两个代码块，表示一个get访问器和一个set访问器。当读取属性时，执行get访问器的代码块；当向属性分配一个新值时，执行set访问器的代码块。不具有set访问器的属性被视为只读属性；不具有get访问器的属性被视为只写属性。同时具有这两个访问器的属性是读写属性。

（3）在母版页MyMaster.master.cs中修改Page_Load事件代码，用于将MText属性设置为页面的标题，代码如下：

```
protected void Page_Load(object sender, EventArgs e)
```

```
        {
            Page.Title = this.MText;
        }
```

（4）在内容页 Default4.aspx 中占位控件 ContentPlaceHolder1 部分，添加一个 div 标签，设置为居中显示；添加一个 Label 控件 Label1，修改其字体颜色和字号，相关页面代码如下：

```
<div style="text-align:center">
<asp:Label ID="Label1" runat="server" Text="Label" Font-Size="XX-Large"
    ForeColor="Blue"></asp:Label>
</div>
```

（5）在内容页代码头的@ Page 指令下面部分增加如下代码，增加了<%@MasterType%>，并在其中设置了 VirtualPath 属性，用于设置被强类型化的母版页的 URL 地址，代码如下：

```
<%@ MasterType VirtualPath="~/MyMaster.master" %>
```

（6）在内容页 Default4.aspx 的程序代码中修改 Page_Load 事件代码如下：

```
protected void Page_Load(object sender, EventArgs e)
{
    //读取 MText 属性
    MyMaster master = (MyMaster)Page.Master;
    Label1.Text = master.MText;

    //设置 MText 属性
    master.MText = "玉林师范学院";
}
```

【代码解析】先通过 Page 对象的 Master 属性获取母版页中定义的 MText 属性，将其显示到 Label 控件中，这会执行 get 访问器。然后设置 MText 属性，会执行 set 访问器的代码块，将属性值进行了修改。由于在.NET 中，先加载内容页，再加载母版页，所以执行完内容页的 Page_Load 事件时，master.MText 已经修改为"玉林师范学院"，然后执行母版页的的 Page_Load 事件，执行代码 Page.Title = this.MText，修改了页面的标题。

（7）在浏览器中打开 Default3.aspx 页面，显示效果如图 7-5 所示。可以看到页面标题和页面中显示的内容是不相同的，页面中显示的是母版页中的原始值，页面标题中显示的是内容页访问母版页中 MText 属性，该属性值是被修改后的值。

图 7-5　引用@MasterType 指令访问母版页上的属性和方法

7.5 综合应用

该实例实现顶部、左侧和中间的三部分布局，顶部和左侧来自母版页，中间在内容页中显示。

【上机实践】使用母版页实现上、左、右页面布局

（1）创建一个名为 MasterPage 的网站。

（2）右击 MasterPage 网站，单击"添加新项"菜单命令，打开"添加新项"对话框。选择"母版页"模板，默认名称为"MasterPage.master"，单击"添加"按钮，在资源管理器中生成一个母版文件。

（3）在 MasterPage 网站中新建文件夹 Images，添加已有图片 top.jpg，left.jpg 和 right.jpg。

（4）对 MasterPage.master 母版页，在工具箱中 HTML 标签下，拖放一个表格 table 到页面中，第一行第一列添加 top.jpg 作为背景图片；第二行第一列添加 left.jpg 作为背景图片，添加 3 个 HyperLink 控件到第二行第一列；将 ContentPlaceHolder1 占位控件移动到第二行第三列，设置其相关属性，页面代码如下：

```
<body>
<form id="form1" runat="server">
<div>
<table style="width: 1200px;">
<tr>
<td colspan="3" background="Images/top.jpg" width="1200px" height="120px"></td>
</tr>
<tr>
<td background="Images/left.jpg" width="240px" height="700px">
<asp:HyperLink ID="HyperLink2" runat="server" >母版的例子1</asp:HyperLink>
<br />
<asp:HyperLink ID="HyperLink3" runat="server" >母版的例子2</asp:HyperLink>
<br />
<asp:HyperLink ID="HyperLink4" runat="server" >母版的例子3</asp:HyperLink>
</td>
<td width="12px" height="700px"></td>
<td width="930px" height="700px">
<asp:ContentPlaceHolder ID="ContentPlaceHolder1" runat="server">
</asp:ContentPlaceHolder>
</td>
</tr>
</table>
```

```
        </div>
    </form>
</body>
```

（5）右击当前项目名称，单击"添加新项"菜单命令，打开"添加新项"对话框。选中对话框右下角的"选择母版页"复选框，然后选择"Web 窗体"项，将窗体命名为 Default.aspx。单击"添加"按钮，此时打开一个对话框，选择母版"MasterPage.master"，单击"确定"按钮。

（6）创建名为 ContentPage1.aspx 的网页，选择母版"MasterPage.master"。添加表格，背景使用图片 right.jpg；在 ContentPlaceHolder1 中添加一些内容，形成的页面代码如下：

```
<asp:Content ID="Content2" ContentPlaceHolderID="ContentPlaceHolder1" runat="Server">
<table background = "Images/right.jpg" width="930px" height="700px">
<tr>
<td> 
</td>
<td>这是内容一
</td>
</tr>
</table>
</asp:Content>
```

（7）复制 ContentPage1.aspx 页面，重命名形成 ContentPage2.aspx 和 ContentPage3.aspx，修改里面的内容以区分各个网页。

（8）对 MasterPage.master 母版页，给 HyperLink 添加链接，修改 NavigateUrl 属性，页面代码如下：

```
<asp:HyperLink ID="HyperLink2" runat="server" NavigateUrl="~/ContentPage1.aspx">母版的例子 1
</asp:HyperLink><br />
<asp:HyperLink ID="HyperLink3" runat="server" NavigateUrl="~/ContentPage2.aspx">母版的例子 2
</asp:HyperLink><br />
<asp:HyperLink ID="HyperLink4" runat="server" NavigateUrl="~/ContentPage3.aspx">母版的例子 3
</asp:HyperLink>
```

（9）在浏览器中打开 Default.aspx，单击第一个链接，显示效果如图 7-6 所示。上面、左边和中间分别显示图片 top.jpg，left.jpg 和 right.jpg。单击左边的三个链接，分别显示不同的 ContentPage1.aspx、ContentPage2.aspx 和 ContentPage3.aspx，而且都是在中间区域显示。三个页面通过使用母版页实现统一的布局。

图 7-6 母版页综合实例

第 8 章　网站导航技术

站点导航是所有网站最基本的组件，通过站点导航，用户可以清楚地了解自己当前处于网站的哪一层，并能快速地在各层不同页面间进行切换。ASP.NET 内置的导航功能可以帮助开发人员高效地实现网站的导航。本章主要讲述 Wizard 控件、站点地图及 SiteMapPath、Menu 和 TreeView 控件的运用，实现网站导航功能。

8.1 向导控件

应用程序经常需要为用户提供向导功能，如调查问卷、学生注册等功能。向导控件即 Wizard 控件，为用户提供了一种简单的机制，允许轻松地生成步骤、添加新步骤或重新安排步骤。无需编写代码即可生成线性（从上一步转到下一步或转回上一步）和非线性（从一步转到任意其他步）的导航。该控件可以帮助开发人员将若干步骤的页面浓缩到一个页面中，能够自动创建合适的按钮，例如"下一步""上一步"和"完成"等，并允许用户自定义控件的用户导航，通过配置可以使某些步骤只能被导航一次，其作用类似于安装应用程序时的向导，通过一系列页面的呈现来收集用户的数据输入，并进行处理。当需要让用户按一组定义好的步骤操作时，Wizard 控件是最好的选择。

【例 8-1】使用 Wizard 控件实现在线调研。

（1）创建一个名为 WizardVote 的网站及其默认主页。在页面中添加 Wizard 控件，系统会自动增加如下代码：

```
<asp:Wizard ID="Wizard1" runat="server">
<WizardSteps>
<asp:WizardStep ID="WizardStep1" runat="server" Title="Step 1">
</asp:WizardStep>
<asp:WizardStep ID="WizardStep2" runat="server" Title="Step 2">
</asp:WizardStep>
</WizardSteps>
</asp:Wizard>
```

在上述代码中，使用<asp:Wizard>标签声明 Wizard 控件，每个 Wizard 控件又可以嵌套地包含多个步骤，用<asp: WizardStep>标签声明，该标签的常用属性如表 8-1 所示。

Wizard 控件的每个步骤均会设定一个 StepType 属性，用以指示这一步骤是默认的自动（Auto）、开始（Start）步骤、中间（Step）步骤、结束（Finish）步骤还是最终完成（Complete）步骤。向导可以根据需要带有任意数量的中间步骤。每个步骤上都可以添加不同的控件（如 TextBox 或 ListBox 等）来支持用户操作。当到达 Complete 步骤时，前面输入的所有数据都可以访问。

表 8-1　WizardStep 的常用属性

属　性	说　明
Title	步骤的名称，显示在左侧栏，作为链接显示
StepType	步骤中显示的按钮类型，其值由枚举类型 WizardStepType 指定
AllowReturn	表示用户是否可以重新回到这一步。若为 false，用户经过这一步后就不能再返回到该步骤

也可以采用可视化方式设置 Wizard 控件的 WizardSteps 属性，单击该控件右上角的向右箭头的智能标签，选择"添加/移除 WizardSteps..."，可打开 WizardStep 集合编辑器，如图 8-1 所示。

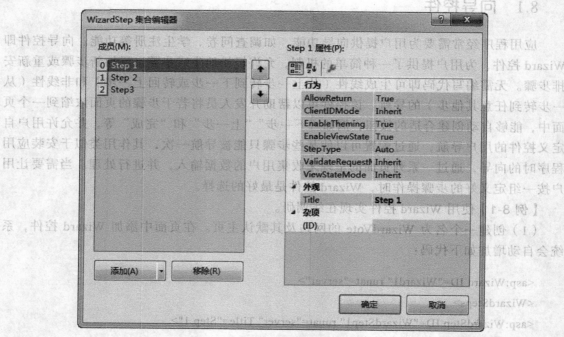

图 8-1　WizardStep 集合编辑器

对于 Wizard 控件来说，有些操作还是使用代码的复制比较容易，用户可根据经验，两种方法结合使用。

（1）将步骤 1 复制为 3 个，为每个步骤设置 ID 和 Title 属性。

（2）为每个步骤设置要操作的内容，切换到"源"视图，选择步骤 1，输入代码：

```
<h2>请选择你的学历</h2>
```

添加一个 RadioButtonList 控件，增加 3 个选项专科、本科、研究生，让一个选项自动选中。类似地，在步骤 2 中添加 CheckBoxList 控件并进行设置，在步骤 3 中添加 Label 控件，形成的页面代码如下：

```
<asp:Wizard ID="Wizard1" runat="server" ActiveStepIndex="0">
```

```
<WizardSteps>
<asp:WizardStep ID="Step1" runat="server" title="Step 1">
<h2>请选择你的学历</h2>
<asp:RadioButtonList ID="RadioButtonList1" runat="server" RepeatDirection="Horizontal">
<asp:ListItem>专科</asp:ListItem>
<asp:ListItem Selected="True">本科</asp:ListItem>
<asp:ListItem>研究生</asp:ListItem>
</asp:RadioButtonList>
</asp:WizardStep>

<asp:WizardStep runat="server" title="Step 2">
<h2>你认为现阶段大学计算机最需要开设下列哪门课程？</h2>
<asp:CheckBoxList ID="CheckBoxList1" runat="server">
<asp:ListItem>Java 程序设计</asp:ListItem>
<asp:ListItem>C 语言</asp:ListItem>
<asp:ListItem>Android 移动开发技术</asp:ListItem>
<asp:ListItem>Hadoop 云计算实战</asp:ListItem>
<asp:ListItem>操作系统原理</asp:ListItem>
</asp:CheckBoxList>
</asp:WizardStep>

<asp:WizardStep runat="server" Title="Step3">
<asp:Label ID="Label1" runat="server" Text="调查结果"></asp:Label>
</asp:WizardStep>

</WizardSteps>
</asp:Wizard>
```

（4）打开默认主页 Default.aspx，可以看到页面的导航过程，但是不一定是从步骤 1 开始的内容，这是因为 Visual Studio 会把该控件的当前步骤（ActiveStepIndex）改成所选的步骤，因此，在 Page_Load 事件中添加以下代码，以确保向导从步骤 1 开始。

```
protected void Page_Load(object sender, EventArgs e)
{
        if(!Page.IsPostBack)
            Wizard1.ActiveStepIndex = 0;
}
```

（5）增加完成按钮的事件处理。

在实际应用中，可以通过 Wizard 控件的事件来增强向导的功能。向导控件的常用方法如表 8-2 所示。

表 8-2 Wizard 控件的常用方法

方法名	说 明
ActiveStepChanged	控件切换到一个新步骤时发生
FinishButtonClick	向导单击"完成"按钮时发生
NextButtonClick	任意步骤中，单击"下一步"按钮时发生
PreviousButtonClick	任意步骤中，单击"上一步"按钮时发生
SideBarButtonClick	单击侧栏区域中的按钮时发生

在"设计"视图中选中 Wizard 控件，将"属性"窗口切换到"事件"页，双击"FinishButtonClick"按钮添加事件，添加以下代码，用于在步骤 3 中的 Label 控件中显示选中的结果。

```
protected void Wizard1_FinishButtonClick1(object sender, WizardNavigationEventArgs e)
{
        Label1.Text = "你选择的学历为：" + RadioButtonList1.SelectedValue;
        Label1.Text += "<br/>你认为现阶段大学计算机最需要开设的课程有：";
        foreach (ListItem item in CheckBoxList1.Items)
        {
            if (item.Selected)
                Label1.Text += "<br/>" + item.Value;
        }
}
```

（6）打开默认页面，依次单击"下一步"按钮，显示以下几个步骤，如图 8-2 所示。

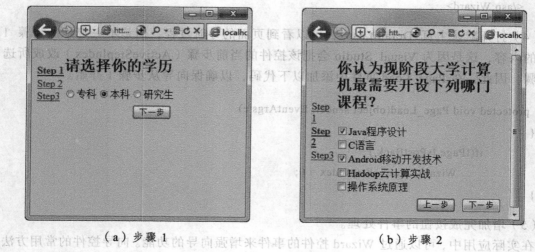

（a）步骤 1　　　　　　　　　　　　（b）步骤 2

232

（c）步骤3　　　　　　　　　　（d）单击完成按钮后结果

图 8-2　Wizard 步骤

（7）单击 Wizard 控件智能标签，选择"自动套用格式"，选择一种格式（如"彩色型"），再次打开该页面，可以看到新的界面预设外观。

8.2　TreeView 控件

TreeView 是让人印象最深刻的导航控件之一，不仅因为它允许呈现富树视图，还因为它支持按需填入树的部分（不需要刷新整个页面）。但最重要的是，它支持很多样式来改变它的外观。TreeView 控件由一个或多个节点构成。树中的每个项都被称为一个节点，由 TreeNode 对象表示，可分为根节点(RootNode)、父节点(ParentNode)、子节点(ChildNode)和叶节点(LeafNode)。

它主要支持以下功能：

① 支持数据绑定。允许将控件的节点绑定到分层数据（如 XML、表格等）。
② 与 SiteMapDataSource 控件集成，实现站点导航功能。
③ 节点文字可显示为普通文本或超链接文本。
④ 可自定义树状和节点的样式、主题等外观特征。
⑤ 可通过编程方式访问 TreeView 对象模型，完成动态创建树状结构、构造节点和设置属性等任务。
⑥ 在客户端浏览器支持的情况下，通过客户端到服务器的回调填充节点。
⑦ 具有在节点显示复选框的功能。

8.2.1　TreeView 控件常用的属性和事件

- ExpandDepth 属性

属性 ExpandDepth 用于获取或设置默认情况下 TreeView 服务器控件展开的层次数。例如，若将该属性设置为 2，则将展开根节点及根节点下方紧邻的所有父节点。默认值为"FullyExpand"，表示将所有节点完全展开。

• Nodes 集合属性

Nodes 属性可以获取一个包含树中所有根节点的 TreeNodeCollection 对象。Nodes 属性通常用于快速循环访问所有根节点，或者访问树中的某个特定根节点，同时还可以使用 Nodes 属性以编程方式管理树中的根节点，即可以在集合中添加、插入、移除和检索 TreeNode 对象。

• SelectedNode 属性

属性 SelectedNode 用于获取用户选中节点的 TreeNode 对象。当节点显示为超链接文本时，该属性返回值为 null，即为不可用。

• 外观属性

以下几个属性可以设置 TreeView 控件的外观。

① NodeIndent：各个子层级间缩进的像素数。
② ShowExpandCollapse：关闭树中的节点列。
③ CollapseImageUrl：所有折叠节点的图片（通常由加号图标表示）。
④ ExpandImageUrl：所有展开节点的图片（通常由减号图标表示）。
⑤ NoExpandImageUrl：不能展开节点的指示符的自定义图像的 URL。
⑥ ShowCheckBoxes：哪些节点类型将在 TreeView 控件中显示复选框。

• TreeNode 对象的属性

TreeNode 对象表示树的每一个节点。TreeNode 提供了导航属性，如 ChildNodes 和 Parent，除了这些基本属性外，还提供了如表 8-3 所示的属性。

表 8-3 TreeNode 对象的常用的属性

属 性	说 明
Text	节点显示的文字
Value	保存关于节点不显示的额外数据（比如单击事件用于识别节点或查找更多信息的唯一 ID）
ToolTip	鼠标停留节点文本上显示提示文字
NavigateUrl	如果设置了值，单击后会前进至此 URL。否则，需要响应 TreeView.SelectedNodeChanged 事件以便确定要执行的活动
Target	如果设置了 NavigateUrl 属性，它会设置链接的目标窗口或框架。如果没有设置 Target，新页面在当前窗口打开。TreeView 控件本身也暴露了 Target 属性用来设置所有节点的默认目标
ImageUrl	为特定节点指定显示在节点旁边的图片，节点的特定图片优先于 TreeView 控件的图片
ImageToolTip	节点旁边图片的提示信息
ShowCheckBox	单个节点边出现复选框，可对每个节点设置

TreeView 控件的常用事件如表 8-4 所示。

表 8-4 TreeView 服务器控件常用的事件

事件	说明
SelectedNodeChanged	在 TreeView 控件中选定某个节点时发生
TreeNodeCheckChanged	当 TreeView 控件的复选框在向服务器的两次发送过程之间状态有所更改时发生
TreeNodeExpanded	当展开 TreeView 控件中的节点时发生
TreeNodeCollapsed	当折叠 TreeView 控件中的节点时发生
TreeNodePopulate	当其 PopulateOnDemand 属性设置为 true 的节点在 TreeView 控件中展开时发生
TreeNodeDataBound	当数据项绑定到 TreeView 控件中的节点时发生

- SelectedNodeChanged 事件

TreeView 控件的节点文字有两种模式：选择模式和导航模式。默认情况下，节点文字处于选择模式，如果节点的 NavigateUrl 属性设置不为空，则该节点处于导航模式。

如果 TreeView 控件处于选择模式，当用户单击 TreeView 控件的不同节点的文字时，将触发 SelectedNodeChanged 事件，在该事件下可以获得所选择的节点对象。如果 TreeView 控件处于导航模式，单击后导航到新页面，不会触发上述事件。

- TreeNodePopulate 事件

在 TreeNodePopulate 事件下，可以用编程方式动态地填充 TreeView 控件的节点。若要动态填充某个节点，首先将该节点的 PopulateOnDemand 属性设置为 true；其次，从数据源中检索节点数据，将该数据放入一个节点结构中；最后将该节点结构添加到正在被填充节点的 ChildNodes 集合中。

注意：当节点的 PopulateOnDemand 属性设置为 true 时，必须动态填充该节点。不能以声明方式将另一节点嵌套在该节点的下方，否则将会在页面上出现一个错误。

8.2.2 TreeView 控件节点的手动添加和代码添加

TreeView 控件的基本功能可以总结为：将有序的层次化结构数据显示为树形结构。创建 Web 窗体后，可以通过拖放的方法将 TreeView 控件添加到 Web 页的适当位置。添加 TreeView 控件的节点，可以在节点编辑器界面中手动添加，也可以使用代码自动添加，以下两个例子分别使用这两种方法进行添加。

【例 8-2】使用 TreeView 控件显示学院、专业和班级的层次机构。

（1）创建一个名为 TreeViewDemo 的网站及其默认主页。在页面中添加 TreeView 控件。

（2）单击 TreeView 控件右上角的"智能标签"，选择"编辑节点"，打开"TreeView 节点编辑器"对话框，在该对话框左边的节点操作区中单击"添加根节点"按钮，在右边属性窗口中修改 Text 属性为"计算机学院"，此时一个根节点已经建立好了，类似地建立"电信学院"根节点。

（3）选中计算机学院，单击"添加子节点"按钮，在属性窗口设置 Text 属性为"软件工程"，此时一个子节点已经建立好；类似地给计算机学院建立"物联网工程"和"计算机科学与技术"，为电信学院添加"通讯工程"和"电子工程"。

（4）选中"软件工程"子节点，单击"添加子节点"按钮，在属性窗口设置 Text 属性为"软件工程 1 班"，这样就在专业子节点中添加了一个新的班级子节点，类似的可以新建其他子节点。添加节点的"TreeView 节点编辑器"对话框如图 8-3 所示添加节点并设置后，形成的页面代码如下：

```
<asp:TreeView ID="TreeView1" runat="server">
    <Nodes>
        <asp:TreeNode Text="计算机学院" Value="计算机学院">
            <asp:TreeNode Text="软件工程" Value="软件工程">
                <asp:TreeNode Text="软件工程 1 班" Value="软件工程 1 班"></asp:TreeNode>
                <asp:TreeNode Text="软件工程 2 班" Value="软件工程 2 班"></asp:TreeNode>
            </asp:TreeNode>
            <asp:TreeNode Text="物联网工程" Value="物联网工程">
                <asp:TreeNode Text="物联网工程 1 班" Value="物联网工程 1 班"></asp:TreeNode>
                <asp:TreeNode Text="物联网工程 2 班" Value="物联网工程 2 班"></asp:TreeNode>
            </asp:TreeNode>
            <asp:TreeNode Text="计算机科学与技术" Value="计算机科学与技术"></asp:TreeNode>
        </asp:TreeNode>
        <asp:TreeNode Text="电信学院" Value="电信学院">
```

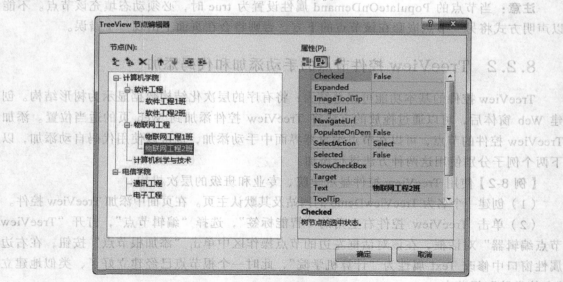

图 8-3　TreeView 节点编辑器

```
        <asp:TreeNode Text="通讯工程" Value="通讯工程"></asp:TreeNode>
        <asp:TreeNode Text="电子工程" Value="电子工程"></asp:TreeNode>
    </asp:TreeNode>
    </Nodes>
</asp:TreeView>
```

【代码解析】 从页面视图代码中可以看到,最外层为<Nodes>节点,它包含了所有节点,无论是父节点、子节点,还是子子节点都是使用<asp:TreeNode>定义,通过不断地嵌套实现父子关系。

(5)打开该页面,显示如图8-4所示页面,单击左边的减号和加号可以折叠和展开下级节点。

(6)打开 TreeView 的智能标签,选择"自动套用格式"命令,在"选择架构"中选择一种格式,如"联系人",重新打开该页面,可以看到另一种效果。如果要取消该格式,在"选择架构"中选择"移除格式设置"。

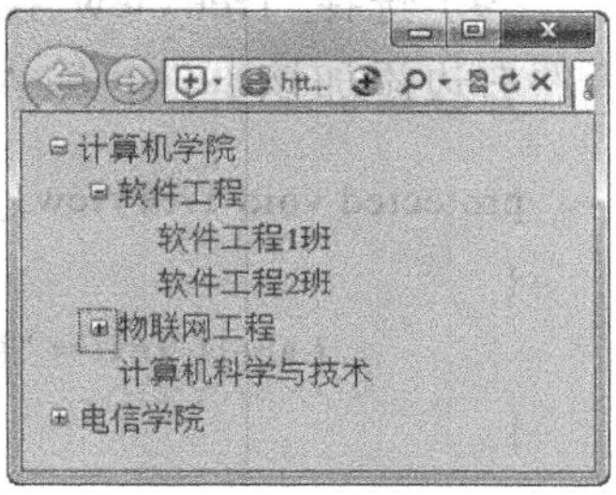

(7)选中 TreeView 控件,在属性窗口中将 ExpandDepth 属性由"FullyExpand"修改为 0,可以看到 TreeView 控件只展开第一层,修改为 1,展开到第二层,即 ExpandDepth 属性可以获取或设置 TreeView 控件展开的层数。

图 8-4 TreeViewDemo 执行效果

(8)在 TreeView 控件下面添加一个 Label 控件,将 TreeView 控件的所有节点显示在该 Label 控件中。在 Page_Load 事件中添加如下代码:

```
protected void Page_Load(object sender, EventArgs e)
{
    Label1.Text = "";
    if (TreeView1.Nodes.Count > 0)
    {
        foreach (TreeNode TNode1 in TreeView1.Nodes)
        {
            Label1.Text += "<br/>" + TNode1.Text;
            foreach (TreeNode TNode2 in TNode1.ChildNodes)
            {
                Label1.Text += "<br/>-->" + TNode2.Text;
                foreach (TreeNode TNode3 in TNode2.ChildNodes)
                {
                    Label1.Text += "<br/>-->-->" + TNode3.Text;
                }
            }
        }
    }
}
```

            }
    }

【代码解析】代码中 TreeView1.Nodes 用到 Nodes 属性，表示 TreeView 控件中所有根节点的集合，该集合中的每一项为 TreeNode 类型的根节点；每个节点的子节点集合使用属性 ChildNodes 获取。代码中 TNode1.ChildNodes 和 TNode2.ChildNodes 分别表示根节点 TNode1 和子节点 TNode2 的所有子节点集合。代码中使用 foreach 语句的嵌套实现对应 TreeView 控件中的树形节点结构。

（9）选择 TreeView 控件，在属性窗口的事件页面中，双击"SelectedNodeChanged"事件右边添加该事件，输入以下代码：

```
protected void TreeView1_SelectedNodeChanged(object sender, EventArgs e)
{
        Label1.Text = "被选择的节点为：" + TreeView1.SelectedNode.Text;
}
```

（10）打开该页面，选择不同的节点，在 Label 控件中会显示选择的节点内容，如图 8-5 所示。

【例 8-3】使用代码给 TreeView 控件添加子节点显示学院、专业和班级的层次机构。

（1）创建一个名为 TreeViewDynamicLoad 的网站及其默认主页。在页面中添加 TreeView 控件。

（2）在 Page_Load 事件中添加如下代码，实现和上例相同的节点。

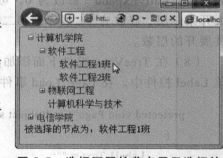

图 8-5 选择不同的节点显示选择的内容

```
protected void Page_Load(object sender, EventArgs e)
{
        if (!Page.IsPostBack)
        {
            TreeNode rNode1 = new TreeNode("计算机学院");//第一层节点
            string[] depart1 = { "软件工程","物联网工程","计算机科学与技术" };
            foreach (string dep in depart1)
            {//为第一层节点添加第二层子节点
                rNode1.ChildNodes.Add(new TreeNode(dep.ToString()));
            }
            string[] className1 = { "软件工程 1 班", "软件工程 2 班" };
            foreach (string clsName in className1)
            { //为第二层子节点添加第三层子节点
                rNode1.ChildNodes[0].ChildNodes.Add(new TreeNode(clsName.ToString()));
```

```
            }
            string[] className2 = { "物联网工程 1 班","物联网工程 2 班" };
            foreach (string clsName in className2)
            {
                rNode1.ChildNodes[1].ChildNodes.Add(new TreeNode(clsName.ToString()));
            }

            TreeNode rNode2 = new TreeNode("电信学院");//另一个第一层节点
            string[] depart2 = { "通讯工程","电子工程" };
            foreach (string dep in depart2)
            {
                rNode2.ChildNodes.Add(new TreeNode(dep.ToString()));
            }

            TreeView1.Nodes.Add(rNode1);//将第一层节点添加到 TreeView 控件中
            TreeView1.Nodes.Add(rNode2);
        }
    }
```

(3)在浏览器中打开该页面,呈现效果和上例相同。

8.2.3 TreeView 控件绑定数据库中的数据字段

上一节中通过节点编辑器界面和代码两种方式添加节点,但如果数据信息修改了,以上两种方法建立的页面或代码都需要修改,因此,一般将需要建立的节点存放在数据库表中,通过绑定实现 TreeView 控件的导航。

TreeView 控件支持绑定多种数据源,如数据库、XML 文件等。本节主要介绍使用 TreeView 控件绑定数据库。

【例 8-4】将数据库中对应的字段绑定到 TreeView 控件上。

(1)创建一个名为 TreeViewDB 的网站及其默认主页,在页面中添加 TreeView 控件。

(2)网站中右键添加系统数据库文件夹 App_Data,复制数据库"教学信息管理.mdb"到该文件夹中。

(3)使用 SqlDataSource 控件辅助添加或者手动添加连接字符串"ConnectionString"到 Web.config 文件中。手动添加是在 Web.config 文件中的<configuration>标签内部添加如下代码:

```
<connectionStrings>
<add name="ConnectionString" connectionString="Provider=Microsoft.Jet.OLEDB.4.0;Data Source=
|DataDirectory|\教学信息管理.mdb" providerName="System.Data.OleDb"/>
</connectionStrings>
```

（4）在代码文件开头，添加以下引用代码：

using System.Data.OleDb;

using System.Data;

using System.Configuration;

在类中最前面添加如下代码，从 Web.config 文件中获取连接数据库的字符串，以便每个方法都可以使用该连接字符串。

string connectionString = ConfigurationManager.ConnectionStrings["ConnectionString"].ConnectionString;

（5）在 Default.aspx.cs 代码中自定义一个 BindDataBase 方法，用于将数据库中的数据绑定到 TreeView 控件上，添加如下代码如下：

public void BindDataBase()
{
//根据连接字符串生成连接
　　　　OleDbConnection OleDbCon = new OleDbConnection(connectionString);

　　　　string sqlDepart = "select * from 学院表";

　　　　string sqlSpecialty = "select * from 专业表";

　　　　string sqlClass = "select * from 班级表";

　　　　DataSet ds = new DataSet();   //创建数据集对象

　　　　try
　　　　{   //通过适配器添加三个表给数据集对象
　　　　　　OleDbDataAdapter da = new OleDbDataAdapter(sqlDepart, OleDbCon); //生成适配器
　　　　　　//添加数据库表"学院表"到数据集对象中，重新命名为"Dapart"，后面只能用
　　　　　　　这个名字来访分"学院表"
　　　　　　da.Fill(ds, "Depart");
　　　　　　da.SelectCommand.CommandText = sqlSpecialty;
　　　　　　da.Fill(ds, "Specialty");
　　　　　　da.SelectCommand.CommandText = sqlClass;
　　　　　　da.Fill(ds, "Class");
　　　　}
　　　　finally
　　　　{
　　　　　　OleDbCon.Close();
　　　　}

//添加数据库表之间的主从关系，第一个参数为关系名，第二个和第三个参数为建立连接的主表字段和从表字段，主表字段要求唯一，一般为主关键字。

```csharp
DataRelation relation = new DataRelation("DepartSpecialty", ds.Tables["Depart"].Columns["学院名称"], ds.Tables["Specialty"].Columns["所属学院"]);
ds.Relations.Add(relation);//添加学院和专业两个表的关系
relation = new DataRelation("SpecialtyClass",ds.Tables["Specialty"].Columns["专业名称"], ds.Tables["Class"].Columns["所属专业"]);
ds.Relations.Add(relation);//添加专业和班级两个表的关系

foreach (DataRow row in ds.Tables["Depart"].Rows)
{
    //动态添加 TreeView 的根节点
    TreeNode nodeDepart = new TreeNode(row["学院名称"].ToString());
    TreeView1.Nodes.Add(nodeDepart);

    //添加第二级子节点
    DataRow[] childRows = row.GetChildRows(ds.Relations["DepartSpecialty"]);
    foreach (DataRow childRow in childRows)
    {
        TreeNode nodeSpecialty = new TreeNode(childRow["专业名称"].ToString());
        nodeDepart.ChildNodes.Add(nodeSpecialty);

        //添加第三级子节点
        DataRow[] childchildRows = childRow.GetChildRows(ds.Relations["SpecialtyClass"]);
        foreach (DataRow childchildRow in childchildRows)
        {
            TreeNode nodeClass = new TreeNode(childchildRow["班级名称"].ToString(), childchildRow["班级编号"].ToString());
            nodeSpecialty.ChildNodes.Add(nodeClass);
        }
    }
    nodeDepart.Collapse();
}
```

（6）在页面的 Page_Load 事件中，调用 BindDataBase 方法，并设置父节点与子节点间的连线，代码如下：

```csharp
protected void Page_Load(object sender, EventArgs e)
{
    if (!Page.IsPostBack)
```

BindDataBase();
TreeView1.ShowLines = true;//显示连接父节点与子节点间的线条
TreeView1.ExpandDepth = 1;//控件显示时所展开的层数
}
}

(7)打开该页面，选择不同的节点，在 Label 控件中会显示选择的节点内容，如图 8-6 所示。

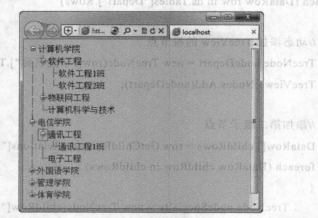

图 8-6　将数据库中对应的字段绑定到 TreeView 控件上

【上机实践】添加代码，要求单击班级节点时，显示该班级的学生到页面中。

（1）在上例的网站中复制 Default.aspx 页面，在网站中粘贴，重命名成 Default2.aspx，使用表格布局，左边放置 TreeView 控件，右边添加一个 GridView 控件用于显示学生信息。

（2）为了实现在左边树形导航中单击班级导航，显示该班级的学生到页面中的 GridView 控件中，添加 SelectedNodeChanged 事件，在该事件中添加以下代码：

```
protected void TreeView1_SelectedNodeChanged(object sender, EventArgs e)
{
OleDbConnection OleDbCon = new OleDbConnection(connectionString);//根据连接字符串生成连接
    string sqlStudent = "";
    if (TreeView1.SelectedNode.Depth == 2)   //通过 Depth 属性判断点击的是第三层的班级节点
    {
        //TreeView1.SelectedNode.Value 中存放的是"班级编号"，据此筛选学生表信息
        sqlStudent = "select * from 学生表 where 班级编号='" + TreeView1.SelectedNode.Value + "'";
    }
    else
        return;
```

```
try
{
    DataSet ds = new DataSet();    //创建数据集对象
    OleDbDataAdapter da = new OleDbDataAdapter(sqlStudent, OleDbCon);
    da.Fill(ds, "Student");//通过适配器添加筛选后的学生表给数据集对象
    //将数据集中的"Student"表绑定到 GridView 控件中
    GridView1.DataSource = ds.Tables["Student"];
    GridView1.DataBind();
}
catch (OleDbException oleex)
{
    Response.Write(oleex.Message + "<br/>");
}
finally
{
    OleDbCon.Close();
}
}
```

（3）打开该页面，选择节点"软件工程 1 班"，显示如图 8-7 所示页面，将软件工程 1 班的所有学生的确信息显示在该页面中。在其他班级上单击，如果该班级有学生，会显示该班级的学生到页面中。在学院节点和专业节点上单击，不起作用，因为代码 if (TreeView1.SelectedNode.Depth == 2)保证了只处理班级节点。

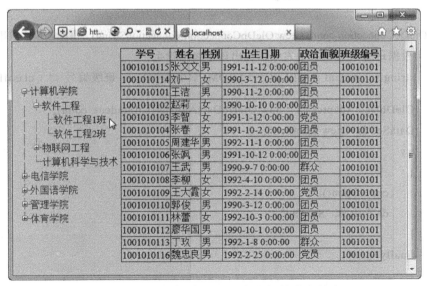

图 8-7　单击班级时，显示该班级的学生信息

8.2.4 按需动态地填充 TreeView 控件的节点

如果子节点的数量比较大，全部加入节点会影响页面的响应时间，还会显著增大页面和视图状态的大小。TreeView 有一个按需填充的功能，可以在节点打开时填充树的分支，可以随时填充树的选定部分。

要使用按需填充，需要将想要填入的内容的节点的 PopulateOnDemand 属性设为 true。用户展开这个分支时，TreeView 会引发 TreeNodePopulate 事件，在该事件里添加动态产生下一层节点的代码。一个给定的节点只会按需填充一次，此后，值保存在客户端，同一节点再次折叠或展开时不会再次执行回调。TreeNodePopulate 事件原型如下：

protected void TreeView1_TreeNodePopulate(object sender, TreeNodeEventArgs e)

第二个参数 e 为 TreeNodeEventArgs 类型，要得到触发该事件的节点，使用 e.Node 就可以了。

TreeView 控件支持两种按需填入节点的技术（客户端回调或页面回调），由属性 PopulateNodesFromClient 区分。当该属性为 true（默认），TreeView 执行一个客户端的回调，从用户的事件获得它需要的节点，而并不需要返回整个页面给服务器；当属性为 false，或者为 true 但浏览器不支持客户端回调时，那么 TreeView 会触发一次页面回调以获得相同的结果。唯一的区别是整个页面的刷新产生了一个闪动。

【例 8-5】按需动态地填充班级节点下的学生节点。

（1）在上例的网站中复制 Default2.aspx 页面，粘贴、重命名成 Default3.aspx。

（2）添加自定义方法 GetStudent，用于根据班级编号在学生表中筛选出该班级的学生，代码如下：

```
private DataTable GetStudent(string classID)
{
    OleDbConnection conn = new OleDbConnection(connectionString);//根据连接字符串生成连接
    //根据班级编号在学生表中筛选出该班级的学生
    string sqlStudent = "SELECT * FROM 学生表 where 班级编号='" + classID +"'";
    OleDbDataAdapter da = new OleDbDataAdapter(sqlStudent, conn);
    DataSet ds = new DataSet();
    try
    {
        conn.Open();
        da.Fill(ds, "Student");
    }
    finally
    {
        conn.Close();
```

```
        }
        return ds.Tables["Student"];
}
```

（3）修改 BindDataBase 方法中班级节点 nodeClass，将 PopulateOnDemand 属性设置为 true，并将其折叠，这样才能响应 TreeNodePopulate 事件。修改添加第三级子节点的代码如下：

```
//添加第三级子节点
  DataRow[] childchildRows = childRow.GetChildRows(ds.Relations["SpecialtyClass"]);
  foreach (DataRow childchildRow in childchildRows)
  {
          TreeNode nodeClass = new TreeNode(childchildRow["班级名称"].ToString(),
childchildRow["班级编号"].ToString());
  //将想要填入的内容的节点的 PopulateOnDemand 属性设为 true
     nodeClass.PopulateOnDemand = true;
          nodeClass.Collapse();//将节点折叠

          nodeSpecialty.ChildNodes.Add(nodeClass);
  }
```

（4）添加 TreeView 控件的 TreeNodePopulate 事件，添加以下代码，实现节点按需填充。根据选择节点对应的班级编号在学生表中筛选出该班级的学生，使用"姓名"和"学号"作为新子节点学生节点的 Text 值和 Value 值。

```
protected void TreeView1_TreeNodePopulate(object sender, TreeNodeEventArgs e)
{
          if (e.Node.Depth == 2)   //通过 Depth 属性判断点击的是第三层的班级节点
          {
              //通过节点的 Value 属性获取班级节点的班级编号，该值是在创建节点时产生的，
                详见自定义方法
//BindDataBase()中的代码 TreeNode nodeClass = new TreeNode(childchildRow["班级名称
"].ToString(), //childchildRow["班级编号"].ToString());
              string classID = e.Node.Value.ToString();
              DataTable dtStudent = GetStudent(classID);
                //根据班级编号在学生表中筛选出该班级的学生
              foreach (DataRow row in dtStudent.Rows)
              {   //将"姓名"作为学生节点显示
  TreeNode nodeStudent = new TreeNode(row["姓名"].ToString(), row["学号"].ToString());
```

```
                e.Node.ChildNodes.Add(nodeStudent);
            }
        }
    }
```

(5)打开该页面,选择班级节点,在该班级下会动态填充该班级的学生节点,如图8-8所示。

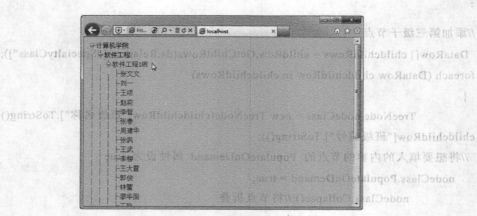

图8-8 动态填充该班级的学生节点

(6)添加该 TreeView1_TreeNodePopulate 事件的代码,完成单击学生节点时,显示该学生的信息到页面中。

```
protected void TreeView1_SelectedNodeChanged(object sender, EventArgs e)
{
    OleDbConnection OleDbCon = new OleDbConnection(connectionString);
    //根据连接字符串生成连接
    string sqlStudent = "";
    if (TreeView1.SelectedNode.Depth == 2)   //通过 Depth 属性判断点击的是第三层的班级节点
    {
        //TreeView1.SelectedNode.Value 中存放的是"班级编号",据此筛选学生表信息
        sqlStudent = "select * from 学生表 where 班级编号='" + TreeView1.SelectedNode.Value + "'";
    }
    else if (TreeView1.SelectedNode.Depth == 3)
        //通过 Depth 属性判断点击的是第四层的学生节点
    {
        //TreeView1.SelectedNode.Value 中存放的是学生的"学号",据此筛选学生表信息
        sqlStudent = "select * from 学生表 where 学号='" + TreeView1.SelectedNode.Value + "'"; ;
    }
    else
```

```
            return;
    try
    {
        DataSet ds = new DataSet();    //创建数据集对象
        OleDbDataAdapter da = new OleDbDataAdapter(sqlStudent, OleDbCon);
        da.Fill(ds, "Student");//通过适配器添加筛选后的学生表给数据集对象
        //将数据集中的"Student"表绑定到 GridView 控件中
        GridView1.DataSource = ds.Tables["Student"];
        GridView1.DataBind();
    }
    catch (OleDbException oleex)
    {
        Response.Write(oleex.Message + "<br/>");
    }
    finally
    {
        OleDbCon.Close();
    }
}
```

（7）打开该页面，选择学生节点时，显示如图 8-9 所示页面，页面中显示了该学生的信息。

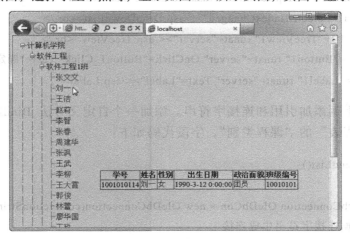

图 8-9 选择学生节点时显示了该学生的信息

8.2.5 为 TreeView 控件节点添加复选框

在很多情况下，需要在 TreeView 控件添加复选框用于多项选择，如大学选课，使用 TreeView 控件选择选修的科目。界面简洁大方、清晰明了。

给 TreeView 控件节点添加复选框，主要是将 TreeView 控件的 ShowCheckBoxes 属性设为 Leaf 即可。

public TreeNodeTypes ShowCheckBoxes{ get; set;)

TreeNodeTypes 成员有以下 5 个值，ShowCheckBoxes 属性可以设置为其中之一，默认值为 TreeNodeType.None。

① None：无节点。
② Root：没有父节点但有一个或多个子节点的节点。
③ Parent：具有一个父节点和一个或多个子节点的节点。
④ Leaf：无子节点的节点。
⑤ All：所有节点。

在获取选择的那些项目时，主要使用了 TreeView 控件的 CheckedNodes 属性，该属性用于获取 TreeNode 对象的集合 TreeNodeCollection，这些对象表示在 TreeView 控件中选中的复选框的节点。语法如下：public TreeNodeCollection CheckedNodes{get;)

通过 TreeView 控件的 CheckedNodes 属性获取选中了复选框的节点集合后，然后通过 foreach 语句遍历集合，从而获取每一个选中的复选框的节点的值。

【例 8-6】TreeView 控件节点添加复选框实现选课功能。

（1）在上例的网站中，添加一个新的页面 Default4.aspx。

（2）向项目中添加 1 个 DropDownList 控件、1 个 TreeView 控件、1 个 Button 控件和 1 个 Label 控件，设置后的页面代码如下：

```
<asp:DropDownList ID="DropDownList1" runat="server" AutoPostBack="True" OnSelectedIndexChanged=
"DropDownList1_SelectedIndexChanged"></asp:DropDownList><br />
<asp:TreeView ID="TreeView1" runat="server"></asp:TreeView><br />
<asp:Button ID="Button1" runat="server" OnClick="Button1_Click" Text="确定" /><br />
<asp:Label ID="Label1" runat="server" Text="Label"></asp:Label>
```

（3）类似于上例添加引用和连接字符串。添加一个自定义方法 BindList，用于绑定下拉列表框到"课程表"的"课程类别"，字段代码如下：

```
public void BindList()
{
        OleDbConnection OleDbCon = new OleDbConnection(connectionString);
            //根据连接字符串生成连接

        //将 TreeView 控件的 ShowCheckBoxes 属性设为 Leaf,用于给 TreeView 节点添加复选框
    TreeView1.ShowCheckBoxes = TreeNodeTypes.Leaf;

        DataSet ds = new DataSet();
        OleDbDataAdapter da;
```

```csharp
        try
        {
            da = new OleDbDataAdapter("select distinct(课程类别) from 课程表", OleDbCon);
            da.Fill(ds);
        }
        finally
        {
            OleDbCon.Close();
        }
        //绑定下拉列表框到"课程表"的"课程类别"字段
        DropDownList1.DataSource = ds;
        DropDownList1.DataTextField = "课程类别";
        DropDownList1.DataBind();
    }
```

（4）添加一个自定义方法 BindTree，该方法根据下拉类表框选定的"课程类别"，筛选课程表，将结果绑定到 TreeView 树控件，代码如下：

```csharp
    public void BindTree()    //绑定 TreeView 树控件
    {
        OleDbConnection OleDbCon = new OleDbConnection(connectionString);
        //根据连接字符串生成连接

        TreeView1.Nodes.Clear();

        DataSet ds = new DataSet();
        //将下拉列表框中选择的"课程类别"作为根节点，并插入到 TreeView 中
        TreeNode TN = new TreeNode(DropDownList1.SelectedItem.Text);
        TreeView1.Nodes.Add(TN);
        try
        {
            //根据下拉列表框中选择的"课程类别"筛选课程表
            OleDbDataAdapter da = new OleDbDataAdapter("select * from 课程表 where 课程类别='" + DropDownList1.SelectedItem.Text + "'", OleDbCon);
            da.Fill(ds, "course");
        }
        finally
        {
            OleDbCon.Close();
```

```
            }
            foreach (DataRow row in ds.Tables["course"].Rows)
            {
                //将"课程名称"作为新的课程子节点插入到根节点课程类型中
                TreeNode nodeCourse = new TreeNode(row["课程名称"].ToString());
                TN.ChildNodes.Add(nodeCourse);
            }
            TreeView1.ExpandAll();//展开所有子节点
        }
```

（5）Page_Load 事件中，调用建立的两个自定义方法，绑定下拉类表框和树控件，代码如下：

```
        protected void Page_Load(object sender, EventArgs e)
        {
            if (!Page.IsPostBack)
            {
                BindList(); //绑定下拉列表框
                BindTree(); //绑定 TreeView 控件
                TreeView1.ShowLines = true;//显示连接父节点与子节点间的线条
                TreeView1.ExpandDepth = 1;//控件显示时所展开的层数
            }
        }
```

（6）选择下拉列表更改课程类别后，会触发 DropDownList 控件的 SelectedIndexChanged 事件，在该事件中会根据选择的分类重新检索数据库，将该分类下的所有科目绑定到 TreeView 控件中，代码如下：

```
        protected void DropDownList1_SelectedIndexChanged(object sender, EventArgs e)
        {
            Label1.Text = "";
            BindTree();
        }
```

（7）当选择某个分类下的课程后，单击"确定"按钮，获取选择的课程并显示在 Label 控件中。代码如下：

```
        protected void Button1_Click(object sender, EventArgs e)
        {
```

```
Label1.Text = "";
if (TreeView1.CheckedNodes.Count > 0)    //如果选择了课程
{
    //遍历处于选中状态的所有复选框子节点
    foreach (TreeNode childNode in TreeView1.CheckedNodes)
    {
    //将选中的课程复选框子节点的值显示到 Label 控件中
        Label1.Text += childNode.Text + "<br/>";
    }
}
```

（8）DropDownList 控件的 AutoPostBack 属性设为 True。打开该页面，选择课程类别，选择几门课程复选框，单击"确定"按钮后，下面显示了已经选择的课程，如图 8-10 所示。

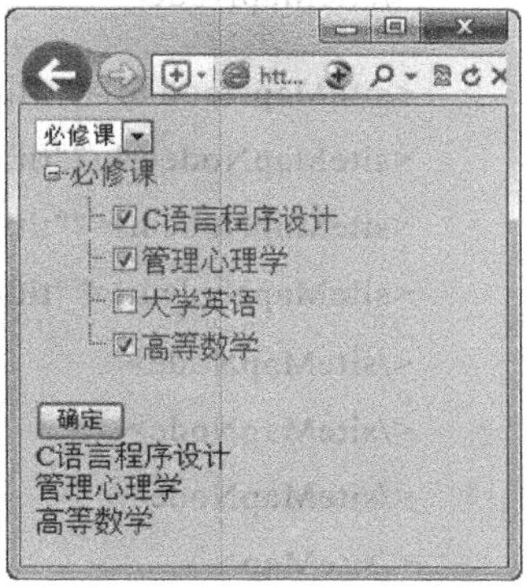

8.2.6 TreeView 控件绑定站点地图文件

站点地图文件是站点导航信息的存储文件，其数据采用 XML 格式，将站点逻辑结构层次化地列出，默认文件名为 Web.sitemap。站点地图与 TreeView 控件集成的实质是以站点地图文件为数据基础，以 TreeView 控件的树状结构为表现形式，将站点的逻辑结构表现出来，实现站点导航的功能。

【例 8-7】TreeView 控件绑定站点地图实现网站导航。

图 8-10 TreeView 控件节点添加复选框实现选课功能

（1）创建一个名为 TreeViewSitemap 的网站及其默认主页 Default.aspx，在该页上添加一个 TreeView 控件和一个 SiteMapDataSource 控件。

（2）在 TreeViewSitemap 网站上右键快捷菜单中选择"添加"→"添加新项"，在弹出的对话框中选择"站点地图"，文件名修改为"Admin.sitemap"，单击"添加"按钮。该站点地图文件包括一个根节点和多个嵌套节点，每个节点包含 url（超链接地址）、title（显示节点名称）、description（节点说明文字）三个属性。节点之间通过嵌套来实现层次关系，在文件中添加节点，代码如下：

```
<?xmlversion="1.0"encoding="utf-8" ?>
<siteMapxmlns="http://schemas.microsoft.com/AspNet/SiteMap-File-1.0">
<siteMapNode url="" title="管理员管理" description="">
<siteMapNode url="" title="部门管理" description="">
<siteMapNodeurl=""title="院系管理"description="" />
<siteMapNodeurl=""title="专业管理"description=""/>
<siteMapNodeurl=""title="班级管理"description=""/>
```

```
            </siteMapNode>
            <siteMapNode url="" title="用户管理" description="">
                <siteMapNodeurl=""title="管理员管理"description="">
                    <siteMapNodeurl=""title="添加管理员"description="" />
                    <siteMapNodeurl=""title="修改管理员"description="" />
                    <siteMapNodeurl=""title="删除管理员"description="" />
                </siteMapNode>
                <siteMapNode url="" title="教师管理" description="">
                    <siteMapNodeurl=""title="添加教师"description="" />
                    <siteMapNodeurl=""title="修改教师"description="" />
                    <siteMapNodeurl=""title="删除教师"description="" />
                </siteMapNode>
                <siteMapNode url="" title="学生管理" description="">
                    <siteMapNodeurl=""title="添加学生"description="" />
                    <siteMapNodeurl=""title="修改学生"description="" />
                    <siteMapNodeurl=""title="删除学生"description="" />
                </siteMapNode>
            </siteMapNode>
        </siteMapNode>
    </siteMapNode>
</siteMap>
```

（3）选择 TreeView 控件，右上角智能标签，选择数据源中选择 DataSourceID 属性值为 SiteMapDataSourcel。

（4）由于 SiteMapDataSource 控件默认处理 Web.sitemap 文件，因此如果站点地图文件名为"Web.sitemap"，则不需要进行相关设置。但是如果文件名是其他名称或者有多个 SiteMap 文件时，就需要进行设置。

打开 Web.config 文件，在<system.web>下添加以下内容：

```
<siteMap>
    <providers>
        <add name="AdminSiteMap"
             type="System.Web.XmlSiteMapProvider" siteMapFile="Admin.sitemap"/>
    </providers>
</siteMap>
```

（5）选中 SiteMapDataSource 控件，在属性窗口中 SiteMapProvider 属性的右边输入 AdminSiteMap，即设置 SiteMapDataSource 控件的数据由上面的"Admin.sitemap"文件提供。

（6）打开该页面，显示如图 8-11 所示的导航页面，树形导航中的节点自动从站点地图文件中读取并显示。

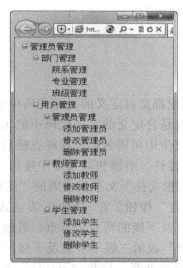

图 8-11　TreeView 控件绑定站点地图实现网站导航

8.2.7　TreeView 控件绑定 XML 文件

其实站点地图文件就是一个 XML 文件，对于一般的 XML 文件，TreeView 控件也可以进行绑定，并显示。

【例 8-8】TreeView 控件绑定 XML 文件。

（1）创建一个名为 TreeViewXML 的网站及其默认主页 Default.aspx，在该页上添加一个 TreeView 控件和一个 XMLDataSource 控件。

（2）网站右键快捷菜单中选择"添加"→"添加新项"，在弹出的对话框中选择"XML 文件"，输入文件名"Teacher.xml"，单击"添加"按钮。在 XML 文件中定义需要显示的节点内容，代码如下：

```
<?xml version="1.0" encoding="utf-8" ?>
<Root>
<Child text="作业题库管理" >
<ChildChild text="添加作业题库"  Url="~/addWorkTbl.aspx" />
<ChildChild text="修改作业题库"  Url="reviseWorkTbl.aspx" />
<ChildChild text="删除作业题库"  Url=""  />
</Child>
<Child text="作业任务管理">
<ChildChild text="新建作业" Url="" />
<ChildChild text="修改作业" Url="" />
<ChildChild text="删除作业" Url="" />
```

```
        </Child>
        <Child text="作业批阅管理">
            <ChildChild text="批阅中" Url="" />
            <ChildChild text="未批阅" Url=""   />
        </Child>
    </Root>
```

【代码解析】每个节点的标记都是自定义的，如代码中的 Root、Child 和 ChildChild；节点后可以添加属性，属性名也是自定义的，如代码中的 text 和 Url，属性值必须放在双引号中；代码中每一级节点标记使用相同名称，这样方便后面的字段绑定操作。

（3）选中 XMLDataSource 控件，右键快捷菜单中选择"配置数据源"，在弹出的"配置数据源"对话框中，单击"数据文件"文本框后面的"浏览"按钮，选择刚新建的 XML 文件"Teacher.xml"，单击"确定"按钮。在"XPath 表达式"中输入"/*"，表示在 XML 文件中查询一级节点（根节点）及下级的所有子节点。若输入"/*/*"，表示查询二级子节点及下级的所有子节点；"/*/*/*"表示三级子节点及下级的所有子节点，依此类推。

（4）为 TreeView 控件指定数据源，即将 TreeView 控件的 DataSourceID 属性设为 XmlDataSource1。打开该页面，TreeView 控件中已经显示了 XML 文件中的所有节点信息，如图 8-12（a）所示，很明显这个效果不是我们需要的。

（5）在"TreeView 任务"快捷菜单中选择"编辑 TreeNode 数据绑定"命令，打开"TreeView DataBindings 编辑器"对话框。在"可用数据绑定"列表框中显示的是 XML 文件中可用数据绑定的所有字段。可用数据绑定的字段为树状结构，该结构表现出与 XML 文件一样的嵌套结构。选中其中的任一节点，单击"添加"按钮，即可将该选项添加到下方的"所选数据绑定"列表框中，分别添加 Root、Child 和 ChildChild 三个字段。在"所选数据绑定"列表框中选择 Root，在对话框右侧的"数据绑定属性"列表框中将 TextField 属性设置为 text；同样地，将 Child 字段的 TextField 属性设置为 text，ChildChild 字段的 TextField 属性设置为 text，NavigateUrlField 属性设置为 Url。设置完成后，单击"确定"按钮。这时 TreeView 控件就已经绑定了 XML 文件，设置完的页面代码如下：

```
<asp:TreeView ID="TreeView1" runat="server" DataSourceID="XmlDataSource1">
<DataBindings>
<asp:TreeNodeBinding DataMember="Root" TextField="text" />
<asp:TreeNodeBinding DataMember="Child" TextField="text" />
<asp:TreeNodeBinding DataMember="ChildChild" NavigateUrlField="Url" TextField="text" />
</DataBindings>
</asp:TreeView><br />
<asp:XmlDataSource    ID="XmlDataSource1"    runat="server"    DataFile="~/Teacher.xml" XPath="/*"></asp:XmlDataSource>
```

（6）打开该页面，显示如图 8-12（b）所示页面。添加两个 Url 所指向的页面 addWorkTbl.aspx

和 reviseWorkTbl.aspx，重新打开该页面，单击"添加作业题库"或"修改作业题库"会分别打开这两个页面。这个链接地址是由 XML 文件指定的，如果为空则不起作用。

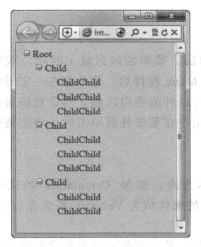 

（a）未绑定字段　　　　　　　　　　（b）绑定字段

图 8-12　TreeView 控件绑定 XML 文件

8.3　Menu 控件

Menu 是另一个支持层次化数据的富控件。它可以绑定到数据源（声明性的）或编程使用 MenuItem 对象来填充。它具有两种显示模式：静态模式和动态模式。静态显示意味着 Menu 控件始终是完全展开的，整个结构都是可视的，用户可以单击任何部位；而动态显示的菜单中，只有指定的部分是静态的，只有用户将鼠标指针放置在父节点上时才会动态显示其子菜单项。两种显示选项不是互不相容的，你可以一起使用它们，这样菜单的一部分是静态的，其他部分都是动态的。例如，你可能希望静态地显示菜单的前两层，而剩下的节点都动态地显示出来。

Menu 控件里静态元素的层次由它的 StaticDisplayLevels 属性控制。StaticDisplayLevels 属性是一个代表显示层数的整数值，最小值为 1，负值或者为 0 都会产生异常。你可以对动态菜单使用 MaximumDynamicDisplayLevels 属性，它用来定义动态元素显示的层数，1 是默认的值，0 表示没有动态菜单要显示，而负值会产生异常。下面这段代码就静态地显示了前两个菜单层，动态地显示了第三层：

```
<asp:Menu ID="Menu1" runat="server" MaximumDynamicDisplayLevels="1" StaticDisplayLevels="2">
</asp:Menu>
```

Menu 控件的基本功能是实现站点导航功能，具体功能如下：

① 与 SiteMapDataSource 控件搭配使用，将 Web.sitemap 文件中的网站导航数据绑定到 Menu 控件。

② 允许以编程方式访问 Menu 对象模型。
③ 可使用主题、样式属性、模板等自定义控件外观。

1. Menu 控件常用的属性

- DisappearAfter 属性

该属性是用来获取或设置当鼠标光标离开菜单后，菜单的延迟显示时间，默认值为 500，单位是毫秒。在默认情况下，当鼠标光标离开 Menu 控件后，菜单将在一定时间内自动消失。如果希望菜单立刻消失，可单击 Meun 控件以外的空白区域。当设置该属性值为 -1 时，菜单不会自动消失，在这种情况下，只有用户在菜单外部单击时，动态菜单项才会消失。

- Orientation 属性

使用 Orientation 属性指定 Menu 控件的显示方向，如果 Orientation 的属性值为 Horizontal，则水平显示 Menu 控件；如果 Orientation 的属性值为 Vertical，则垂直显示 Menu 控件。

① DynamicHorizontalOffset：设置动态菜单相对于其父菜单项的水平移动像素数。
② DynamicPopOutImageUrl：获取或设置自定义图像的 URL，如果动态菜单项包含子菜单，该图像则显示在动态菜单项中。
③ DataSource：获取或设置对象，数据绑定控件从该对象中检索其数据项列表。
④ ItemWrap：获取或设置一个值，该值指示菜单项的文本是否换行。
⑤ Items：获取 MenuItemCollection 对象，该对象包含 Menu 控件中的所有菜单项。
⑥ SelectedItem：获取选定的菜单项。
⑦ SelectedValue：获取选定菜单项的值。
⑧ StaticEnableDefaultPopOutImage：静态菜单项默认显示带有小箭头，设置为 false，将修改这个状态。
⑨ DynamicEnableDefaultPopOutImage：设置动态显示是否带有小箭头。
⑩ StaticSubMenuIndent：用来显示子菜单进行水平缩排的像素个数。

2. Menu 控件常用的事件

① MenuItemClick：单击 Menu 控件中某个菜单选项时激发。
② MenuItemDataBound：Menu 控件中某个菜单选项绑定数据时激发。

3. Menu 控件节点信息获取

Menu 控件中每个菜单项对应一个 MenuItem 对象，相当于 TreeView 控件的每个节点 TreeNode 对象。因此，和 TreeView 控件相似，可以手动在界面中添加菜单项；可以使用代码自动添加菜单项；可以绑定数据库中的字段动态添加菜单项；也可以绑定站点地图文件或 XML 文件实现网站导航。

【例 8-9】Menu 控件绑定站点地图文件或 XML 文件实现网站导航。

（1）新建一个名为 MenuDemo 的网站及其默认主页 Default.aspx，在页面中添加一个

Menu 控件和一个 SiteMapDataSource 控件。添加一个新的网页 Default2.aspx，在页面中添加一个 Menu 控件和一个 XmlDataSource 控件。

（2）复制 TreeView 控件中绑定站点地图的实例中的配置文件 Web.config 和站点地图文件 Admin.sitemap 到该网站，参照该实例设置 Default.aspx 页面的 SiteMapDataSource 控件；复制 TreeView 控件中绑定 XML 文件的实例中的 XML 文件 Teacher.xml 和两个导航目标页面 addWorkTbl.aspx 和 reviseWorkTbl.aspx，参照该实例设置 Default2.aspx 页面的 XmlDataSource 控件。

（3）为 Menu 控件指定数据源。将 Default.aspx 页面的 Menu 控件的 DataSourceID 属性设为 SiteMapDataSource1，将 Default2.aspx 页面的 Menu 控件的 DataSourceID 属性设为 XmlDataSource1。

（4）参照 TreeView 控件中绑定 XML 文件的实例，绑定 Menu 控件对应 XML 节点的字段，快捷菜单上选择"编辑 MenuItem DataBindings"命令，其他的类似。

（5）设置 Menu 控件的外观。在"自动套用格式"对话框中选择相应的样式，并将 Menu 控件设置为水平菜单（Orientation 属性设置为 Horizontal）。

（6）分别打开 Default.aspx 和 Default2.aspx 页面，显示如图 8-13（a）和（b）所示页面。

（a）Menu 控件绑定站点地图文件

（b）Menu 控件绑定 XML 文件

图 8-13　Menu 控件绑定 XML 文件

8.4　SiteMapPath 控件

使用 SiteMapPath 之前必须先建立站点地图，因为 SiteMapPath 控件要依赖站点地图才能显示。SiteMapPath 控件用于显示一组文本或图像超链接，会显示一条导航路径，此路径为用户显示当前页的位置，并显示返回到主页的路径链接。它包含来自站点地图的导航数据，只有在站点地图中列出的页才能在 SiteMapPath 控件中显示导航数据。

【例 8-10】使用 SiteMapPath 控件实现站点导航。

使用 SiteMapPath 控件不需代码和绑定数据就能创建站点导航。该控件可自动读取和显示站点地图信息。

（1）新建一个名为 SiteMapPathDemo 的网站及其默认主页 Default.aspx。

（2）添加站点地图文件 Web.sitemap 文件，添加以下代码：

```xml
<?xml version="1.0" encoding="utf-8" ?>
<siteMap>
<siteMapNode url="Default.aspx" title="首页" description="首页">
<siteMapNode url="Default2.aspx" title="二级页面" description="二级页面">
<siteMapNode url="Default3.aspx" title="三级页面" description="三级页面" />
</siteMapNode>
</siteMapNode>
</siteMap>
```

（3）根据 Web.sitemap 文件中 url 节点所定义的网页名称，再添加两个页面 Default2.aspx 和 Default3.aspx。

（4）在三个页面中都拖放一个 SiteMapPath 控件，由于三个页面是逐级关系，因此，显示的路径也是逐级的。

（5）在 Default.aspx 页面中，添加一个 Button 按钮控件，Text 属性为"进入二级页面"，在单击事件中写入代码 Response.Redirect("Default2.aspx")；在 Default2.aspx 页面中，添加一个 Button 按钮控件，Text 属性为"进入三级页面"，在单击事件中写入代码 Response.Redirect("Default3.aspx")；在 Default3.aspx 页面中，添加一个 Button 按钮控件，Text 属性为"返回首页"，在单击事件中写入代码 Response.Redirect("Default.aspx")。

（6）打开 Default.aspx，显示如图 8-14（a）所示页面，单击"进入二级页面"按钮，显示如图 8-14（b）所示页面，单击"进入三级页面"按钮，显示如图 8-14（c）所示页面，单击"返回首页"按钮，重新进入图 8-14（a）所示页面。在图 8-14（b）和图 8-14（c）中 SiteMapPath 控件会显示上级导航的链接，点击可以进入对应级别页面。

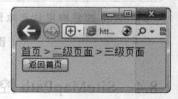

（a）首页　　　　　　　（b）二级页面　　　　　　　（c）三级页面

图 8-14　使用 SiteMapPath 控件实现站点导航

第 9 章 ASP.NET AJAX

ASP.NET AJAX 技术被整合在 ASP.NET 2.0 及以上版本中，是 ASP.NET 的一种扩展技术。AJAX 是 Asynchronous JavaScript and XML(异步 JavaScript 和 XML 技术)的缩写，它是目前 Web 开发非常流行的技术。它是由 JavaScript 脚本语言、CSS 样式表、XMLHttpRequest 数据交换对象和 DOM 文档对象（或 XMLDOM 文档对象）等多种技术组成的。微软在 ASP.NET 框架基础上创建了 ASP.NET AJAX 技术，能够实现 AJAX 功能。使用 AJAX，既满足了 Web 用户对交互性和响应性的要求，也提高了 Web 应用的效率和浏览器的独立性。

9.1 ASP.NET AJAX

9.1.1 Ajax

随着 Web 技术的不断成熟与发展，Web 用户的要求也随之不断提高。他们不仅要求访问的网站功能强大、页面美观，更要求网站反应迅速，能够实现网站与用户之间双向的交流和参与。

HTTP 的标准工作方式称为 GET/POST 方式，用户通过浏览器向服务器发送请求，服务器接收并处理请求，然后返回一个新的页面，工作方式如图 9-1（a）所示。但如果更新，更新前后的页面中大部分 HTML 代码是相同的，这种工作方式就会浪费很多带宽，有时甚至一处小小的修改也要将整个页面从浏览器发回服务器，并重新加载。用户发出请求后需要在一个毫无反应的页面前等待较长时间。

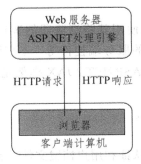
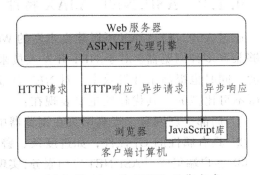

图 9-1 HTTP 工作方式

Ajax 技术的诞生弥补了 HTTP 标准工作方式的不足。支持 Ajax 的 Web 页面在客户端包含一个 JavaScript 库，该库负责向 Web 服务器发送请求，称为异步请求；Web 服务器对异步请求做出响应,称为异步响应,但返回的是结果数据而非整个页面。JavaScript 库在接收到异步响应之后也只对页面上发生变化的部分进行更新。经 Ajax 扩展后的 HTTP 工作方式如图 9-1(b)所示。

Ajax 是在 JavaScript 等技术之上诞生的一种编程方式,这种编程方式在 Google 发布了一系列基于 Ajax 的著名应用(如 GoogleMaps 和 GoogleSuggest 等)之后被广泛关注。Ajax 技术目前被广泛用于各种流行的 Web 应用,Ajax 技术使 Web 应用程序比以往运行更流畅,给终端用户提供了更加及时的响应感受。

9.1.2 ASP.NET AJAX 与 Ajax

微软希望为原有的 ASP.NET 开发者提供实现 Ajax 功能的方法,并希望该方法简单、易学、且不必掌握 JavaScript。利用服务器端 Ajax 控件,开发者无需编写一行 JavaScript 代码就可以使用标准方式创建 ASP.NET 页面,或更新现有 ASP.NET 应用使其具有 Ajax 功能。因此,微软发布了一个新的工具集,这个工具集后来被命名为 ASP.NETAJAX,它极大地简化了在应用程序中使用 Ajax 功能的过程。在.NETFramework2.0 之前,ASP.NETAJAX 并不是.NETFramework 的默认组件,从.NETFramework3.5 开始,ASP.NETAJAX 成为.NETFramework 的默认组件,不再需要另外安装。

ASP.NETAJAX 是微软将 Ajax 技术组合到已有的 ASP.NET 基础架构中所形成的自己的 Ajax 技术开发框架。为了与其他 Ajax 技术区分,微软用大写的 AJAX 来表示。ASP.NETAJAX 对 JavaScript 进行了面向对象方面的扩展,以提供对客户端面向对象编程的支持。ASP.NETAJAX 还能为远程 Web 服务提供本地客户端代理。使用 ASP.NETAJAX 可以提高 Ajax 应用程序的开发效率。

与其他 Ajax 技术不同,ASP.NETAJAX 完美地结合了客户端控件和服务器端控件,将跨平台的客户端脚本库和 ASP.NET 服务器端开发框架集成在了一起。

9.1.3 ASP.NET AJAX 特性

通过 ASP.NET AJAX 可以建立丰富的 Web 应用程式,使用其跨浏览器的客户端脚本库,能够兼容多种浏览器。对于.NET 开发人员来说,其丰富的服务端控件等,不仅降低了开发难度,同时也提高了开发效率。对.NET 开发人员来说,ASP.NET AJAX 框架是其他 AJAX 库所不可比拟的,其优越性主要表现在:

① 局部更新网页,提高网页在浏览器中执行的性能。
② 具有属性的 UI 控件,如进度条、警告窗口等。
③ 客户端集成与 ASP.NET 应用服务,实现 Forms 用户认证和用户档案文件(User Profile)。
④ 可以通过调用 Web 服务,将不同来源的数据进行归纳整合。
⑤ 提供了一个框架,简化了用户定义具有客户端特性的服务器控件。
⑥ 支持流行和普遍采用的浏览器,其中包括微软 Internet Explorer、Mozilla 的 Firefox 和苹果的 Safari。

ASP.NET AJAX 是客户端脚本库和服务端组件集成的一个开发框架。除了使用

ASP.NETAJAX 现有框架外，还可以使用微软组织开发的一个工具包(ASP.NET AJAX Control ToolKit)，以及 ASP.NET 发展的新特性等。

9.1.4 ASP.NET AJAX 优点

ASP.NET AJAX 可以提供普通 ASP.NET 程序无法提供的多个功能，其优点如下：

① 改善用户操作体验，不会因 PostBack 而使整页重新加载造成闪动。

② AJAX 技术的主要目的在于可局部交换客户端及服务器间的数据。

③ 异步取回服务器端的数据，用户不会被限制于等待状态，也不会打断用户的操作，从而加快了响应能力。

④ AJAX 技术使用 XMLHttpRequest，其最主要特点是在于能够不用重新载入整个版面来更新资料，也就是所谓的 Refresh withoutReload（轻刷新）。

⑤ 提供跨浏览器的兼容性支持，ASP.NET AJAX 的 JavaScript 是跨浏览器的，它与服务器之间的沟通，完全是通过 JavaScript 来实现的。

⑥ 使用 XMLHttpRequest 本身传送的数据量很小，所以反应会很快，也就是让网络程序更像一个桌面应用程序。

⑦ Ajax 就是运用 JavaScript 在后台帮用户去向服务器要资料，最后再由 JavaScript 或者 Dom 来帮用户呈现结果，因为所有动作都是由 JavaScript 代劳，所以省去了网页重载的麻烦，用户感受不到页面等待的过程。

9.2 ASP.NET AJAX 服务器端控件

ASP.NET AJAX 为开发人员准备了很好用而且功能很强大的一些服务器控件，同时也提供了一个集合来管理应用程序的 UI 和流程，包含对象管理、序列化、验证以及控件的扩展等。在 Web 2.0 数据共享的时代，有很多网站都有 Web 服务，可以通过 ASP.NET AJAX 对 Web 服务的支持实现各种功能，例如用户验证等。

在服务器端的架构中最重要的莫过于服务器控件，该控件使得开发者可以省去很多工作。在 ASP.NET AJAX 中，所包含的服务器控件如下所示。

① ScriptManager：管理脚本资源，包含客户端组件、页面的局部绘制、本地化、全球化、自定义的用户脚本。该控件是 ASP.NET AJAX 的灵魂，每一个页面包含且仅包含一个 ScriptManager 控件。只有引入了 ScriptManager 控件（即引入了脚本），才能够使用 ASP.NET AJAX 中的其他控件。

② ScriptManagerProxy：此控件和 ScriptManager 一样，都是引入脚本资源。若当前页面已经包含了一个 ScriptManager 控件，而又要引入脚本资源时，就需要使用此控件。

③ UpdatePanel：局部更新控件，此控件可以使网页的某个地方实现更新，而不是整个页面实现 Postback 方法更新。

④ UpdateProgress：提供状态信息，犹如进度条，但是此控件只是模拟，不能反映真实情况，可以配合 UpdatePanel 控件使用，增强用户体验。

⑤ Timer：定时器控件，可以通过该控件来实现定时更新某个网页，或通过 UpdatePanel 控件定时更新某一个部分的内容。

由于 ASP.NET AJAX 的扩展性，既保证了用户可以创建自己的 ASP.NET AJAX 服务器控件，同时还能够包含客户端行为，这样就可以自定义一些服务器控件供使用。为了能够更好地服务大众，微软还组织了一个团队进行 ASP.NET AJAXControl Toolkit（配套控件）的开发。该配套控件中包含了很多很实用的用户控件，用户可以直接进行调用。

9.2.1 ScriptManager 控件

ScriptManager 控件包括在 System.Web.Extensions 程序集中，用来处理页面上的所有 AJAX 服务器控件以及页面局部更新，是 AJAX 的核心，有了 ScriptManager 控件才能够让 Page 局部更新起作用，所需要的 JavaScript 才会自动管理。因此，所有需要支持 ASP.NET AJAX 的 ASP.NET 页面，必须在网页上包含一个 ScriptManager 控件，有且仅有一个 ScriptManager 控件。

ScriptManager 控件必须出现在所有 ASP.NET AJAX 控件之前，一般放在页面代码 <form>元素和<div>元素之间，不能放在<div>元素和</div>元素内部。如果使用母版页设计网页，可以将 ScriptManager 控件放在母版页中。

ScriptManager 控件常用的属性和方法如表 9-1 所示。

表 9-1　ScriptManager 控件常用的属性和方法

属性或方法名称	说明
SupportsPartialRendering	是否支持页面的局部更新
EnablePageMethods	返回或设置一个 bool 值，默认值为 false，表示在客户端，JavaScript 代码中是否以一种简单、直观的形式直接调用服务器端的某个静态 Web Method
EnablePartialRendering	返回或设置一个 bool 值，默认值为 true，表示 AJAX 允许改变原有的 ASP.NET 回送模式，不再是整个页面的回送，而是只回送页面中的一部分
EnableScriptComponents	是否允许使用 UpdatePanel 控件来单独更新页面区域，默认为 true

要实现页面的局部更新必须具备以下条件：

（1）ScriptManager 控件的 EnablePartialRendering 属性必须为 true(默认值)。

（2）页面上必须至少有一个 UpdatePanel 控件。

（3）SupportsPartialRendering 属性必须为 true。

9.2.2 UpdatePanel 控件

ASP.NET UpdatePanel 控件可用于生成功能丰富、以客户端为中心的 Web 应用程序。通过使用 UpdatePanel 控件，可以在回传期间刷新网页的选定部分而不是刷新整个网页，这称为执行部分页更新。包含一个 ScriptManager 控件和一个或多个 UpdatePanel 控件的

ASP.NET 网页，不需要使用自定义客户端脚本即可自动参与部分页更新。

微软开发出了 AJAX 的 UpdatePanel 控件，由程序人员将 ASP.NET 服务器控件拖放到 UpdatePanel 控件中，使原本不具备 AJAX 能力的 ASP.NET 服务器控件都具有 AJAX 异步的功能。因此，当用户浏览 AJAX 网页时，便不会有界面闪动的不适感，取而代之的是好像在浏览器中立即产生了更新效果，展现了无闪动的 AJAX 风格。

UpdatePanel 控件的工作过程由服务器控件 ScriptManager 和客户端 PageRequestManager 类进行协调。当 UpdatePanel 控件被异步传回到服务器端，页面更新局限于被 UpdatePanel 控件包含和被标识的部分。当客户端收到服务器端返回的结果之后，客户端的 PageRequestManager 类通过操作 DOM 对象来替换当前存在的 HTML 片段。

UpdatePanel 控件的常用属性如表 9-2 所示。

表 9-2 UpdatePanel 控件常用的属性和方法

属性或方法	说明
ContentTemplate	内容模板，在该模板内放置控件、HTML 代码等
Triggers	用于设置 UpdatePanel 的触发事件
UpdateMode	UpdateMode 属性共有两种模式：Always 与 Conditional，Always 是每次 Postback 后，UpdatePanel 会连带被更新；相反，Conditional 只针对特定情况才被更新
RenderMode	若 RenderMode 的属性值为 block，则以 \<div\> 标签来定义程序段；若为 Inline，则以 \<Span\> 标签来定义程序段

（1）ContentTemplate 属性可以指定 UpdatePanel 控件中用于局部更新的内容，页面代码中处于元素 \<ContentTemplate\> 和 \</ContentTemplate\> 之间的部分会进行局部更新。

（2）Triggers 属性可以指定 UpdatePanel 控件的触发器。UpdatePanel 控件的 Triggers 包含两种触发器：一种是 AsyncPostBackTrigger，用于引发局部异步更新；另一种是 PostBackTrigger，用于引发整页回传。当用户引发触发器的指定事件时，页面进行整体或局部更新。

触发器的触发事件是可选择的，如果没有选择，触发事件就是控件的默认事件，例如 Button 控件的触发事件是 Click 事件。一般将实现局部更新的控件放在 UpdatePanel 控件的 ContentTemplate 元素内，如果要实现在 UpdatePanel 控件之外的控件也能引发局部更新，就需要指定 Triggers 属性的 AsyncPostBackTrigger 触发器。通过 Triggers 属性包含的 AsyncPostBackTrigger 触发器可以引发 UpdatePanel 控件的局部更新。在触发器中指定控件名称、该控件的某个服务器端事件，就可以使 UpdatePanel 控件外的控件引发局部更新，而避免不必要的整页更新。

（3）UpdateMode 属性用于指定更新的模式，共有两种取值，Always 与 Conditional。

① Always 是每次 Postback 后，UpdatePanel 会被连带更新，无论何种原因引起的页面回传都会更新 UpdatePanel 控件的内容。引起回传的控件可能在本 UpdatePanel 之内、其他 UpdatePanel 之内或所有 UpdatePanel 之外。

② Conditional 只针对特定情况才被更新，只有在满足以下条件之一时才更新

UpdatePanel 控件的内容；显式调用了 UpdatePanel 控件的 Update 方法；当前 UpdatePanel 控件的触发器的触发事件引发的回传；本 UpdatePanel 控件的子控件引发的回传；父 UpdatePanel 控件进行更新时。

（4）RenderMode 属性表示局部更新控件的呈现形式，一般有"block"和"inline"两种，当呈现模式选择"block"时，局部更新控件在客户端以"div"形式展现，否则以"span"形式展现。

【例 9-1】使用 UpdatePanel 控件实现局部更新。

（1）创建一个名为 UpdatePanelTest 的网站，并为网站创建一个页面 UpdatePanelTest1.aspx。

（2）在工具箱的 AjaxExtensions 选项卡中拖一个 ScriptManager 控件到页面上，放在 \<form\>元素中的第一个控件声明，即\<form\>元素和\<div\>元素之间，不能放在\<div\>元素和 \</div\>元素内部。

（3）转到设计视图，拖一个 UpdatePanel 控件到页面上，再拖一个 Label 控件（ID 为 Label1）到 UpdatePanel 中，拖一个 Button 控件（ID 为 Button1，Text 为局部更新）到 UpdatePanel 中。

（4）切换到源视图，在 UpdatePanel 外面部分添加一个 Label 控件（ID 为 Label2）。

完成以上设置后，形成的页面代码如下：

```
<form id="form1" runat="server">
    <asp:ScriptManager ID="ScriptManager1" runat="server">
    </asp:ScriptManager>
    <div>
        <asp:UpdatePanel ID="UpdatePanel1" runat="server">
            <ContentTemplate>
                <asp:Label ID="Label1" runat="server" Text="Label"></asp:Label>
                <br />
                <asp:Button ID="Button1" runat="server" Text="局部更新" />
            </ContentTemplate>
        </asp:UpdatePanel>
        <asp:Label ID="Label2" runat="server" Text="Label"></asp:Label>
    </div>
</form>
```

（5）修改 UpdatePanelTest1.aspx.cs 代码文件的 Page_Load 事件代码如下：

```
protected void Page_Load(object sender, EventArgs e)
{
    Label1.Text = DateTime.Now.ToString();
    Label2.Text = DateTime.Now.ToString();
}
```

（6）在浏览器中打开 UpdatePanelTest1.aspx 页面，启动后，Label1 和 Label2 中显示当前的日期和时间，这是 Page_Load 事件引起的。单击"局部更新"按钮，可以看到，只有 Label1 的内容发生变化，而 Label2 没有任何发生变化，如图 9-2 所示。

产生这种现象的原因是，单击"局部更新"按钮时，虽然该按钮没有 Click 事件处理函数，但会引入页面回传而执行 Page_Load 事件。虽然 Page_Load 事件中对 Label1 和 Label2 都进行了修改，但是"局部更新"按钮在 UpdatePanel 控件内部，UpdatePanel 控件默认使用其单击事件作为其

图 9-2　UpdatePane 控件实现局部更新

触发器事件，服务器只处理 UpdatePanel 内部的控件，由于 Label2 在 UpdatePanel 外面，因此对它的属性修改不进行处理。也就是说，只有在 UpdatePanel 内部的控件，代码才起作用，不在 UpdatePanel 内部的控件，服务器会忽略。

注意：此时的 ScriptManager 的 EnablePartialRendering 属性应设为 true。UpdatePanel 的 UpdateMode 属性应设为 Always。

【例 9-2】使用 Triggers 触发器实现对 UpdatePanel 控件之外的控件局部更新。

（1）在上例网站解决方案资源管理器中将页面 UpdatePanelTest1 复制、粘贴、重命名为 UpdatePanelTest2。

（2）在 UpdatePanelTest2.aspx 中，将 Button 控件移到 UpdatePanel 容器之外。在浏览器中打开 UpdatePanelTest2.aspx，执行页面。可以看到，显示当前时间的功能是相同的，但每次单击"局部更新"按钮时，页面都会整体刷新，两个 Label 控件中显示的时间都会变化，并不是局部更新。

（3）给 UpdatePanel 控件添加触发器实现"局部更新"按钮起作用。选中 UpdatePanel 控件，在属性窗格中单击 Triggers 属性右侧的省略号按钮，对该属性进行编辑，界面如图 9-3 所示。

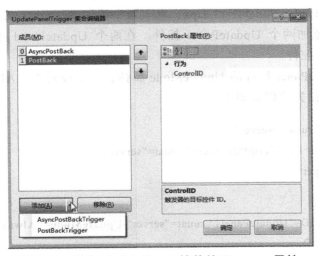

图 9-3　修改 UpdatePanel 控件的 Triggers 属性

（4）单击"添加"按钮右侧的小三角标记，然后在弹出式菜单中选择。为 UpdatePanel 添加一个 AsyncPostBack 触发器，在右侧的 ControlID 列表中选择 Button1。由于 Click 事件是 Button 控件的默认事件，因此 EventName 属性可以不设置。如果希望由控件的非默认事件引发异步回传，则需要设置 EventName 属性。进行上述修改之后，相关的代码段如下：

```
<form id="form1" runat="server">
<asp:ScriptManager ID="ScriptManager1" runat="server">
</asp:ScriptManager>
<div>
<asp:UpdatePanel ID="UpdatePanel1" runat="server">
<ContentTemplate>
<asp:Label ID="Label1" runat="server" Text="Label"></asp:Label>
<br />
</ContentTemplate>
<Triggers>
<asp:AsyncPostBackTrigger ControlID="Button1" EventName="Click" />
</Triggers>
</asp:UpdatePanel>
<asp:Button ID="Button1" runat="server" Text="局部更新" />
<asp:Label ID="Label2" runat="server" Text="Label"></asp:Label>
</div>
</form>
```

（5）在浏览器中打开 UpdatePanelTest2.aspx 页面，效果与页面 UpdatePanelTest1 完全相同。但是使用了触发器，按钮不在 UpdatePanel 控件内部。

【上机实践】使用 UpdateMode 属性实现不同模式更新。

（1）添加页面 UpdatePanelTest3.aspx，在页面中添加 ScriptManager 控件，作为 form 的第一个控件，再添加两个 UpdatePanel 控件。在两个 UpdatePanel 控件内部都添加一个 Label 控件和 Button 控件。

（2）两个 UpdatePanel 控件的 UpdateMode 属性，一个设置为"Always"，另一个设置为"Conditional"，相关的代码如下：

```
<form id="form1" runat="server">
<asp:ScriptManager ID="ScriptManager1" runat="server">
</asp:ScriptManager>

<div>
<asp:UpdatePanel ID="UpdatePanel1" runat="server" UpdateMode="Always">
<ContentTemplate>
<asp:Label ID="Label1" runat="server" Text="Label"></asp:Label>
```

```
    <br />
    <asp:Button ID="Button1" runat="server" Text="局部更新" />
    </ContentTemplate>
    </asp:UpdatePanel>
    <asp:UpdatePanel ID="UpdatePanel2" runat="server" UpdateMode="Conditional">
    <ContentTemplate>
    <asp:Label ID="Label2" runat="server" Text="Label"></asp:Label>
    <br />
    <asp:Button ID="Button2" runat="server" Text="局部更新" />
    </ContentTemplate>
    </asp:UpdatePanel>
    </div>
      </form>
```

（3）修改代码文件中 Page_Load 事件处理函数，代码如下：

```
protected void Page_Load(object sender, EventArgs e)
{
     Label1.Text = DateTime.Now.ToString();
     Label2.Text = DateTime.Now.ToString();
}
```

（4）在浏览器中打开页面 UpdatePanelTest3.aspx，单击两个按钮，查看有什么不同，解释出现这种不同的原因。

9.2.3 UpdateProgress 控件

在 B/S 应用程序中，如果需要大量的数据交换，则必须使用 UpdateProgress，并设计良好的等待界面，这样才能保证与用户的交互。UpdateProgress 用于控制局部更新过程中的等待 UI 界面，为了让用户不在等待时面对空白的页面，可以使用 UpdateProgress 控件显示等待过程中的提示。

当局部更新的内容比较多、有时间上的延迟时，为了让用户的等待时间不至于太枯燥，通常使用 UpdateProgress 呈现一些等待 UI 或进度条。UpdateProgress 控件可以在异步更新过程中提供更新状态的可视化反馈。可以用 UpdateProgress 控件设计一个直观的用户界面来提示页面中一个或多个 UpdatePanel 控件的局部更新正在进行，作用相当于整页回传时浏览器的旋转图标或进度条。

UpdateProgress 控件主要包括的属性如下：

① AssociatedUpdatePanelID：该属性用于指定需要关联的 UpdatePanel 控件的 ID，UpdateProgress 控件显示该 UpdatePanel 控件的更新进度。

② DisplayAfter：该属性表示多长时间后显示进度提示，以毫秒为单位，默认值为 500 ms。

③ DynamicLayout：该属性表示是否为 UpdateProgress 控件的提示信息动态分配页面空间。当 DynamicLayout 属性值为 true 时，UpdateProgress 控件最初并不占用页面的显示空间，而是在显示提示信息时再动态分配空间，这样在显示过程中可能造成页面上其他控件位置的移动。当 DynamicLayout 属性值为 false 时，UpdateProgress 控件的提示信息始终占用页面的显示空间，即使该控件不可见时也是如此。在页面不进行异步回传时提示信息是不可见的，页面中预分配的空间只能看到一个空白块。

④ ProgressTemplate：该模板用于设计等待时的界面。其实 UpdateProgress 实际上是一个 div，通过代码控制 div 的显示或隐藏来实现更新提示。UpdateProgress 控件初始化时必须定义 ProgressTemplate 元素，否则会抛出异常。ProgressTemplate 元素中可以包含任何 HTML 标签，若没有 HTML 标签，则不会为 UpdateProgress 控件显示任何内容。

【例 9-3】使用 UpdateProgress 控件显示进度。

（1）创建一个名为 UpdateProgressTest 的网站，并为网站创建一个页面 UpdateProgress.aspx。

（2）添加 ScriptManager 和 UpdatePanel 控件到页面上，从工具箱中拖两个 Label 控件和一个 Button 控件到 UpdatePanel 中，修改后 ID 分别为 Label1、btTest、lResult。

（3）切换到设计视图，从工具箱中拖一个 UpdateProgress 控件到 UpdatePanel 控件的后面，然后在该控件中输入内容"载入中……"。

以上设置后相关的页面代码如下：

```
<form id="form1" runat="server">
<asp:ScriptManager ID="ScriptManager1" runat="server">
</asp:ScriptManager>
<div>
<asp:UpdatePanel ID="UpdatePanel1" runat="server">
<ContentTemplate>
<asp:Label ID="label1" runat="server" Text="单击下面按钮进行测试"></asp:Label><br />
<asp:Button ID="btTest" runat="server" OnClick="btTest_Click" Text="测试" /><br />
<asp:Label ID="lResult" runat="server"></asp:Label>
</ContentTemplate>
</asp:UpdatePanel>
<asp:UpdateProgress ID="UpdateProgress1" runat="server">
<ProgressTemplate>
载入中……
</ProgressTemplate>
</asp:UpdateProgress>
```

        </div>
    </form>
```

**【代码解析】** 在 UpdateProgress 控件中输入内容后,系统会自动为 UpdateProgress 控件加载了一个 ProgressTemplate 模板;删除内容后,ProgressTemplate 模板也会自动消失。

(4)添加按钮的 Click 事件处理函数,先等待 3 秒(3000 毫秒),然后在 Label 控件中显示信息,等待过程中按钮下会显示"载入中……"的提示信息。

```
protected void btTest_Click(object sender, EventArgs e)
{
    //设置延迟时间,以便能显示 UpdateProgress 控件
    System.Threading.Thread.Sleep(3000);
    lResult.Text = "欢迎访问玉林师范学院";
}
```

(5)在浏览器中打开页面,显示如图 9-4(a)所示的页面,单击"测试"按钮后,显示如图 9-4(b)所示的页面,延时后等待几分钟,显示如图 9-4(c)所示的页面。

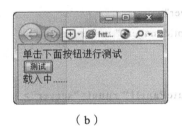
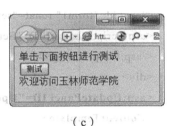

(a)　　　　　　　　　　(b)　　　　　　　　　　(c)

图 9-4　UpdateProgress 控件显示进度

9.2.4　Timer 控件

Timer 控件是 ASP.NET AJAX 中另一个重要的服务器端控件。它每隔一个特定的时间间隔引发一次回传,同时触发其 Tick 事件。如果服务器端指定了相应的事件处理函数,那么该函数将被执行。Timer 控件可以触发整个页面的回传,但更典型的应用是作为触发器配合 UpdatePanel 控件,实现页面的局部定时更新、图片自动播放和超时自动退出等功能。Timer 控件的使用非常简单,其中比较重要的属性有 Interval 及 Enabled,最重要的事件是 Tick 事件,下面分别对它们进行介绍。

• Interval 属性

Interval 属性用来设置页面更新的时间间隔,单位是 ms,其默认值为 60000 毫秒(即 60 秒)。每当 Timer 控件的 Interval 属性按照所设置的间隔时间进行回传时,就会引发服务器端的 Tick 事件,在该事件中可以根据实际需要定时执行特定的更新操作。

• Enabled 属性

Enabled 属性默认值为 True,用户可以将 Enabled 属性设置为 False,以便让 Timer 控
```

件停止计时；也可以设置为 True，Timer 控件再次计时。

• Tick 事件

Tick 事件是指按指定的时间间隔进行触发的事件。每当 Interval 属性所设置的间隔时间到期时，会进行页面回传，产生时钟中断，在服务器端触发 Tick 事件，执行 Tick 事件处理函数。

【实例 9-4】使用 Timer 控件和 Image 控件实现图片定时切换

（1）创建一个名为 TimerImage 的网站及其默认主页。

（2）在工具箱的 AjaxExtensions 选项卡中拖一个 ScriptManager 控件到页面上，放在 <form>元素中的第一个控件声明，即<form>元素和<div>元素之间。

（3）转到设计视图，拖一个 UpdatePanel 控件到页面上，再拖一个 Image 控件到 UpdatePanel 中，修改其 Height 为 "256px"，Width 为 "218px"。

（4）拖两个 Button 控件到 UpdatePanel 中，修改其 Text 属性分别为"启动"和"停止"。

（5）拖一个 Timer 控件到 UpdatePanel 中，修改其 Enabled 属性为 False，Interval 属性值为 2000，使得 Timer 控件每隔 2 s 触发一次与服务器的通信，双击添加其 Tick 事件。

上面操作后，相关的页面代码如下：

```
<form id="form1" runat="server">
<asp:ScriptManager ID="ScriptManager1" runat="server">
</asp:ScriptManager>
<div>
<asp:UpdatePanel ID="UpdatePanel1" runat="server">
<ContentTemplate>
<asp:Image ID="Image1" runat="server" Height="256px"
           Width="218px" />
<br />
<asp:Button ID="Button1" runat="server" Text="启动" onclick="Button1_Click" />
  
<asp:Button ID="Button2" runat="server" onclick="Button2_Click" Text="停止" />
<br />
<asp:Timer ID="Timer1" runat="server" Interval="1000" Enabled="False"
           ontick="Timer1_Tick">
</asp:Timer>
</ContentTemplate>
</asp:UpdatePanel>
</div>
</form>
```

（6）添加一个私有的页面类变量 private static int i = 0。

（7）添加 Timer 控件的 Tick 事件代码，用于切换照片。

```
protected void Timer1_Tick(object sender, EventArgs e)
{
        i = i + 1;
        if (i > 5) i = 1;
    Image1.ImageUrl = "~/Images/" + i.ToString() + ".jpg";
}
```

（8）添加"启动"和"停止"两个 Button 控件的 Click 事件代码，用于打开和关闭定时器。

```
protected void Button1_Click(object sender, EventArgs e)
{
        Timer1.Enabled = true;
}
protected void Button2_Click(object sender, EventArgs e)
{
        Timer1.Enabled = false;
}
```

（9）在网站中添加"Images"文件夹，复制准备显示的 jpg 图片到该文件夹中，修改其文件名分别为"1.jpg""2.jpg""3.jpg""4.jpg"和"5.jpg"。

（10）在浏览器中打开 Default.aspx 页面，单击"启动"按钮，等待 2 秒钟图片会切换成另外一张，如图 9-5 所示。切换到最后一张后会重复到第一张。单击"停止"按钮会停止切换。

图 9-5 Timer 控件和 Image 控件实现图片定时切换

【上机实践】

将上例页面 Default.aspx 复制为 Default2.aspx，然后删掉或注释（快捷键 Ctrl+E，C）页面代码中<asp:UpdatePanel>和<ContentTemplate>的部分，让 Ajax 不起作用。然后在浏览器中打开 Default2.aspx，比较和上例 Default.aspx 页面的执行效果的区别。

参考文献

[1] 软件开发技术联盟. 软件开发实战：ASP.NET 开发实战[M]. 北京：清华大学出版社，2013.

[2] 高屹，王琦，等. Web 应用开发技术[M]. 2 版. 北京：清华大学出版社，2013.

[3] 魏汪洋，张建林，等. 零基础学 ASP.NET[M]. 2 版. 北京：机械工业出版社，2012.

[4] 房大伟. ASP.NET 开发实战 1200 例（第 I 卷）[M]. 北京：清华大学出版社，2011.

[5] 房大伟. ASP.NET 开发实战 1200 例（第 II 卷）[M]. 北京：清华大学出版社，2011.

[6] 李锡辉，王樱. ASP.NET 网站开发实例教程[M]. 2 版. 北京：清华大学出版社，2013.

[7] 张梅. ASP.NET 动态网站开发实战教程[M]. 北京：机械工业出版社，2014.

[8] 张正礼. ASP.NET 4.0 网站开发与项目实战（全程实录）[M]. 北京：清华大学出版社，2012.

[9] 黄鸣. ASP.NET 开发技巧精讲[M]. 北京：电子工业出版社，2012.

[10] 高宏. ASP.NET 典型模块与项目实战大全[M]. 北京：清华大学出版社，2012.